中国小城镇市政与环境工程技术丛书

小城镇饮用水处理技术

张朝升　张立秋　编著

中国建筑工业出版社

图书在版编目（CIP）数据

小城镇饮用水处理技术/张朝升，张立秋编著．—北京：中国建筑工业出版社，2008
（中国小城镇市政与环境工程技术丛书）
ISBN 978-7-112-10228-0

Ⅰ．小… Ⅱ．①张…②张… Ⅲ．城镇—饮用水—水处理 Ⅳ．TU991.2

中国版本图书馆 CIP 数据核字（2008）第 109876 号

本书为中国小城镇市政与环境工程技术丛书之一《小城镇饮用水处理技术》，本书主要根据小城镇饮用水要求及特点，结合我国水处理技术的现状和发展，并针对我国小城镇建设目标，以现代水处理技术为主并结合小城镇的适用性，系统地阐述了小城镇饮用水处理的基本方法和技术。全书主要包括小城镇饮用水处理系统的组成与分类、水源水质及水质标准、并对小城镇饮用水的处理方法进行了论述，根据小城镇采用的地表水、地下水及常用的处理技术与理论、常见的构筑物等进行了详细的论述。

本书可作为从事给水排水工程专业及环境工程专业的科研及工程技术人员的参考书，也可以作为高等学校给水排水工程专业、环境工程专业教师及研究生、本科生、专科生的教学参考书。

* * *

责任编辑：王 磊 于 莉 田启铭
责任设计：赵明霞
责任校对：关 健 陈晶晶

* * *

中国小城镇市政与环境工程技术丛书
小城镇饮用水处理技术
张朝升 张立秋 编著

*

中国建筑工业出版社出版、发行（北京西郊百万庄）
各地新华书店、建筑书店经销
北京千辰公司制版
北京富生印刷厂印刷

*

开本：787×1092 毫米 1/16 印张：17½ 字数：436 千字
2009 年 1 月第一版 2009 年 1 月第一次印刷
定价：42.00 元
ISBN 978-7-112-10228-0
（17031）

版权所有 翻印必究
如有印装质量问题，可寄本社退换
（邮政编码 100037）

中国小城镇市政与环境工程技术丛书

编 委 会

主　任：张朝升

副主任：张可方　胡晓东

编　委：张朝升　张可方　胡晓东　方　茜　荣宏伟
　　　　石明岩　周　鸿　张立秋　李淑更

总　序

　　中国小城镇市政与环境工程技术丛书主要针对我国城市化进程的总体思路，结合我国经济建设的总目标，并对我国中小城镇近年来的建设及发展前景进行了充分的市场调查和了解，在此基础上确定了丛书的选题和分类选题，其主要分类选题为：《小城镇饮用水处理技术》、《小城镇污水处理技术》、《小城镇给水厂设计与运行管理》、《小城镇污水厂设计与运行管理》、《小城镇给水排水管网设计与计算》、《小城镇水资源利用与保护》、《小城镇给水排水工程规划》。丛书基本包含了我国中小城镇市政与环境工程方面迫切需要的技术内容，本着理论联系实际、深入浅出、适用性强并充分考虑新技术应用的原则制定了编写大纲及编写内容，该丛书的出版将会对我国中小城镇市政与环境工程建设与发展起到推动和指导作用。

　　本丛书可作为有关中小城镇市政与环境工程技术人员、建设者专业技术提高用书及工具书，同时可作为从事给水排水工程专业及环境工程专业的科研及工程技术人员的参考书，也可以作为高等学校给水排水工程专业、环境工程专业及相关专业教师及研究生、本科生的教学参考书。

中国小城镇市政与环境工程技术丛书编委会
2007 年 9 月

前　言

《小城镇饮用水处理技术》根据小城镇饮用水要求及特点，结合我国水处理技术的现状和发展，并针对我国小城镇建设目标，以现代水处理技术为主并结合小城镇的适用性，系统地阐述了小城镇饮用水处理的基本方法和技术。全书主要包括小城镇饮用水处理系统的组成与分类、水源水质及水质标准、并对小城镇饮用水的处理方法进行了论述，根据小城镇采用的地表水、地下水及常用的处理技术与理论、常见的构筑物等进行了详细的论述。全书共分6章，第1章　绪论，主要内容包括：小城镇饮用水处理系统的组成和分类、小城镇水源水质、水质标准、小城镇饮用水处理的方法；第2章　混凝，主要内容包括：混凝的基本原理、混凝剂与助凝剂、影响混凝效果的主要原因、混凝剂的配制、混凝剂的投加、混凝设施；第3章　沉淀和澄清，主要内容包括：悬浮颗粒在静水中的沉淀、沉淀池、澄清池、气浮；第4章　过滤，主要内容包括：过滤概述、过滤基本原理、滤料和承托层、滤池冲洗、普通快滤池、无阀滤池、其他类型的滤池；第5章　小城镇饮用水消毒技术，氯消毒、二氧化氯消毒、漂白粉、次氯酸钠消毒、臭氧消毒；第6章　小城镇地下水处理，小城镇地下水除铁除锰、地下水除铁除锰废水的回收和利用、地下水除铁除锰水厂设计实例、除氟等内容。

在编写过程中，根据我国小城镇饮用水处理的现状与实际，总结了近年来针对小城镇饮用水处理过程中的经验，并结合实际应用情况，引用了先进处理技术。所以，书中内容范围较广，体现了目前小城镇饮用水处理技术的最新发展动态。

本书可作为小城镇给水处理工程的建设、设计、管理等技术人员，以及城市规划、环境保护、管理人员的参考用书，也可作为高等学校给水排水工程专业、环境工程专业及相关专业教师和研究生、本科生、专科生的教学参考书。

本书由广州大学张朝升教授、张立秋博士编写，各章作者为：第1章：张朝升、张立秋；第2章：张立秋；第3章：张朝升、张立秋；第4章：张朝升；第5章：张朝升；第6章：张朝升。在编写过程中章文菁为本书的编写做了大量资料收集及资料整理的有关工作。全书由张朝升教授统编定稿。

在编写过程中参考引用了许多参考书及参考文献。在此对这些作者一并表示衷心感谢。

本书在编写过程中得到了中国建筑工业出版社及有关人员的热忱帮助和鼎力支持，在此致以诚挚的谢意。

由于小城镇饮用水处理与小城镇所在的地区性和生活水平不完全相同，所以特点比较突出，涉及的有关内容与大型给水厂不完全相同，有些内容还要不断地总结和探讨，另外由于编写人员水平所限，书中缺点和不妥之处在所难免，恳请读者提出宝贵意见，以使本书在使用中不断更新和完善。

编　者

目 录

第1章 绪论 ... 1

1.1 小城镇饮用水处理系统的组成和分类 ... 1
- 1.1.1 农村给水的意义和特点 ... 1
- 1.1.2 小城镇饮用水处理系统的组成 ... 2
- 1.1.3 小城镇饮用水处理系统的分类 ... 3

1.2 小城镇水源水质 ... 6
- 1.2.1 原水中的杂质 ... 6
- 1.2.2 天然水源的水质特点 ... 7

1.3 水质标准 ... 9
1.4 小城镇饮用水处理的方法 ... 13

第2章 混凝 ... 15

2.1 混凝的基本原理 ... 15
- 2.1.1 水中胶体的稳定性 ... 15
- 2.1.2 胶体脱稳 ... 16

2.2 混凝剂与助凝剂 ... 19
- 2.2.1 混凝剂 ... 19
- 2.2.2 助凝剂 ... 21

2.3 影响混凝效果的主要原因 ... 22
- 2.3.1 水温影响 ... 22
- 2.3.2 水的pH值和碱度影响 ... 22
- 2.3.3 水中悬浮物浓度的影响 ... 23

2.4 混凝剂的配制 ... 24
- 2.4.1 混凝剂投加量 ... 24
- 2.4.2 混凝剂的溶解和溶液的配制 ... 25
- 2.4.3 混凝剂计量装置 ... 26
- 2.4.4 水力调制设施 ... 27

2.5 混凝剂的投加 ... 28
- 2.5.1 常见的投加方式 ... 28
- 2.5.2 几种简单投药设施 ... 34

2.6 混凝设施 ... 37
- 2.6.1 混凝过程 ... 37

2.6.2　混凝工艺基本要求 ……………………………………………… 37
　　2.6.3　药剂的混合 …………………………………………………… 38
　　2.6.4　絮凝池设计 …………………………………………………… 42
　　2.6.5　隔板絮凝池 …………………………………………………… 43
　　2.6.6　穿孔旋流絮凝池 ……………………………………………… 48
　　2.6.7　涡流絮凝池 …………………………………………………… 50
　　2.6.8　折板絮凝池 …………………………………………………… 53
　　2.6.9　机械搅拌絮凝池 ……………………………………………… 58
　　2.6.10　网格、栅条絮凝池 …………………………………………… 64

第3章　沉淀和澄清 ……………………………………………………… 66
3.1　悬浮颗粒在静水中的沉淀 ……………………………………… 66
　　3.1.1　悬浮颗粒在静水中的自由沉淀 ……………………………… 66
　　3.1.2　悬浮颗粒在静水中的拥挤沉淀 ……………………………… 68
3.2　沉淀池 …………………………………………………………… 70
　　3.2.1　几种沉淀池形式的比较 ……………………………………… 70
　　3.2.2　平流式沉淀池 ………………………………………………… 71
　　3.2.3　斜板与斜管沉淀池 …………………………………………… 89
　　3.2.4　辐流式沉淀池 ………………………………………………… 108
　　3.2.5　竖流式沉淀池 ………………………………………………… 110
3.3　澄清池 …………………………………………………………… 111
　　3.3.1　澄清池特点 …………………………………………………… 111
　　3.3.2　澄清池分类 …………………………………………………… 111
3.4　气浮 ……………………………………………………………… 133
　　3.4.1　气浮工艺特点及适用条件 …………………………………… 134
　　3.4.2　气浮工艺流程 ………………………………………………… 134
　　3.4.3　气浮池的形式 ………………………………………………… 135
　　3.4.4　气浮池设计要点及计算公式 ………………………………… 138

第4章　过滤 ……………………………………………………………… 142
4.1　过滤概述 ………………………………………………………… 142
　　4.1.1　过滤的概述 …………………………………………………… 142
　　4.1.2　过滤技术进展 ………………………………………………… 143
4.2　过滤基本原理 …………………………………………………… 145
4.3　滤料和承托层 …………………………………………………… 149
　　4.3.1　滤料 …………………………………………………………… 149
　　4.3.2　承托层 ………………………………………………………… 154
4.4　滤池冲洗 ………………………………………………………… 155
　　4.4.1　滤池冲洗形式 ………………………………………………… 155

4.4.2 配水系统 ……………………………………………………………… 159
  4.4.3 冲洗水的供给 …………………………………………………………… 163
  4.4.4 冲洗空气的供应 ………………………………………………………… 164
  4.4.5 冲洗废水的排除 ………………………………………………………… 165
 4.5 普通快滤池 …………………………………………………………………… 166
  4.5.1 普通快滤池概述 ………………………………………………………… 166
  4.5.2 截污量沿滤层深度的变化 ……………………………………………… 167
  4.5.3 过滤过程中出水浊度的变化 …………………………………………… 167
  4.5.4 过滤过程中的水头损失 ………………………………………………… 168
  4.5.5 普通快滤池的设计 ……………………………………………………… 169
 4.6 无阀滤池 ……………………………………………………………………… 176
  4.6.1 无阀滤池的特点与构造 ………………………………………………… 176
  4.6.2 无阀滤池的种类 ………………………………………………………… 178
 4.7 其他类型的滤池 ……………………………………………………………… 188
  4.7.1 虹吸滤池 ………………………………………………………………… 188
  4.7.2 移动罩滤池 ……………………………………………………………… 196
  4.7.3 V 型滤池 ………………………………………………………………… 202

第 5 章 小城镇饮用水消毒技术 ……………………………………………… 204

 5.1 氯消毒 ………………………………………………………………………… 204
  5.1.1 氯消毒原理 ……………………………………………………………… 204
  5.1.2 加氯量与加氯点 ………………………………………………………… 205
  5.1.3 加氯设备和加氯间 ……………………………………………………… 205
  5.1.4 液氯消毒的设计要点 …………………………………………………… 207
  5.1.5 液氯消毒的计算 ………………………………………………………… 208
 5.2 二氧化氯消毒 ………………………………………………………………… 209
  5.2.1 二氧化氯的主要物理性能 ……………………………………………… 210
  5.2.2 二氧化氯的消毒氧化作用 ……………………………………………… 210
  5.2.3 二氧化氯的制取 ………………………………………………………… 210
  5.2.4 二氧化氯消毒的设计要点 ……………………………………………… 212
  5.2.5 二氧化氯消毒的计算 …………………………………………………… 212
 5.3 漂白粉 ………………………………………………………………………… 213
  5.3.1 漂白粉的投加 …………………………………………………………… 213
  5.3.2 漂白粉消毒的计算 ……………………………………………………… 214
 5.4 次氯酸钠消毒 ………………………………………………………………… 215
  5.4.1 次氯酸钠溶液的投配 …………………………………………………… 216
  5.4.2 次氯酸钠消毒的计算 …………………………………………………… 216
 5.5 臭氧消毒 ……………………………………………………………………… 217
  5.5.1 臭氧消毒的设计要点 …………………………………………………… 218

5.5.2 臭氧消毒设备选用计算 ………………………………………………………… 218

第6章 小城镇地下水处理 …………………………………………………………… 221

6.1 小城镇地下水除铁除锰 ………………………………………………………… 221
  6.1.1 水中铁和锰的危害及用水要求 …………………………………………… 221
  6.1.2 地下水中铁的化学性质 …………………………………………………… 222
  6.1.3 地下水中锰的存在形态及其性质 ………………………………………… 223
  6.1.4 地下水除铁除锰方法 ……………………………………………………… 225

6.2 地下水除铁除锰废水的回收和利用 …………………………………………… 235
  6.2.1 静水自然沉淀回收反冲洗废水 …………………………………………… 236
  6.2.2 铁泥的综合利用 …………………………………………………………… 236

6.3 地下水除铁除锰水厂设计实例 ………………………………………………… 237
  6.3.1 莲蓬头曝气重力式过滤除铁工艺设计 …………………………………… 238
  6.3.2 跌水曝气重力式过滤除铁工艺设计 ……………………………………… 243
  6.3.3 射流泵曝气无阀滤池过滤除铁工艺设计 ………………………………… 245
  6.3.4 曝气塔曝气一级过滤除铁除锰工艺设计 ………………………………… 248
  6.3.5 表面曝气双级滤池过滤除铁除锰工艺设计 ……………………………… 250
  6.3.6 表面曝气两级过滤除铁除锰工艺 ………………………………………… 254
  6.3.7 两级曝气两级过滤除铁除锰工艺设计 …………………………………… 256

6.4 除氟 ……………………………………………………………………………… 259
  6.4.1 除氟方法 …………………………………………………………………… 259
  6.4.2 活性氧化铝法 ……………………………………………………………… 260
  6.4.3 絮凝沉淀法 ………………………………………………………………… 265
  6.4.4 电渗析法 …………………………………………………………………… 267

参考文献 ……………………………………………………………………………… 270

第1章 绪　　论

1.1 小城镇饮用水处理系统的组成和分类

1.1.1 农村给水的意义和特点

在人民生活中，给水工程占有重要地位。我国给水事业的发展，至今已有百年历史了，但在解放前发展缓慢。解放后的50余年来，随着城乡经济建设的发展、人口的增长及人民生活水平的提高，给水普及率和水质水量、净化技术、生产管理等方面都有了较大发展和提高。到1981年，我国大中城市的给水普及率已达85%。自来水的普及率和高质量的供水，在一定程度上，标志着一个国家文明的先进程度。

我国地域辽阔，农村人口分布面广，地理、气候特殊，并受历史和经济条件的限制，全国综合给水普及率只有10%多一些。在国外，例如日本，全国给水普及率已达91%。给水工程建设已由建设阶段转入提高运行管理水平和供水质量阶段。

据资料介绍，目前国内8亿农村人口中，3亿农民能基本达到饮水安全。尚待解决的5亿农民中，有4500多万人饮用高氟水，6000多万人饮用苦咸水。南方水网地区1亿5千多万人饮用污染严重未经处理的地面水，另外还有近4500多万人过着缺水的生活。在如此大的范围内，要彻底改变有史以来我国农民的饮水、用水习惯，是一项极其艰巨的任务。把自来水建设重点逐步向农村转移是大势所趋、人心所向。保护水源，改善饮用水条件，将会被越来越多的人所关注。

我国农村的给水事业，由于经济条件和历史条件的限制，大体可分为四个阶段：①20世纪50年代提倡打井，改良井水，引山泉水；②60年代继续改良水井，并提倡地面水过滤，设集中给水龙头；③70年代提倡手压机井，有条件的地方搞简易自来水，设给水站供水；④80年代进一步提高与完善自来水供水到户。

经济条件和历史条件决定了农村给水的特点：

1. 用水点分散

我国农村居住点比较分散，通常按自然村集居，人口多在200～300人左右，乡镇所在地的人口可达3000～5000人以上。

2. 以生活饮用水为主

在农村中，水的消耗几乎全部都是供生活饮用，即使是在具有乡镇企业的地方，生活饮用水量要占全部用水量的60%～70%以上。

3. 用水时间相对集中

在同一居住点上。大多数农民从事同类生产活动，生活规律基本一致。

针对这些特点，农村给水系统应考虑以下几点：

1. 由于农村的经济条件、用水点分散、连续供水要求程度较低等因素决定了农村中的输配水管系一般皆为树状,当经济条件尚不允许送水到户时,可先采取集中供水栓定点供水方式。

2. 鉴于农民用水规律基本一致,加之电力供应紧张的因素,自来水厂一般多采取间断工作。水厂停产时,外部由水塔或压力给水罐供水,水量调节构筑物的适应能力应相对较大。水厂可少考虑或不考虑备用设备。

3. 在缺水地区,钻凿深井投资较大,一般可将生活给水和农业灌溉结合起来,这样即可以从当地水利部门获得投资,又可获得较大的饮水卫生效益。

4. 给水系统应尽可能采用当地建筑材料修建,应大力推广新管材,管材的选择对管网投资有极大影响,目前钢管、铸铁管价格较高。应积极宣传和采用塑料给水管。

发展农村给水事业,有着十分重要的意义:

1. 对于改善广大农民的饮用水水质,减少疾病,保障身体健康,特别是降低水传染病的发病率有着突出的意义。由于乡镇工业的发展,一些天然水体受到不同程度的污染。发展农村给水事业,可改善和提高水质,防止污染物质对人体健康的危害。

2. 促进乡镇工业发展。乡镇工业的产值在国民经济总产值中的比例正在逐年增大,农村给水事业的发展,为乡镇工业的建设和发展提供了广阔前景;乡镇工业的大力发展,也必将有力地支援社会主义建设,繁荣城乡经济,也将大大提高和改善农村的经济条件。

3. 对于建设和发展社会主义新农村。逐步缩小三大差别,提高农民生活、卫生水平,改变农村面貌,建设精神文明具有深远的意义。

1.1.2 小城镇饮用水处理系统的组成

小城镇饮用水处理的目的是为城镇居民和企事业单位提供生活用水。城镇饮用水工程的任务是通过兴建给水工程满足城镇人民生活、生产对水量、水质和水压的要求。

城镇饮用水系统是以设计用水量为依据从水源取水;按照水源水质和用户对水质的要求,选择合理的净水工艺流程对水进行净化处理;然后按用户对水压的要求将足量的水输送到用水区,并通过管网向用户配水。任务是从水源取水,经处理后,以要求的水量、水质和水压供应用户。小城镇饮用水处理系统通常由取水、净水和输配水三部分组成:

水源→取水→净水→输配水→用户

1. 取水工程。取水工程一般指从选定的水源(地下水或地表水)取水的构筑物。作用是把所需的水量从水源取上来。一般包括取水构筑物和取水泵房。

从地下取水的构筑物按照取水含水层的厚度、含水条件和埋藏深度可选用管井、大口井、辐射井、渗渠及相应的井泵或井泵站。从地表取水的构筑物按照地表水水源种类(河流、湖泊、水库)、水位变幅、径流条件和河床特征可选用固定式(岸边式和河床式)或活动式(浮船、缆车式);在山区河流上还有带低拦河坝的取水构筑物;在缺水型人畜饮水困难的地区还有雨水集取构筑物。

2. 净水工程。净水构筑物是对由取水工程取来的原水进行净化处理,以达到城镇用水对水质要求的构筑物和设备。净水工程的作用是把取上来的水经过适当的净化和消毒处理,使水质满足用水要求。一般包括净化构筑物及消毒设备。

一般从地下水取水的城镇饮用水工程净水构筑物比较简单或不需要净水构筑物。从地表取水的净水构筑物,主要由一系列去除天然水中的悬浮物、胶体和溶解物等杂质,以及进行消毒处理的构筑物和设备构成。

3. 输配水工程。输水工程是将取水构筑物取集的天然水输送至净水构筑物和将净化后的水输往用水区的管、渠道及其附属构筑物。配水工程是将输水工程送到用水区的水通过管网分配到各用水地点或用户。输配水工程的作用是把净化处理后的水以一定的压力,通过管道系统输送到各用水点。一般包括清水泵房、调节构筑物和输配水管道。

按照规划,水源情况、地形、用户对水量、水质和水压要求等方面的不同情况。给水系统的组成可能有多种形式。

1.1.3 小城镇饮用水处理系统的分类

我国城镇数量多,分布广,气候特征、地形地貌有很大差异,水源及其水质变化较大,而且生活习惯特别是经济发展水平不同,对城镇给水的要求也不一样,因此,城镇给水系统类型众多。

1. 以地表水为水源的系统类型

(1) 以雨水为水源的小型、分散系统。该系统为降雨产生的径流,流入地表集水管(渠),经沉淀池、过滤池(过滤层)进入贮水窖,再由微型水泵或手压泵取水供用户使用。该类型的优点是:结构简单,施工方便,投资少,净化使用方便,便于维修管理。它适用于居住分散、无固定水源或取水困难而又有一定降雨量的小城镇。

(2) 以河水或湖水为水源的系统类型。图 1-1 为采用压力式综合净水器从河流或湖泊中取水的小城镇给水系统。其中压力式综合净水器是一种将混凝、澄清、过滤综合在一起的一元化净水构筑物。该类型具有投资省、易上马,出水可直接进入用户或进入水塔,省去了清水池和二级泵房,设备可以移动等特点。适用于较小型、分散的小城镇给水。一般该系统要求原水浊度小于500NTU,短时可达1500NTU。供水能力根据型号不同可在 $5\sim50\text{m}^3/\text{h}$ 之间。

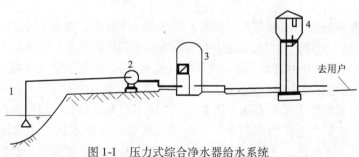

图 1-1 压力式综合净水器给水系统
1—取水头部;2—水泵;3—压力式综合净水器;4—水塔

图 1-2 为常见的以地表水为水源的城镇给水工程布置形式。取水构筑物从河流或湖泊中取水,一级泵站提升至水厂沉砂池,待泥砂沉淀后,经过滤、消毒处理后进入清水池,二级泵站从清水池取水送入水塔,水塔中的水通过管网送往用户。

2. 以地下水为水源的系统类型

(1) 引泉取水给水工程布置。图 1-3 为山区以泉水为水源的小城镇给水系统。在山区有泉水出露处,选择水量充足、稳定的泉水出口处建泉室,再利用地形修建高位水池,最后通过管道依靠重力将泉水引至用户。取泉水为饮用水，水质一般无需处理，但要求泉水位置应远离污染源或进行必要的防护。

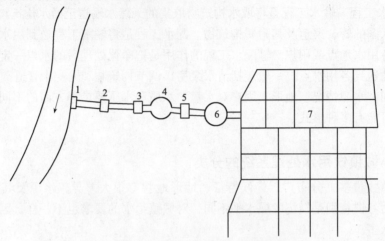

图 1-2　以河湖水为水源的城镇中型给水系统
1—取水构筑物；2——级泵站；3—水处理构筑物；
4—清水池；5—二级泵站；6—水塔；7—管网

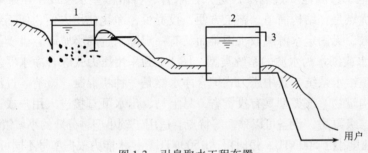

图 1-3　引泉取水工程布置
1—泉室；2—高位水池；3—溢流管

（2）单井取水的给水工程布置，如图1-4所示。当含水层埋深小于12m，含水层厚度在5～20m之间时，可建大口井或辐射井作为城镇给水系统的水源，如图1-4（a）所示；该系统一般采用离心泵从井中吸水，送入气压罐（或水塔），出气压罐（水塔）对供水水压进行调节。当含水层埋深较大时，应采用深井作为城镇给水系统的水源，如图1-4（b）所示。

（3）井群取水的给水工程系统。图1-5为以地下水为水源的大型城镇给水系统。由管井群取地下水送往集水池，加氯消毒，再由泵站从集水池取水加压通过输水管送往用水区，由配水管网送达用户。此种工程比以河水为水源的供水工程简单，投资也较省，适用于地下水水源充裕的地区。但工程上马前需对水源地进行详尽的水文地质勘察。

（4）渗渠为水源的系统类型。渗渠是在含水层中铺设的用于集取地下水的水平管渠，由该地下渠道收集和截取地下水，并汇集于集水井中，水泵再从井中取水供给用户。该种供水工程适于修建在有弱透水层地区和山区河流的中、下游，河床砂卵石透水性强，地下水位浅且有一定流量的地方。图1-6为常见的渗渠给水工程的平面布置。图1-6（a）为在河滩下平行于河流布置；图1-6（b）为在河滩下垂直于河流布置；图1-6（c）为在河床下垂直于河流布置；图1-6（d）为在河床下平行与垂直河流布置。

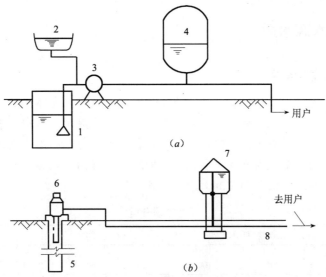

图 1-4 单井水源的城镇给水系统
1—大口井；2—加氯或消毒设备；3—离心泵；4—气压罐；
5—深井；6—深井泵；7—水塔；8—输水管

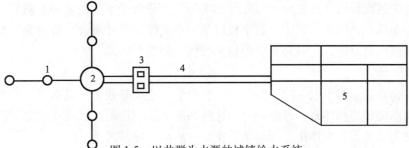

图 1-5 以井群为水源的城镇给水系统
1—管井群；2—集水池；3—泵站；4—输水管；5—管网

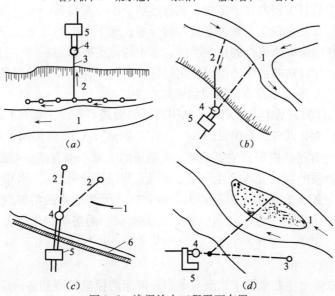

图 1-6 渗渠给水工程平面布置
1—河流；2—渗渠；3—输水管；4—集水井；5—泵房；6—堤岸

1.2 小城镇水源水质

1.2.1 原水中的杂质

水在自然界经过降水、径流、渗透、蒸发等方式进行着永无休止的循环过程。由于同外界的不断接触，又与人类生活和生产活动密切联系，使得天然水中都不同程度地含有各种各样的杂质。这些杂质中包括无机物、有机物和微生物等，从给水处理的角度考虑，可按尺寸大小和存在的形态分为悬浮物质、胶体物质、溶解物质三类，它们之间的区别主要在于杂质的分散程度，即杂质颗粒的大小。见表1-1。

水中杂质分类　　　　　　　　　表1-1

杂　　质	溶解物（低分子、离子）		胶　　体		悬浮物			
颗粒尺寸（mm）	10^{-7}	10^{-6}	10^{-5}	10^{-4}	10^{-3}	10^{-2}	10^{-1}	1
分辨工具	电子显微镜可见		超显微镜可见		显微镜可见		肉眼可见	
感观状态	透明		浑浊		浑浊		浑浊	

分类表中的颗粒尺寸均按球形颗粒计，实际上，分散于水中的各种杂质颗粒形状极不规则而且并非球形，因此，表中的数字仅仅是一个大体的尺寸概念。各种杂质颗粒的尺寸界限也不是截然划分的，尤其是在悬浮物和胶体之间更是如此。

1. 溶解物质

溶解性物质是指溶于水中的一些低分子和离子，主要是盐类，其次是气体和其他有机物，它们与水构成均相体系，外观透明。这些杂质无法用混凝、沉淀及过滤工艺去除。

在未受污染的天然水体中，溶解杂质主要有溶解气体和离子。

溶解在水中的气体，主要有两种：O_2和CO_2，有时也含有少量的N_2、SO_2、H_2S等其他气体。天然水中的氧主要来源于空气中氧的溶解，部分来自藻类和其他水生植物的光合作用。地表水中的二氧化碳主要来自有机物的分解；地下水中的二氧化碳除来源于有机物的分解外，还有在地层中所进行的化学反应。水中的氮主要来自空气中氮的溶解，部分是有机物分解及含氮化合物的细菌还原等生化过程的产物。而水中硫化氢的存在则与某些含硫矿物（如硫铁矿）的还原及水中有机物腐烂有关。

溶解在水中的盐类，基本上以阳离子和阴离子的形式存在。主要有Ca^{2+}，Mg^{2+}，Na^+，HCO_3^-，SO_4^{2-}，Cl^-等，此外还有少量的K^+，Fe^{2+}，Mn^{2+}，Cu^{2+}等阳离子及$HSiO_3^-$，CO_3^{2-}，NO_3^-等阴离子。所有这些离子，主要来源于矿物质的溶解，也有部分可能来源于水中有机物的分解。这些物质的存在使水产生硬度、碱度，引起锅炉结垢。水中含盐量过高会产生异味，有些成分即使含量很少也会使人中毒致病，天然水中的溶解气体主要是氧、氮和二氧化碳，有时也含有少量硫化氢。总之，去除水中的溶解物质需要经过特殊的处理工艺。

2. 悬浮物

天然水中的悬浮物主要来源于水流对地表、河床的径流冲刷和各种废水、废物侵入水体的结果。泥砂、动植物及微生物残骸、有机高分子物质（如蛋白质、腐殖酸等）是悬浮物质的主要来源。

悬浮物主要由黏土、泥砂、藻类、原生动物、细菌等组成。它们在水中产生浊度、色度和嗅味。由于悬浮物尺寸较大，易于在水中下沉和上浮。能够上浮的一般是体积较大而相对密度小于水的某些有机物；而易于下沉的一般是大颗粒泥沙及矿物质废渣等，它们在水的净化过程中很容易去除。

3. 胶体

水中所存在的胶体主要是由二氧化硅、氧化铝为主要成分组成的黏土微粒和高分子化合物。黏土是造成水体浑浊的主要原因；高分子化合物主要是蛋白质类化合物或已分解的蛋白质类，如腐殖质等，它们会造成水的色、嗅、味。另外，某些细菌及病毒也属于胶体一类。随生活污水排入水体的病菌、病毒及致病原生动物会通过水传播疾病。胶体在水中相当稳定，虽经长期静置也不能自然沉淀。天然水中的胶体颗粒一般带有负电荷，如黏土颗粒。天然水中的溶解性有机高分子物质，它的某些性质与胶体相似。胶体颗粒需投加混凝剂才能去除，它是净化处理的主要对象。

1.2.2 天然水源的水质特点

水是人们赖以生存不可缺少的资源。人口的增长、国民经济突飞猛进的发展，使人类对水的需求量日益增加，因此在当今对水资源合理的开发、利用倍受关注。

自然界的水都含有各种各样的杂质而不可能是纯净的，杂质的存在及其数量决定着水质的优劣及是否满足使用要求。因此，所谓水质是指水和其中杂质共同表现出来的综合特征。各种天然水源由于其形成的条件不同，水中所含有的杂质种类和数量也有很大的差别，因而具有不同的水质特点。

如果从不同的角度去分，水源有多种分类方法。水源按其在自然界存在的形式，可分为地表水源和地下水源两大类。

1. 地表水源

(1) 江河水

江河是由降水经过地面径流汇集而成的。由于水的流程长、汇水面积大，流量受季节和降雨量影响大，江河水中悬浮物和胶态杂质含量较多，浑浊度相对较高（特别是汛期），且易受自然条件的影响。凡土质、植被和气候条件较好的地区，如华东、东北和西南地区大部分流域，浊度均较低。一年中大部分时间河水较清，只是雨季河水较浑，年平均浊度在 50~400mg/L 之间；而土壤植被较差的西北、华北和黄土高原的黄河水系及海河水系，由于水土流失严重，河水浊度高，含泥沙量大。

江河水的含盐量过高和硬度较低。含盐量一般在 50~500mg/L 之间。我国大多数河流，河水含盐量和硬度一般均无碍于生活饮用。

江河水的最大缺点是，易受生活污水、工业废水及其他各种人为污染，因而水的色、嗅、味变化较大，有毒或有害物质易进入水体。水温不稳定，夏季常不能满足工业冷却水要求。

(2) 湖泊及水库水

湖泊和水库水，主要由河水补给，水质与河水类似。湖泊及水库水的水体较大，水量较充沛。但其流动性较小，贮存时间较长，由于长期自然沉淀，悬浮物含量少，湖泊及水库水的浑浊度较低。水的流动性小和透明度高又给水中浮游生物特别是藻类的繁殖创造了良好条件。因而，湖水一般含藻类较多，使水产生色、嗅、味。另外，湖水也易受废水污染。

由于湖水不断得到补给又不断蒸发浓缩，因而含盐量往往比河水高，自净能力小。按含盐量分，有淡水湖、微咸水湖和咸水湖三种。这与湖的形成历史、水的补给来源及气候条件有关。咸水湖的水不宜生活饮用。我国大的淡水湖主要集中在雨水丰富的东南地区。

（3）池塘水

池塘水一般为死水，自净能力差，污染机会多。特别是居民点附近的池塘，应尽量避免作为给水工程的水源

（4）海水

海水含盐量高，腐蚀性很强。而且所含各种盐类或离子的重量比例基本一定，这是与其他天然水源所不同的一个显著特点。海水一般需经淡化处理才可作为居民生活用水。目前以海水作为给水水源的较少，多用于工业冷却。

2. 地下水源

水在地层渗滤过程中，悬浮物和胶体已基本或大部分去除、水质清澈，且水源不易受外界污染和气温影响，因而水质、水温较稳定，有些地下水不经任何处理即可作为生活饮用水，因此一般宜作为生活饮用水和工业冷却用水的水源。

地下水含盐量通常高于地表水。这是由于地下水流经土壤和岩层时溶解了各种可溶性矿物质。含盐量的多少及盐类成分，决定于地下水流经地层的矿物质成分、地下水埋深和与岩层接触时间等。我国大部分地下水含盐量通常在 200~500mg/L 之间。东南沿海及西南等地区，水中含盐量通常较低；而西北、内蒙等干旱少雨地区，水中含盐量通常较高，个别地区高达 1000~4000mg/L，称为"苦咸水"。

在地下水所含的盐类中，钙盐和镁盐通常占有较大的相对密度，尤其是石灰岩地区，地下水硬度通常高于地表水。我国地下水总硬度通常在 60~300mg/L（以 CaO 计）之间，少数地区有时高达 300~700mg/L。

我国地下水的含铁量通常在 10mg/L 以下，个别可高达 30mg/L，集中分布在松花江流域和长江中、下游地区。黄河流域，珠江流域等地也都有含铁地下水。

地下水中的锰常与铁共存，但含量比铁少。我国地下水含锰量一般不超过 2~3mg/L。个别地区也有高达 10mg/L 的。地下水含铁、锰量超过生活饮用水卫生标准时，需经过除铁除锰处理后才可使用。

地下水源包括潜水（无压地下水）、承压水（自流水）和泉水。

（1）潜水

潜水是埋藏在第一个隔水层以上的，只有自由水面的地下水。它多贮存在第四系松散沉积地层中，也可形成于裂隙性或可溶性基岩中。其主要特点是分布区和补给区往往一致，水位及水量变化较大。我国潜水分布较广，储量丰富，常可作为城镇给水工程的水源，由于易被污染，作为供水水源时必须注意卫生防护。

（2）承压水

承压水是充满埋藏于地下一定深度两个隔水层之间的含水层中具有静水压力的地下水。承压水共有上下两个隔水层，上面的称为隔水顶板，下面的称为隔水底板。顶底板之

间的垂直距离为含水层厚度，当水井穿透顶板后，水位将升到含水层顶板以上某高度后稳定下来。稳定水位高于含水层顶板底面的距离称承压水头。当承压水头足够大时，水能喷出地表形成自流井。

承压水的主要特征是含水层中的水承受一定的静水压力，并具有明显的补给区，承压区和排泄区往往相隔很远，水经长距离渗透，浑浊度很低，大多数达到生活饮用水的标准。但它也常溶解了大量盐类，因此水的硬度比地表水高。其中含铁（Fe）、锰（Mn）、氟（F）的量超过饮用水水质标准的现象较普遍。大多数情况下，其水质和水量均较稳定，且适合作为城镇给水工程的水源。

1.3 水质标准

水质标准是国家或部门根据不同的用水目的（如饮用、工业、农业用水等）而制定的各项水质参数应达到的指标和限值。其中生活饮用水标准是各种水质标准中最基本的标准。随着"饮用水与健康"科学研究的深入、工业工艺过程的发展所引起的水质新要求、以及水质检验技术的进步，使得标准也在不断地修改、完善和提高。

生活饮用水水质与人们身体健康和日常生活直接相关。是人们生活的最基本卫生条件之一。由于工业废水水污染日益严重，引起人们对水质和健康的特别关注。20世纪初，水质标准主要包括水的外观和预防传染病的项目，各国根据自己的具体情况制定。

城镇水厂净水处理的目的是去除原水中悬浮物质、胶体物质、细菌、病毒以及其他有害成分，使净化后水质满足生活饮用水的要求。

生活饮用水水质应符合下列基本要求：

1. 生活饮用水中不得含有病原微生物；
2. 生活饮用水中化学物质不得危害人体健康；
3. 生活饮用水中放射性物质不得危害人体健康；
4. 生活饮用水的感官性状良好；
5. 生活饮用水应经消毒处理；
6. 生活饮用水水质应符合表1-2和表1-4卫生要求。集中式供水出厂水中消毒剂限值、出厂水和管网末梢中消毒剂余量均应符合表1-3要求；
7. 小型集中式供水和分散式供水因条件限制，水质部分指标可暂按表1-5执行，其余指标仍按表1-2、表1-3和表1-4执行；
8. 当发生影响水质的突发性公共事件时，经市级以上人民政府批准，感官性状和一般化学指标可适当放宽。

水质常规指标和限值　　　　　　　表1-2

指　标	限　值
1. 微生物指标[a]	
总大肠菌群（MPN/100mL 或 CFU/100mL）	不得检出
耐热大肠菌群（MPN/100mL 或 CFU/100mL）	不得检出
大肠埃希氏菌（MPN/100mL 或 CFU/100mL）	不得检出

续表

指　　标	限　　值
菌落总数（CFU/mL）	100
2. 毒理指标	
砷（mg/L）	0.01
镉（mg/L）	0.005
铬（六价）（mg/L）	0.05
铅（mg/L）	0.01
汞（mg/L）	0.001
硒（mg/L）	0.01
氰化物（mg/L）	1.0
氟化物（mg/L）	1.0
硝酸盐（以 N 计）（mg/L）	10 地下水源限制时为 20
三氯甲烷（mg/L）	0.06
四氯化碳（mg/L）	0.002
溴酸盐（使用臭氧时）（mg/L）	0.01
甲醛（使用臭氧时）（mg/L）	0.9
亚氯酸盐（使用二氧化氯消毒时）（mg/L）	0.7
氯酸盐（使用复合二氧化氯消毒时）（mg/L）	0.7
3. 感官性状和一般化学指标	
色度（铂钴色度单位）	15
浑浊度（散射浑浊度单位）（NTU）	1 水源与净水技术条件限制时为 3
臭和味	无异臭、异味
肉眼可见物	无
pH	不小于 6.5 且不大于 8.5
铝（mg/L）	0.2
铁（mg/L）	0.3
锰（mg/L）	0.1
铜（mg/L）	1.0
锌（mg/L）	1.0
氯化物（mg/L）	250
硫酸盐（mg/L）	250
溶解性总固体（mg/L）	1000
总硬度（以 $CaCO_3$ 计）（mg/L）	450
耗氧量（COD_{Mn} 法，以 O_2 计）（mg/L）	3 水源限制，原水耗氧量 >6mg/L 时为 5
挥发酚类（以苯酚计）（mg/L）	0.002
阴离子合成洗涤剂（mg/L）	0.3
4. 放射性指标[b]	指导值
总 α 放射性（Bq/L）	0.5
总 β 放射性（Bq/L）	1

[a] MPN 表示最可能数；CFU 表示菌落形成单位。当水样检出总大肠菌群时，应进一步检验大肠埃希氏菌或耐热大肠菌群；水样未检出总大肠菌群，不必检验大肠埃希氏菌或耐热大肠菌群。
[b] 放射性指标超过指导值，应进行核素分析和评价，判定能否饮用。

饮用水中消毒剂常规指标及要求

表 1-3

消毒剂名称	与水接触时间	出厂水中限值 (mg/L)	出厂水中余量 (mg/L)	管网末梢水中余量 (mg/L)
氯气及游离氯制剂（游离氯）	≥30min	4	≥0.3	≥0.05
一氯胺（总氯）	≥120min	3	≥0.5	≥0.05
臭氧（O_3）	≥12min	0.3	—	0.02 如加氯，总氯≥0.05
二氧化氯（ClO_2）	≥30min	0.8	≥0.1	≥0.02

水质非常规指标及限值

表 1-4

指　　标	限　　值
1. 微生物指标	
贾第鞭毛虫（个/10L）	<1
隐孢子虫（个/10L）	<1
2. 毒理指标	
锑(mg/L)	0.005
钡(mg/L)	0.7
铍(mg/L)	0.002
硼(mg/L)	0.5
钼(mg/L)	0.07
镍(mg/L)	0.02
银(mg/L)	0.05
铊(mg/L)	0.0001
氯化氰(以CN^-计)(mg/L)	0.07
一氯二溴甲烷(mg/L)	0.1
二氯一溴甲烷(mg/L)	0.06
二氯乙酸(mg/L)	0.05
1,2—二氯乙烷(mg/L)	0.03
二氯甲烷（mg/L）	0.02
三卤甲烷（三氯甲烷、一氯二溴甲烷、二氯一溴甲烷、三溴甲烷的总和）	该类化合物中各种化合物的实测浓度与其各自限值的比值之和不超过1
1,1,1—三氯乙烷(mg/L)	2
三氯乙酸(mg/L)	0.1
三氯乙醛(mg/L)	0.01
2,4,6—三氯酚(mg/L)	0.2
三溴甲烷(mg/L)	0.1
七氯(mg/L)	0.0004
马拉硫磷(mg/L)	0.25
五氯酚(mg/L)	0.009
六六六(总量)(mg/L)	0.005
六氯苯(mg/L)	0.001

续表

指　　标	限　　值
乐果（mg/L）	0.08
对硫磷（mg/L）	0.003
灭草松（mg/L）	0.3
甲基对硫磷（mg/L）	0.02
百菌清（mg/L）	0.01
呋喃丹（mg/L）	0.007
林丹（mg/L）	0.002
毒死蜱（mg/L）	0.03
草甘膦（mg/L）	0.7
敌敌畏（mg/L）	0.001
莠去津（mg/L）	0.002
溴氰菊酯（mg/L）	0.02
2,4-滴（mg/L）	0.03
滴滴涕（mg/L）	0.001
乙苯（mg/L）	0.3
二甲苯（总量）（mg/L）	0.5
1,1-二氯乙烯（mg/L）	0.03
1,2-二氯乙烯（mg/L）	0.05
1,2-二氯苯（mg/L）	1
1,4-二氯苯（mg/L）	0.3
三氯乙烯（mg/L）	0.07
三氯苯（总量）（mg/L）	0.02
六氯丁二烯（mg/L）	0.0006
丙烯酰胺（mg/L）	0.0005
四氯乙烯（mg/L）	0.04
甲苯（mg/L）	0.7
邻苯二甲酸二（2-乙基己基）酯（mg/L）	0.008
环氧氯丙烷（mg/L）	0.0004
苯（mg/L）	0.01
苯乙烯（mg/L）	0.02
苯并（a）芘（mg/L）	0.00001
氯乙烯（mg/L）	0.005
氯苯（mg/L）	0.3
微囊藻毒素-LR（mg/L）	0.001
3.感官性状和一般化学指标	
氨氮（以N计）（mg/L）	0.5
硫化物（mg/L）	0.02
钠（mg/L）	200

小型集中式供水和分散式供水部分水质指标及限值　　　　　表1-5

指　　　标	限　　　值
1. 微生物指标	
菌落总数（CUF/mL）	500
2. 毒理指标	
砷（mg/L）	0.05
氟化物（mg/L）	1.2
硝酸盐（以 N 计）(mg/L)	20
3. 感官性状和一般化学指标	
色度（钴铂色度单位）	20
浑浊度（散射浑浊度单位）(NTU)	3 水源与净水技术条件限制时为5
pH	6.5~9.5
溶解性总固体（mg/L）	1500
总硬度（以 $CaCO_3$ 计）(mg/L)	550
耗氧量（COD_{Mn}法，以 O_2 计）(mg/L)	5
铁（mg/L）	0.5
锰（mg/L）	0.3
氯化物（mg/L）	300
硫酸盐（mg/L）	300

1.4　小城镇饮用水处理的方法

给水处理的目的是去除水中悬浮物质、胶体物质、细菌及其他有害成分，使净化后的水能符合生活饮用或工业使用所要求的水质标准。水处理方法应根据水源水质和用水对象对水质的要求确定。

一般来说，当生活饮用水采用地表水时，需要进行混凝、沉淀（或澄清）、过滤、消毒等处理工艺过程。如果采用没有受到污染的地下水源，当水质清澈透明时，只要经过消毒，便可符合生活饮用水水质要求，当要求的水质较高时，则需作进一步的专门深化处理，如除铁、除锰、软化、淡化以及其他方面的特殊处理。

混凝、沉淀和过滤的主要目的是去除水中的悬浮物和胶体杂质。由于微小悬浮物沉淀的速度极慢，胶体物质则根本不能沉淀，因此需要在水进入沉淀池前投加絮凝剂。以破坏水中杂质的稳定性，使其迅速凝聚形成大颗粒的矾花，在矾花本身重力作用下沉淀，然后再通过滤池，就可以将水中绝大部分杂质去除。对于完整而有效的混凝、沉淀和过滤，不仅能有效地降低水的浊度，对去除水中某些有机物、细菌及病毒等也相当有效。但对于某些未被去除的致病微生物，必须用消毒方法将其杀死。消毒通常在过滤以后进行。主要消毒方法是在水中投加消毒剂以杀灭致病微生物。对于村镇小型给水处理厂来说，当前常用的消毒剂是液氯和漂白粉，也有的采用二氧化氯及次氯酸钠等。臭氧消毒也是一种重要的消毒方法。

当溶解于地下水中的铁、锰含量超过生活饮用水卫生标准时，需采用除铁、除锰措施。最广泛的除铁、锰方法是：氧化法和接触氧化法。前者通常设置曝气装置、氧化反应池和砂滤池，后者通常设置曝气装置和接触氧化滤池。通过处理，使溶解性二价铁和锰分别转变成三价铁和四价锰并产生沉淀物而去除。

如果水中钙、镁离子含量较高，则需要进行软化处理。而对于高含盐量的水如海水及"苦咸水"则要进行淡化处理。

鉴于当前水源污染日益严重，特别是有机物污染比较突出，重金属污染也相当严重，因而，人们对饮用水与健康的关系极为重视。在进行给水处理时，要根据当地水源的水质情况，选择合适的净水处理方法，使之既经济适用，又能满足生活饮用水的水质标准。

给水处理的工艺流程是根据天然水的水质与生活、生产用水水质标准的差异，将给水处理方法组成不同的工艺流程，以满足用水水质的要求。在城镇常用的水处理工艺流程及其适用条件，见表1-6。

水处理工艺流程及适用条件　　　　　　　　　　表1-6

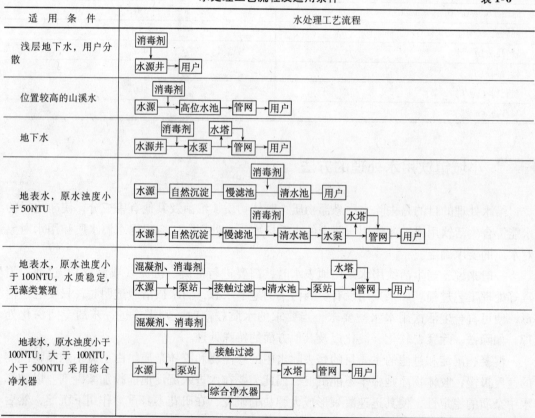

第 2 章 混　　凝

2.1　混凝的基本原理

混凝就是水中的胶体粒子以及微小悬浮物的聚集过程，是水处理工艺中十分重要的工序。混凝过程的完善程度对后续处理，如沉淀、过滤等影响很大，因此，必须给予充分重视。

2.1.1　水中胶体的稳定性

天然水中的微小悬浮物及胶体杂质，经长期静置也不下沉，一直保持稳定的分散悬浮状态。这是由于微小悬浮物及胶体颗粒带有同性负电荷，它们相互排斥而不能相互凝聚；还有胶体颗粒表面水化膜也会阻碍颗粒凝聚。在水中，由于胶体颗粒受到水分子热运动的冲击而作无规则的布朗运动，呈现出胶体颗粒分散几乎不变的稳定性质。

天然水中的微小悬浮物及固体颗粒，主要是黏土微粒，构造如图 2-1 所示。它具有双电层结构：内层为胶核吸附紧密的固定层，外层为吸附松散的扩散层。当胶粒在水中移动时，两层间由于吸附松散，发生滑动，形成滑动面，在滑动面上存在电位称为 ζ 电位。ζ 电位愈高，两胶粒间静电斥力愈大，胶粒愈不易相互接触以至凝聚。ζ 电位大小与扩散层厚度有关，扩散层厚度愈大，ζ 电位愈高。如果压缩扩散层，使扩散层厚度减小，则 ζ 电位将降低，胶粒间的静电斥力减小，胶体稳定性降低，并在胶粒间引力作用下，有可能发生凝聚。对于天然水，一般当 ζ 电位为 20~40mV 时。就可发生凝聚。当 ζ 电位降低到 0 时，在胶粒间的引力作用下，凝聚速度最快。

水的混凝处理，就是利用混凝剂水解产生的大量反离子（对于负电荷胶体，反离子即为正离子，反之亦然），压缩水中胶体扩散层，降低 ζ 电位，使之脱稳，并在吸附引力作用下，使胶体与胶体间、胶体与混凝剂的水解胶体间相互凝聚。此外，混凝剂的水解胶体是条形的，能像链条似的拉起来，好像架桥一样在水中形成颗粒较大的松散网状结构，如图 2-2 所示。

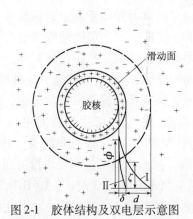

图 2-1　胶体结构及双电层示意图

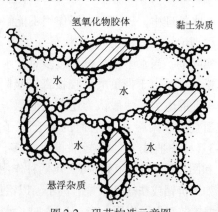

图 2-2　矾花构造示意图

示。这种网状结构的表面积很大,吸附力极强,能够吸附水中的悬浮物质、有机物、细菌甚至溶解物质,生成较大的絮体(通称矾花),为随后在沉淀或澄清池中的固液分离创造良好条件,使水由浑变清。

2.1.2 胶体脱稳

为使胶体颗粒能通过碰撞而彼此聚集,就需要消除或降低胶体颗粒的稳定因素,这一过程叫做脱稳。

给水处理中,胶体颗粒的脱稳可分为两种情况:一种是通过凝聚剂的作用,使胶体颗粒本身的双电层结构起了变化,ζ电位降低或消失,胶体稳定性破坏;另一种是胶体颗粒的双电层结构未起多大变化,主要是通过凝聚剂的媒介作用,使颗粒彼此聚集。严格地说来,后一种情况不能称为脱稳,但从水处理的实际效果而言,两者都达到了使颗粒彼此聚集的目的,因此习惯上都称之为脱稳。

胶体的脱稳方式随着采用絮凝剂品种和投加量、胶体颗粒的性质以及介质环境等多种因素而变化,一般可分为以下几种:

1. 电性中和

根据DLVO理论,要使胶粒通过布朗运动相撞聚集,必须降低或消除排斥能峰。吸引势能与胶粒电荷无关,它主要决定于构成胶体的物质种类、尺寸和密度。对于一定水质,胶粒这些特性是不变的。因此,降低排斥能峰的办法即是降低或消除胶粒的ζ电位。在水中投入电解质可达此目的。

对于水中负电荷胶粒而言,投入的电解质——混凝剂应是正电荷离子或聚合离子。如果正电荷离子是简单离子,如Na^+、Ca^{2+}、Al^{3+}等,其作用是压缩胶体双电层——为保持胶体电性中和所要求的扩散层厚度,从而使胶体滑动面上的ζ电位降低,见图2-3(a)。ζ=0时称等电状态,此时排斥势能消失。实际上,只要将ζ电位降至一定程度(如$\zeta = \zeta_k$)使排斥能峰$E_{max}=0$(如图2-3(b)的虚线所示),胶粒便发生聚集作用。这时的ζ_k电位称临界电位。根据叔采—哈代法则,高价电解质压缩胶体双电层的效果远比低价电解质有效。对负电荷胶体而言,为使胶体失去稳定性——"脱稳"所需不同价数的正离子浓度之比为:$[M^+]:[M^{2+}]:[M^{3+}] = 1:\left(\frac{1}{2}\right)^6:\left(\frac{1}{3}\right)^6$。这种脱稳方式称压缩双电层作用。

在水处理中,压缩双电层作用不能解释混凝剂投量过多时胶体重新稳定的现象。因为按这种理论,至多达到ζ=0状态(见图2-3(b)中曲线Ⅲ)而不可能使胶体电荷符号改变。实际上,当水中铝盐投量过多时,水中原来负电荷胶体可变成带正荷的胶体。根据近代理论,这是由于带负电荷胶核直接吸附了过多的正电荷聚合离子的结果。这种吸附力,绝非单纯静电力,一般认为还存在范德华力、氢键及共价键等。混凝剂投量适中,通过胶核表面直接吸附带相反电荷的聚合离子或高分子物质,ζ电位可达到临界电位ζ_k,见图2-3(c)中曲线Ⅱ。混凝剂投量过多,电荷变号,见图2-3(c)的曲线Ⅲ。从图2-3(c)和图2-3(b)的区别可看出两种作用机理的区别。在水处理中,一般均投加高价电解质(如三价铝或铁盐)或聚合离子。以铝盐为例,只有当水的pH<3时,$[Al(H_2O)_6]^{3+}$才起压缩扩散双电层作用。当pH>3时,水中便出现聚合离子及多核羟基配合物。这些物质往往会吸附在胶核表面，分子量愈大，吸附作用愈强，如 $[Al_{13}(OH)_{32}]^{7+}$ 与胶核表面的吸附强度大于 $[Al_3(OH)_4]^{5+}$ 或 $[Al_2(OH)_2]^{4+}$ 与胶核表面的吸附强度。

其原因，不仅在于前者正电价数高于后者，主要还是分子量远大于后者。带正电荷的高分子物质与负电荷胶粒吸附性更强。如果分子量不同的两种高分子物质同时投入水中，分子量大者优先被胶粒吸附。如果先让分子量较低者吸附然后再投入分子量高的物质，会发现分子量高者将慢慢置换分子量低的物质。电性中和主要见图2-3（c）所示的作用机理，故又称"吸附—电性中和"作用。在给水处理中，因天然水的pH值通常总是大于3，故图2-3（b）所示的压缩双电层作用甚微。

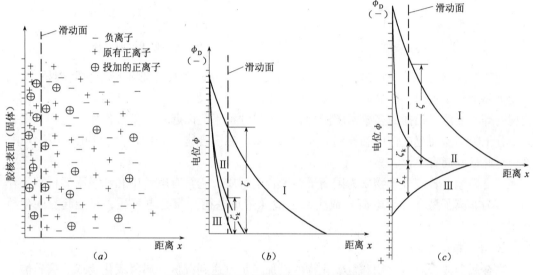

图 2-3　压缩双电层和吸附—电中和作用

当采用铝盐或铁盐作为絮凝剂时，当pH值较低，水解产物带有正电荷，给水处理中原水的胶体颗粒多为带负电荷的，因而带正电荷的铝或铁盐的水解产物可以对原水胶体颗粒的电荷起中和作用。由于水解产物形成的胶体与原水胶体带有不同的电荷，因而当它们接近时，总是互相吸引的，这就导致颗粒的相互聚集。这种絮凝机理在水处理中很重要。铝盐、铁盐及阳离子型聚合物都可通过这一机理而达到凝聚。

2. 吸附架桥

当向溶液投加高分子物质时，胶体微粒对高分子物质产生强烈的吸附作用，通过高分子链状物吸附胶体，微粒可以构成一定形式的聚集物，从而破坏了胶体系统的稳定性。不仅带异性电荷的高分子物质与胶粒具有强烈吸附作用，不带电甚至带有与胶粒同性电荷的高分子物质与胶粒也有吸附作用。拉曼（Lamer）等通过对高分子物质吸附架桥作用的研究认为：当高分子链的一端吸附了其一胶粒后，另一端又吸附另一胶粒，形成"胶粒—高分子—胶粒"的絮凝体，如图2-4所示。高分子物质在这里起了胶粒与胶粒之间相互结合的桥梁作用，故称吸附架桥作用。当高分子物质投量过多时，将产生"胶体保护"作用，如图2-5所示。胶体保护可理解为：当全部胶粒的吸附面均被高分子覆盖以后，两胶粒接近时，就受到高分子的阻碍而不能聚集。这种阻碍来源于高分子之间的相互排斥（图2-5）。排斥力可能来源于"胶粒—胶粒"之间高分子受到压缩变形（像弹簧被压缩一样）而具有排斥势能，也可能由于高分子之间的电性斥力（对带电高分子而言）或水化膜。因此，高分子物质投量过少不足以将胶粒架桥连接起来，投量过多又会产生胶体保护作用。最佳投量应是既能把胶粒快速絮凝起来，又可使絮凝起来的最大胶粒不易脱落。根据吸附原理，胶粒表面高分子覆盖率为1/2时絮凝效果最好。但在实际水处理中，胶粒表面覆盖率无法测定，故高分子混凝剂投量通常由试验决定。

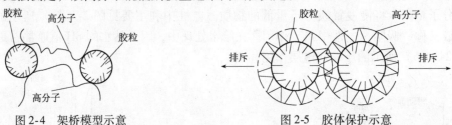

图2-4 架桥模型示意　　　　　图2-5 胶体保护示意

起架桥作用的高分子都是线性分子且需要一定长度。长度不够不能起粒间架桥作用，只能被单个分子吸附。所需起码长度，取决于水中胶粒尺寸、高分子基团数目、分子的分枝程度等。显然，铝盐的多核水解产物，分子尺寸都不足以起粒间架桥作用。它们只能被单个分子吸附从而起电性中和作用。而中性氢氧化铝聚合物$[Al(OH)_3]_n$则可起架桥作用，不过对此目前尚有争议。

不言而喻，若高分子物质为阳离子型聚合电解质，它具有电性中和和吸附架桥双重作用；若为非离子型（不带电荷）或阴离子型（带负电荷）聚合电解质，只能起粒间架桥作用。

3. 网捕或卷扫

当金属盐或金属氧化物和氢氧化物的投加量足以达到沉析金属氢氧化物或金属碳酸盐时，水中的胶体颗粒可被这种沉析物在形成时所网捕卷扫，尽管此时胶体颗粒的结构没有大的改变。胶体颗粒可以成为沉析物形成的核心。欲去除的胶粒越多，沉析的速率越快，因而当水中胶体物质较多时，絮凝剂的投加量反而减少。例如当铝盐或铁盐混凝剂投量很大而形成大量氢氧化物沉淀时，可以网捕、卷扫水中胶粒以致产生沉淀分离，称卷扫或网捕作用。这种作用，基本上是一种机械作用，所需混凝剂量与原水杂质含量成反比，即原水胶体杂质含量少时，所需混凝剂多，反之亦然。

概括以上几种混凝机理，可作如下分析判断：

（1）对铝盐混凝剂（铁盐类似）而言，当pH<3时，简单水合铝离子$[Al(H_2O)_6]^{3+}$可起压缩胶体双电层作用，但在给水处理中，这种情况少见；在pH=4.5~6.0范围内（视混凝剂投量不同而异），主要是多核羟基配合物对负电荷胶体起电性中和作用，凝聚体比较密实；在pH=7~7.5范围内，电中性氢氧化铝聚合物$[Al(OH)_3]_n$可起吸附架桥作用，同时也存在某些羟基配合物的电性中和作用。天然水的pH值一般在6.5~7.8之间，铝盐的混凝作用主要是吸附架桥和电性中和，两者以何为主，决定于铝盐投加量；当铝盐投加量超过一定限度时，会产生"胶体保护"作用，使脱稳胶粒电荷变号或使胶粒被包卷而重新稳定（常称"再稳"现象）；当铝盐投加量再次增大、超过氢氧化铝溶解度而产生大量氢氧化铝沉淀物时，则起网捕和卷扫作用。实际上，在一定的pH值下，几种作用都可能同时存在，只是程度不同，这与铝盐投加量和水中胶粒含量有关。如果水中胶粒含量

过低，往往需投加大量铝盐混凝剂使之产生卷扫作用才能发生混凝作用。

（2）阳离子型高分子混凝剂可对负电荷胶粒起电性中和与吸附架桥双重作用，絮凝体一般比较密实。非离子型和阴离子型高分子混凝剂只能起吸附架桥作用。当高分子物质投量过多时，也产生"胶体保护"作用使颗粒重新悬浮。

2.2 混凝剂与助凝剂

2.2.1 混凝剂

选用混凝剂的原则是：混凝效果好，对人体无害，使用方便，货源充足，价格便宜。混凝剂种类很多，金属盐类混凝剂品种较少，目前主要是铁盐和铝盐，但水处理中用量最多；高分子混凝剂品种较多，但水处理中用量较少。下面仅介绍几种常用的混凝剂。

1. 金属盐类混凝剂

金属盐类混凝剂应用最广的是铝盐和铁盐。前者主要是硫酸铝和明矾等；后者主要是三氯化铁、硫酸亚铁及硫酸铁等。

金属盐类混凝剂尽管品种和性能各不相同，但它们的作用机理与硫酸铝基本相似，即利用高价金属离子的水解聚合物起混凝作用。

（1）硫酸铝[$Al_2(SO_4)_3 \cdot 18H_2O$]。有固、液两种形态，我国常用的是固态硫酸铝。固态又分精制和粗制两种，精制硫酸铝为白色块状或粉末状，密度约为 $1.62t/m^3$，Al_2O_3 含量不小于15%，无水硫酸铝含量约为50%~52%，杂质少，不溶杂质含量不大于0.3%，价格较贵；粗制硫酸铝为灰色粉末，Al_2O_3 含量不小于14%，无水硫酸铝的含量因产地不同而不同，一般为20%~30%，杂质较多，不溶杂质含量不大于24%，价格较低，但质量不稳定，且因不溶杂质含量多，增加了药液配制和废渣排放方面的操作麻烦。

硫酸铝用于混凝时，须有适宜的pH值范围。在去色时，pH值适宜范围为4~6；在去浊度时，pH值适宜在6~8之间。生产上最佳pH值范围一般为6.5~7.5。由于铝的相对密度较小，所以铝盐形成的矾花轻而疏松，特别冬天水温低时，难以结成大而重易沉的颗粒。为此很多水厂冬季改用硫酸亚铁、三氯化铁作混凝剂，或使用硫酸铝的同时，再投加助凝剂。但硫酸铝腐蚀性小，因而被广泛使用。

（2）明矾是硫酸铝和硫酸钾的复盐 $Al_2(SO_4)_3 \cdot K_2SO_4 \cdot 24H_2O$，为无色或白色结晶体，密度 $1.76t/m^3$，Al_2O_3 含量约为10.6%，属天然矿物。明矾起混凝作用的乃是硫酸铝成分。混凝特征与硫酸铝一样。

（3）三氯化铁[$FeCl_3 \cdot 6H_2O$]是具有金属光泽的深棕色粉状或粒状固体。一般杂质较少，极易溶解。作用机理也与硫酸铝相似，但对pH值的适应范围宽（最好在6.0~8.4之间）；形成的絮凝体比铝盐絮凝体大重密实；处理低温或低浊废水的效果优于硫酸盐。三氯化铁腐蚀性较强，易吸湿潮解，不易保管。

（4）硫酸亚铁[$FeSO_4 \cdot 7H_2O$]是半透明绿色结晶体，俗称绿矾。溶解度较大，使用时受水温影响较小，形成的絮凝体大重易沉。较适于浊度高、碱度高和pH值为8.5~9.5的原水。硫酸亚铁用于混凝，会使处理后的水带色，特别是当 Fe^{2+} 与水中有色胶体作用后，将生成颜色更深的溶解物，影响水的使用。所以采用硫酸亚铁作混凝剂时，应将二价铁

Fe^{2+} 氧化成三价铁 Fe^{3+}。氧化的方法有氯化和曝气等方法。常用的是亚铁氯化法,反应如下:

$$6FeSO_4 \cdot 7H_2O + 3Cl_2 = 2Fe_2(SO_4)_3 + 2FeCl_3 + 7H_2O$$

氯与硫酸亚铁必须同时加入原水中,氯与硫酸亚铁的理论用量比例为1:8,实际投氯量应较理论剂量再加适当余量(一般约为1.5~2.0mg/L)。

2. 高分子混凝剂

高分子混凝剂分无机和有机两类:

(1) 无机高分子混凝剂

无机高分子混凝剂常见的有聚合铝和聚合铁,聚合铝包括聚合氯化铝(PAC)和聚合硫酸铝(PAS)等;聚合铁包括聚合硫酸铁(PFS)和聚合氯化铁(PFC)。下面对已得到广泛应用的PAC和PFS作简要介绍。

1) 聚合氯化铝 $[Al_2(OH)_nCl_{6-n}]_m$,又名碱式氯化铝或羟基氯化铝,是当前国内外研制和使用比较广泛的一种无机高分子混凝剂。它是以铝灰或含铝矿物作为原料。采用酸溶或碱溶法加工制成的。由于原料不同和生产工艺不同,产品规格也不一致。

聚合氯化铝的混凝作用机理与硫酸铝并无差别。由于硫酸铝投入水中,主要是各种形态的水解聚合物发挥混凝使用。对一般负电荷不甚强的黏土胶体而言,最好以正电荷较低而聚合度很大的水解产物发挥作用;对造成色度的有机物而言,最好以正电荷较高的水解产物发挥作用。但是,由于影响硫酸铝化学反应的因素复杂,投入水中后,要想根据不同水质控制水解聚合物的形态是不可能的。然而,根据原水水质特点,在人工控制条件下,预先制成最优形态的聚合物而后投入水中,将可发挥优异的混凝作用,人工合成聚合氯化铝正是基于这一概念。

聚合氯化铝实际上可看作氯化铝 $AlCl_3$ 经水解逐步趋向氢氧化铝的过程,各种中间产物通过羟基桥联缩合成高分子化合物。它们的化学式为 $[Al_2(OH)_nCl_{6-n}]_m$,简写为PAC,分子式 $[Al_2(OH)_nCl_{6-n}]_m$ 中的 m 为聚合度,单体为铝的羟基配合物 $Al_2(OH)_nCl_{6-n}$。通常 $n=1\sim5$,$m\leqslant10$。如 $Al_{16}(OH)_{40}Cl_8$:即为 $m=8$,$n=5$ 的聚合物。

聚合氯化铝作用机理与硫酸铝相似,但它的效能优于硫酸铝,相同水质下、投加量比硫酸铝要少,对pH值的适应范围也较宽,可在5.0~9.0之间。聚合氯化铝一般对各种水质以及水的pH值适应性较强,絮凝体形成较快,且颗粒大而重。对处理高浊度水和低温水效果较好。腐蚀性小,投药方便,成本较低。

2) 聚合硫酸铁 $[Fe_2(OH)_n(SO_4)_{3-\frac{n}{2}}]_m$ 是碱式硫酸铁的聚合物,化学式中的 $n<2$,$m>10$。它是一种红褐色的黏性液体,具有优良的混凝效果,而腐蚀性远小于三氯化铁。聚合硫酸铁已投入生产使用。

制备聚合硫酸铁有好几种方法,但目前基本上都是以硫酸亚铁 $FeSO_4$ 为原料,采用不同氧化方法,将硫酸亚铁氧化成硫酸铁,同时控制总硫酸根 SO_4^{2-} 和总铁的摩尔数之比,使氧化过程中部分羟基OH取代部分硫酸根 SO_4^{2-} 而形成碱式硫酸铁 $[Fe_2(OH)_n(SO_4)_{3-\frac{n}{2}}]_m$。碱式硫酸铁易于聚合而产生硫酸铁 $[Fe_2(OH)_n(SO_4)_{3-\frac{n}{2}}]_m$。从经济上考虑,采用工业废硫酸和副产品硫酸亚铁生产聚合硫酸铁具有开发应用前景,不过这样制备的聚合硫酸铁作为饮用水处理的混凝剂时,必须经检验无毒方可使用。

目前，新型无机混凝剂的研究趋向于聚合物及复合物方面较多。后者如聚合铝和铁盐的复合已在研究中。鉴于铝对生物体的影响已引起环境医学界的重视，故人们对聚合铁混凝剂的研究更感兴趣。

(2) 有机高分子混凝剂

有机高分子混凝剂分为天然和人工合成两大类。在给水处理中，人工合成的日益增多并居主要地位。这类混凝剂均有巨大的线性分子，每一大分子由许多链节组成，链节之间以共价键结合。每一链节即为一个单位，链节数即为聚合度。它们的聚合度可多达数千乃至数万。分子量为单体分子之和，可高达150万~600万。高分子混凝剂的链节常含有带电基团，故又称为聚合电解质。我国使用较多的高分子混凝剂为聚丙烯酰胺PAM（俗称三号絮凝剂），其通式为

$$\left[\begin{array}{c} -CH_2-CH \\ | \\ CONH_2 \end{array} \right]_n$$

按基团带电情况，有机高分子混凝剂可分为以下4种：①凡基团离解后带正电荷者称阳离子型；②带负电荷者称阴离子型；③分子中既含正电荷基团又含负电荷基团者称两性型；④若分子中不含可离解基团者称非离子型。水处理中常用的是阳离子型、阴离子型和非离子型3种高分子混凝剂，两性型使用极少。

有机高分子混凝剂的优异性能在于分子上的链节与水中胶体微粒有强烈的吸附作用。即使阴离子型高聚物，对负电胶体也具有吸附作用。阳离子型的吸附作用尤为强烈，而且在吸附同时，对负电胶体还起电中和脱稳作用。故阳离子型高聚物作为混凝剂尤为合适。阴离子型对未经脱稳胶体而言，由于静电斥力碍于吸附架桥作用的充分发挥，通常作为助凝剂使用。非离子型可作为混凝剂，也可作为助凝剂。聚丙烯酰胺，作为助凝剂使用时，效果较好的是它的改制品通过部分水解而形成的阴离子型产品。因为，高分子混凝剂的混凝效果固然和聚合度有关，而与分子链形状也有关系。

有机高分子混凝剂虽然效果优异，但制造过程复杂，价格昂贵。此外，它们的毒性问题始终为人们所关注。聚丙烯酰胺的毒性主要在于单体——丙烯酰胺，但在聚合物中剩余少量单体一般很难避免，因此用于处理饮用水时应进行毒性鉴定。要求丙烯酰胺含量在0.2%以下。

2.2.2 助凝剂

当单独使用混凝剂达不到应有混凝效果时，需投加某种辅助药剂，这种药剂称为助凝剂。加助凝剂的作用是：改善絮凝体结构，使絮凝体颗粒大、加重及密实；调整被处理水的pH值和碱度，以创造最佳混凝条件。助凝剂可分为4类：

1. **酸碱类**。这类助凝剂用以调整水的pH值和碱度。因为混凝剂水解生成氢氧化铝或氢氧化铁时，水中氢离子数量随之增加，从而酸度上升，pH值迅速下降。这一现象不利于水解过程的进行。因此，必须投加石灰或烧碱等碱性物质以中和水解产生的酸度，达到助凝的目的。

2. **矾花核心类**。这类助凝剂用以增加矾花的重量和强度，如投加黏土及在水温低时投加活化硅酸等。在原水浊度低、悬浮物含量少和水温较低情况下使用，效果显著。

3. 氧化剂类。这类助凝剂如氯等，用以破坏影响混凝的有机物，并将二价铁氧化成三价铁，以促进凝聚。

4. 高分子化合物类。这类助凝剂如从海草或海带中提炼的海藻酸钠，对于处理浊度稍大的原水，助凝效果较好。此外，在处理高浊度水时，用聚丙烯酰胺或骨胶作助凝剂，效果显著。既可少用混凝剂，又可保证水质。

2.3 影响混凝效果的主要原因

影响混凝效果的因素比较复杂，其中包括水温、水化学特性、水中杂质性质和浓度以及水力条件等。

2.3.1 水温影响

水温对混凝效果有明显影响。我国气候寒冷地区，冬季地表水温有时低至 0~2℃，尽管投加大量混凝剂也难以获得良好的混凝效果，通常絮凝体形成缓慢，絮凝颗粒细小、松散。其原因主要有以下几点：①无机盐混凝剂水解是吸热反应，低温水混凝剂水解困难；特别是硫酸铝，水温降低 10℃，水解速度常数约降低 1/2~3/4。当水温在 5℃左右时，硫酸铝水解速度已极其缓慢；②低温水的黏度大，使水中杂质颗粒布朗运动强度减弱，碰撞机会减少，不利于胶粒脱稳凝聚。同时，水的黏度大时，水流剪力增大，影响絮凝体的成长；③水温低时，胶体颗粒水化作用增强，妨碍胶体凝聚。而且水化膜内的水由于黏度和重度增大，影响了颗粒之间粘附强度；④水温与水的 pH 值有关。水温低时，水的 pH 值提高，相应地混凝最佳 pH 值也将提高。

为提高低温水混凝效果，常用方法是增加混凝剂投加量和投加高分子助凝剂。常用的助凝剂是活化硅酸，对胶体起吸附架桥作用。它与硫酸铝或三氯化铁配合使用时，可提高絮凝体密度和强度，节省混凝剂用量。尽管这样，混凝效果仍不理想，故低温水的混凝尚需进一步研究。

2.3.2 水的 pH 值和碱度影响

水的 pH 值对混凝效果的影响程度，视混凝剂品种而异。对硫酸铝而言，水的 pH 值直接影响 Al^{3+} 的水解聚合反应，亦即影响铝盐水解产物的存在形态。用以去除浊度时，最佳 pH 值在 6.5~7.5 之间，絮凝作用主要是氢氧化铝聚合物的吸附架桥和羟基配合物的电性中和作用；用以去除水的色度时，pH 值宜在 4.5~5.5 之间。关于除色机理至今仍有争议。有的认为，在 pH = 4.5~5.5 范围内，主要靠高价的多核羟基配合物与水中负电荷色度物质起电性中和作用而导致相互凝聚。有的认为主要靠上述水解产物与有机物质发生络合反应，形成络合物而聚集沉淀。总之，采用硫酸铝混凝除色时，pH 值应趋于低值。有资料指出，在相同絮凝效果下，原水 pH = 7.0 时的硫酸铝投加量，约比 pH = 5.5 时的投加量增加一倍。

采用三价铁盐混凝剂时，由于 Fe^{3+} 水解产物溶解度比 Al^{3+} 水解产物溶解度小，且氢氧化铁并非典型的两性化合物，故适用的 pH 值范围较宽。用以去除水的浊度时，pH =

6.0~8.4之间；用以去除水的色度时，pH = 3.5~5.0之间。

使用硫酸亚铁作混凝剂时，应首先将二价铁氧化成三价铁方可。将水的pH值提高至8.5以上（天然水的pH值一般小于8.5）且水中有充足的溶解氧时可完成二价铁氧化过程，但这种方法会使设备和操作复杂化，故通常用氯化法。

高分子混凝剂的混凝效果受水的pH值影响较小。例如聚合氯化铝在投入水中前聚合物形态基本确定，故对水的pH值变化适应性较强。

从铝盐（铁盐类似）水解反应可知，水解过程中不断产生H^+，从而导致水的pH值下降。要使pH值保持在最佳范围以内，水中应有足够的碱性物质与H^+中和。天然水中均含有一定碱度（通常是HCO_3^-），它对pH值降低有缓冲作用：

$$HCO_3^- + H^+ \rightleftharpoons CO_2 + H_2O$$

当原水碱度不足或混凝剂投量甚高时，水的pH值将大幅度下降以致影响混凝剂继续水解。为此，应投加碱剂（如石灰）以中和混凝剂水解过程中所产生的氢离子H^+，反应如下：

$$Al_2(SO_4)_3 + 3H_2O + 3CaO = 2Al(OH)_3 + 3CaSO_4$$

$$2FeCl_3 + 3H_2O + 3CaO = 2Fe(OH)_3 + 3CaCl_2$$

应当注意，投加的碱性物质不可过量，否则形成的$Al(OH)_3$会溶解为负离子$[Al(OH)_4]^-$而恶化混凝效果。由反应式可知，每投加1mmol/L的$Al_2(SO_4)_3$，需3mmol/L的CaO，将水中原有碱度考虑在内，石灰投量按下式估算：

$$[CaO] = 3[a] - [x] + [\delta]$$

式中　　$[CaO]$——纯石灰CaO投量，mmol/L；

$[a]$——混凝剂投量，mmol/L；

$[x]$——原水碱度，按mmol/L，CaO计；

$[\delta]$——保证反应顺利进行的剩余碱度，一般取0.25~0.5mmol/L。

【例题】某地表水源的总碱度0.2mmol/L。市售精制硫酸铝投量28mg/L。试估算石灰（市售品纯度为50%）投量多少mg/L?

【解】投药量折合Al_2O_3为28mg/L × 16% = 4.48mg/L

Al_2O_3分子量为102，故投药量相当于

$$\frac{4.48}{102} = 0.044 \text{mmol/L}$$

剩余碱度取0.37mmol/L，则得

$$[CaO] = 3 \times 0.044 - 0.2 + 0.37 = 0.3 \text{mmol/L}$$

CaO分子量为56，则市售石灰投量为：

$$0.3 \times 56/0.5 = 33 \text{mg/L}$$

2.3.3　水中悬浮物浓度的影响

从混凝动力学方程可知，水中悬浮物浓度很低时，颗粒碰撞速率大大减小，混凝效果差。为提高低浊度原水的混凝效果，通常采用以下措施：1. 在投加铝盐或铁盐的同时，投

加高分子助凝剂，如活化硅酸或聚丙烯酰胺等；2. 投加矿物颗粒（如黏土等）以增加混凝剂水解产物的凝结中心，提高颗粒碰撞速率并增加絮凝体密度。如果矿物颗粒能吸附水中有机物，效果更好，能同时收到部分去除有机物的效果。例如，若投入颗粒尺寸为 $500\mu m$ 的无烟煤粉，比表面积约 $92cm^2/g$，利用其较大的比表面积，可吸附水中某些溶解有机物；3. 采用直接过滤法。即原水投加混凝剂后经过混合直接进入滤池过滤。滤料（砂和无烟煤）即成为絮凝中心。如果原水浊度既低而水温又低，即通常所称的"低温低浊"水，混凝更加困难，这是人们一直重视的研究课题。

如果原水悬浮物含量过高，如我国西北、西南等地区的高浊度水源，为使悬浮物达到吸附电中和脱稳作用，所需铝盐或铁盐混凝剂量将相应地大大增加。为减少混凝剂用量，通常投加高分子助凝剂，如聚丙烯酰胺及活化硅酸等。聚合氯化铝作为处理高浊度水的混凝剂也可获得较好效果。

2.4 混凝剂的配制

2.4.1 混凝剂投加量

混凝剂用量与原水的浑浊度、水温、化学性质（如碱度、pH 值等）、有机物质含量等有密切关系，地面水在一年之间的季节性变化非常明显，尤其是浑浊度，因此混凝剂的投加量也需要经常改变。

混凝剂用量在制水成本中占有一定比例，混凝剂投加量合适，不仅可以节约成本，而且出水水质良好；如果任意投加混凝剂，不但不能保证出厂水水质，还会造成药剂浪费。

混凝剂投加量应通过试验确定，具体方法如下：取 1000mL 烧杯 5~6 只，各盛原水 1000mL，将准备使用的混凝剂配成 1% 溶液，按不同量分别加至各烧杯中，先用玻璃棒剧烈搅拌 1min，然后沿顺时针方向继续用玻璃棒缓缓搅动（要求非常缓慢，目的在于帮助形成矾花），至大片矾花已经形成且停止搅动后矾花迅速下沉时，即不再继续搅动。观察各烧杯中上层清液的透明程度，混凝剂投加量最少且最清亮的一杯，即为正确的投加量。如各杯均不理想，说明混凝剂投加量不足或过多，可另取原水，减少或增加 1% 混凝剂溶液用量，重新按上述方法试验。例如向 1000mL 原水中投加 1% 硫酸铝溶液 1.2mL 时混凝效果最好，则每立方米原水需投加硫酸铝 $12g(1.2\times1000\times1\% = 12g)$。

混凝试验应随着原水的浑浊度变化尽可能多做几次，如能积累一年的试验结果，即可制作出一条原水浑浊度与混凝剂投加量的关系曲线（图 2-6），以后在水厂日常运行管理中，随时可以根据当天原水的浑浊度查出混凝剂的投加量。图 2-6 中的斜线通常不是一条光滑的直线，可将多次试验求得的浑浊

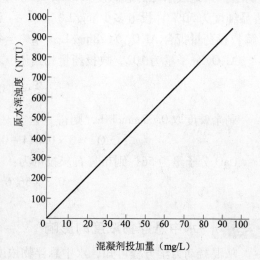

图 2-6 原水浑浊度与混凝剂投加量关系曲线

度及混凝剂投加量结果的数据点绘于图上，然后根据这些点的分布趋势，调整绘制成一条直线。实际上浑浊度并不是影响混凝剂消耗量的唯一因素，因此两者的关系不可能始终一致，然而用上述试验方法求得的混凝剂投加量曲线已能满足水厂运行管理的需要。混凝剂投加量曲线一般只能适用于作试验的原水，不可互相套用。如为同一条河流，且又相距不远，则又当别论。

表 2-1 收集了我国几条河流的浑浊度与混凝剂投加量资料，可供水厂运行中参考。

混凝剂投加量参考数据 表 2-1

水源名称及取水地点	原水浑浊度（NTU）			混凝剂种类	混凝剂投加量（mg/L）			沉淀时间（h）	沉淀池或澄清池出水浑浊度（NTU）
	最高	最低	平均		最高	最低	平均		
长江，武汉	2400	140	600	硫酸亚铁 硫酸铝 三氯化铁	35 29 8.5	20 16 4.6	30 25 7.1	1.2	10~20
长江，芜湖	1380	16	350	三氯化铁 硫酸铝	15 30	1.7 18	7.0 18	1.7	<17
汉江，武汉	17000	40	500	硫酸亚铁 硫酸铝 三氯化铁	85 53 15	0 5 1.4	20 16 4.7	2	10~15
松花江，哈尔滨	1100	9	108	硫酸铝	61	5	38	2	21.5
黄浦江，上海	900	60	195	硫酸铝 三氯化铁	31 19	15 8.4	19 11	1	10
珠江，广州	500	27	85	粗制硫酸铝	38	15	28	2	6~14

2.4.2 混凝剂的溶解和溶液的配制

水厂规模不同和混凝剂品种不同，溶解设备也往往不同。大、中型水厂通常建造混凝土溶解池并配置搅拌装置。搅拌目的在于加速药剂溶解。搅拌装置有机械搅拌、压缩空气搅拌、水泵搅拌及水力搅拌等。机械搅拌用得较多，它是以电动机驱动桨板或涡轮以搅动溶液。压缩空气搅拌常用于大型水厂，它是向溶解池内通入压缩空气进行搅拌，优点是没有与溶液直接接触的机械设备，使用维修方便。但与机械搅拌相比，动力消耗较大，溶解速度稍慢。压缩空气最好来自水厂附近其他工厂的气源，否则需专设空气压缩机或鼓风机。水泵搅拌系直接用水泵自溶解池抽水再送回溶解池，实际上也是一种水力搅拌。水力搅拌常用水厂二级泵站高压水冲溶药剂，此方式一般仅用于中、小型水厂和易溶药剂。

溶解池、搅拌设备及管配件等，均应有防腐措施或采用防腐材料，使用 $FeCl_3$ 时尤需注意。且 $FeCl_3$ 溶解时放出大量的热，当溶液浓度为 20% 时，溶液温度可达 70℃ 左右，这一点应加以注意。当直接使用液态凝聚剂如液态聚合氯化铝时，溶解池自不必要，但需设置储液池。溶解池一般建于地下，池顶高出地面约 0.2m 左右，以便于操作。

在小水厂中，混凝剂一般采用湿法投加，即先将混凝剂加水溶解，配成一定浓度的均匀溶液，然后再按需要处理的水量进行定量投加，为此需要设置溶解池和溶液池。

1. 溶解池：混凝剂的溶解在溶解池内进行。农村自来水厂由于混凝剂用量很少，不一定需要采用机械搅拌,一般可将混凝剂倾倒于池中,加入清水并用人工搅拌,使药剂充分溶解。

(1) 溶药池一般采用钢筋混凝土池体,内壁需进行防腐处理;也可采用耐酸陶土缸或塑料容器。加药管应采用橡皮管或塑料管。

(2) 溶解池的容积相当于溶液池的20%~30%。溶解池的高度以1m左右为宜,以便人工操作,并减轻劳动强度。

(3) 溶解池底坡度不小于0.02,池底应有直径不小于100mm的排渣管。池壁需设超高,防止搅拌溶液时溢出。

(4) 混凝剂用量较少时,溶解池可兼作溶液池使用。亦可按图2-7所示,在溶液池上部设置淋浴水斗以代替溶解池,使用时将混凝剂放入淋浴斗中,经水力冲溶后的药剂溶液即流入溶液池内。亦可用竹筐代替淋浴水斗。

2. 溶液池:药剂溶解完毕后,可用耐腐泵或射流泵将浓药液(一般为10%~20%)送入溶液池,同时用自来水稀释到一定浓度以备投加。

(1) 溶液池容积按下式计算:

$$W_2 = \frac{24 \times 100 aQ}{1000 \times 1000 cn} = \frac{aQ}{417cn} \quad (2-1)$$

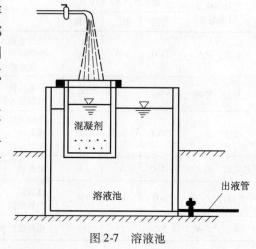

图2-7 溶液池

式中 W_2——溶液池容积,m^3;

Q——处理的水量,m^3/h;

a——混凝剂最大投加量,mg/L;

c——溶液浓度,一般取5%~20%(按商品固体重量计);

n——每日调制次数,一般不超过3次。

(2) 溶液池一般需有两个,以便检修及交替使用。

(3) 溶液池一般为高架式设置,以便靠重力投加药剂。池底坡度不小于0.02,底部应设排空管,上部应设溢流管。池周围应有工作台。

2.4.3 混凝剂计量装置

计量装置对于控制调制好的药液,确保净水效果的稳定有着重要作用。它要求维护使用方便、易于控制调节、计量准确。常用的计量装置有浮杯、苗嘴、孔板及转子流量计等。

1. 图2-8(a)为虹吸式计量控制瓶。它可采用医用20L或30L的瓶子,用玻璃管与软塑料管按图组装即可。使用时,需将虹吸管底端用橡皮球抽吸,造成真空后药剂即流出。当用调节阀调节好流量以后,如以体积法计量,其流量不会因水位的变化而改变。图2-8(b)为浮杯计量装置,浮杯的形式与构造可详见《给水排水标准图集》S346和《给水排水设计手册》第9册。如果要变更流量,只要变换出流孔径即可。浮杯计量装置构造比较简单,但水位较低时易产生出液管压扁或上浮现象,影响投加量的准确度。

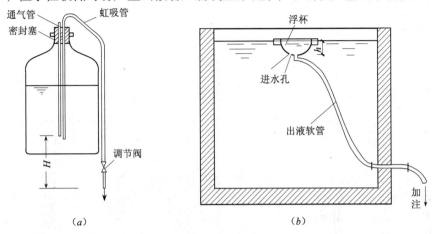

图 2-8 简易计量装置
（a）虹吸式计量控制瓶；（b）浮杯计量装置

2. 孔口计量设备,如图 2-9 所示。药剂溶液通过浮球阀进入恒位水箱。箱中液位借助浮球阀而保持恒定。在恒定液位之下 h 处接出液管,管端装置苗嘴（直径为 $1\sim6.5$mm）,因作用水头 h 恒定,苗嘴出流量也保持恒定。当需要调节投药量时,可更换苗嘴。故通常要配备好几个不同口径的苗嘴。这种设备投量准确,设备简单,但仅适用人工控制,调节投药量欠方便。其他计量设备既可人工控制,也可自动控制。

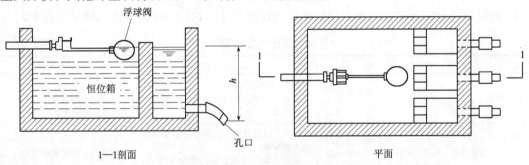

图 2-9 孔口计量设备

2.4.4 水力调制设施

用于村镇小型水厂的水力调制设施主要有水力溶药池（图 2-10）、水力淋溶桶（图 2-11）、水力溶药槽等。

水力溶药池为圆形,水从切线方向进入溶药池溶解药剂,然后溢流入贮药池,其结构简单,使用方便,适宜于小型水厂。

水力淋溶桶内的溶药斗可用木材或竹管制作。使用时将药剂置于溶药斗中,经水力冲溶后药剂溶液流入贮液池内。未溶解部分,待继续浸泡溶解。

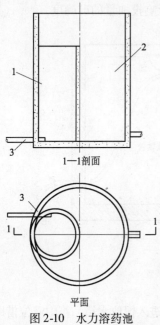

图 2-10 水力溶药池
1—溶药池；2—贮药池；3—压力水管

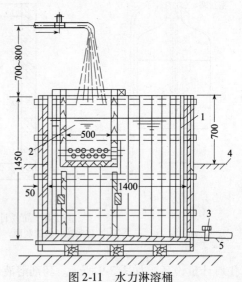

图 2-11 水力淋溶桶
1—贮药桶；2—溶药桶；3—夹钳；4—工作台；5—出液管

2.5 混凝剂的投加

混凝剂投加方式可分为重力投加和压力投加两种。它们的比较及适用情况见表 2-2。

投加方式比较及适用情况　　　　　　　　表 2-2

投加方式		投加作用	优缺点	适用情况
重力投加		建造高位药液池，利用重力作用将药液投入水内	优点：操作较简单，投加方式安全可靠；缺点：必须建造高位药液池，增加加药间层高	1. 中小型水厂；2. 考虑到输液管线的沿程水头损失，输液管线不宜过长
压力投加	水射器	利用高压水在水射器喷嘴处形成的负压将药液吸入并将药液射入压力水管内	优点：设备简单，使用方便不受药液池高程所限；缺点：效率较低，如药液浓度不当，可能引起堵塞	各种水厂规模均可适用
	加药泵	泵在药液池内直接吸取药液、压入压力水管内	优点：可以定量投加，不受压力管压力所限；缺点：价格较贵，易引起堵塞，养护较麻烦	适用于大中型水厂

2.5.1 常见的投加方式

1. 泵前投加

泵前投药设施可采用重力投加方式，它依靠重力作用把凝聚剂加入到吸水管上或吸水喇叭口处。为防止空气进入水泵吸水管内，要设一个装有浮球阀的水封箱，如图 2-12 和图 2-13。吸水管上和喇叭口处放大如图 2-14。这种投加方式安装可靠，一般适用于取水泵房距水厂较近者。

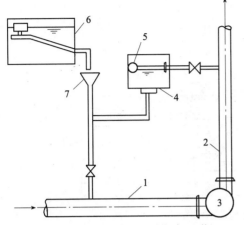
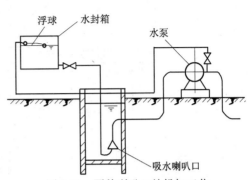

图 2-12 泵前吸水管重力投加工艺
1—水泵吸水管；2—出水管；3—水泵；4—水射箱；
5—浮球；6—贮药池；7—漏斗

图 2-13 泵前喇叭口处投加工艺

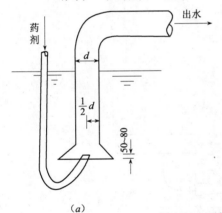
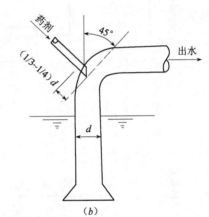

图 2-14 泵前吸水管投加处放大图
（a）喇叭口投加处放大；（b）吸水管投加处放大

2. 高位溶液池重力投加

当取水泵房距水厂较远时，如有地形可以利用或有条件建造高架溶液池，可利用重力将药液投入水泵压水管上。见图 2-15 或者可投加在混合池或澄清池前。这种投加方式安全可靠，但溶液池位置较高。

3. 水射器投加

利用高压水通过水射器（图 2-16）喷嘴和喉管之间真空抽吸作用将药液吸入，同时随水的余压注入原水管中，见图 2-17。这种投加方式设备简单，使用方便，溶液池高度不受太大限制，但水射器效率较低，且易磨损。

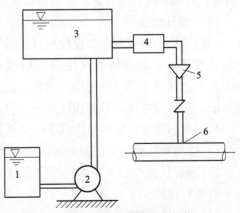

图 2-15 高位溶液池重力投加
1—溶解池；2—水泵；3—溶液池；4—投药箱；
5—漏斗；6—压水管

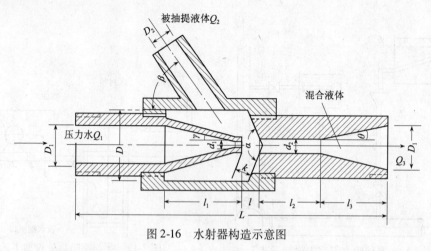

图 2-16 水射器构造示意图

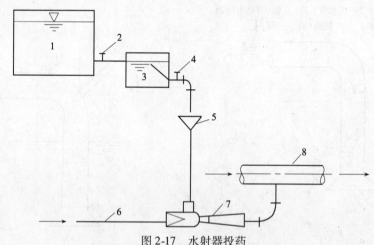

图 2-17 水射器投药
1—溶液池；2—阀门；3—投药箱；4—阀门；5—漏斗；
6—高压水管；7—水射器；8—原水管

【例题】 投药水射器的计算：水射器简图见图 2-16；采用水射器投药的工艺见图 2-17。

（1）设计概述

水射器用于抽吸真空、投加药液、提升和输送液体。加注式水射器多用于向泵后的压力管道投药。水射器的进水压力一般采用 25mH₂O 柱。虽然水射器效率较低（15%～30%）药液浓度不当，可能引起堵塞，但设备简单，使用方便，工作可靠，不受药液池高程所限。水射器的构造形式和计算方法均有多种。

根据水射器效率实验得出以下经验数据。

1）喷嘴和喉管进口之间的距离 $l = 0.5d_2$（d_2 喉管直径）时，效率最高。

2）喉管长度 l_2 以等于 6 倍喉管直径为宜（$l_2 = 6d_2$），在制作有困难时，可减至不小于 4 倍喉管直径。

3）喉管进口角度 α 一般采用 120°。喉管与外壳连接切忌突出，见图 2-16 中所示。

4）扩散角度 θ 一般取 5°。

5）抽提液体的进水方向夹角 β 和位置，以锐角 45°～60°为好，夹角线与喷嘴喉管轴线交点宜在喷嘴之前。

6) 喷嘴收缩角度 γ 可为 $10°\sim30°$。

7) 加工光洁度及喷嘴和喉管中心线应一致，它与水射器效率有极大关系。

8) 水射器安装时，应严防漏气，并应水平安装，不可将喷口向下。

（2）计算例题

已知条件

加药流量为 0.25L/s；压力喷射水进水压力 $H_1=25\text{mH}_2\text{O}$ 柱；水射器出口压力（考虑了管道损失）要求 $H_d=10\text{mH}_2\text{O}$ 柱；被抽提药液吸入口压力以 $H_s=0$ 计。

设计计算

1) 计算压头比 N

$$N=\frac{H_d-H_s}{H_1-H_d}$$

式中 H_1——压力喷射水进水压力，mH_2O；

H_d——混合液送出压力（包括管道损失），mH_2O；

H_s——被抽提液体的抽吸压力（包括管道损失），mH_2O。

注意正负值。

$$N=\frac{10-0}{25-10}=0.667$$

2) 据 N 值求截面比 R 及掺和系数 M

$$R=\frac{F_1}{F_2},\quad M=\frac{Q_2}{Q_1}$$

式中 F_1——喷嘴截面，m^2；

F_2——喉管截面，m^2；

Q_1——喷嘴工作水流量，m^3/s；

Q_2——吸入水流量，m^3/s。

据 N 值，查图 2-18 得 $R=0.46$，$M=0.44$。

3) 据 M 值计算喷嘴

① 喷嘴工作水流量 Q_1

$$Q_1=\frac{Q_2}{M}=\frac{0.25}{0.44}=0.57\text{L/s}$$

② 喷口断面 A_1

$$A_1=\frac{10Q_1}{C\sqrt{2gH_1}}=\frac{10\times0.57}{0.9\sqrt{2\times9.8\times25}}=0.29\text{cm}^2$$

式中 C——喷口出流系数，$C=0.9\sim0.95$，此处采用 0.9。

③ 喷口直径 d_1

$$d_1=\sqrt{\frac{4A_1}{\pi}}=\sqrt{\frac{4\times0.29}{3.14}}=0.61\text{cm}$$

采用 $d_1=0.60\text{cm}$，则相应喷口断面 $A_1'=0.28\text{cm}^2$。

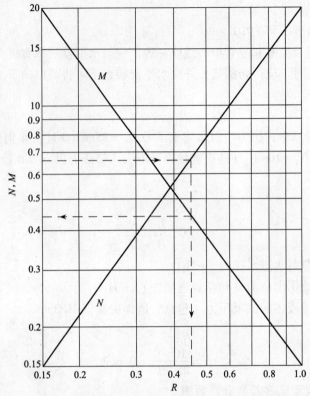

图2-18 最高效率（30%）时 R、M 与 N 的关系曲线

④ 喷口流速 v_1'

$$v_1' = \frac{10Q}{A_1'} = \frac{10 \times 0.57}{0.28} = 20.36 \text{m/s}$$

⑤ 喷嘴收缩段长度 l_1'

$$l_1' = \frac{D_1 - d_1}{2\tan\gamma}(\text{cm})$$

式中　D_1——喷射水的进水管直径，cm，一般按流速 $v_1' \leqslant 1\text{m/s}$ 选用，此处采用 $D_1 = 3.0\text{cm}$；

　　　γ——喷嘴收缩段的收缩角，一般为 $10° \sim 30°$，此处采用 $\gamma = 20°$

$$l_1' = \frac{3.0 - 0.6}{2\tan 20°} = \frac{2.4}{2 \times 0.365} = 3.29 \text{cm}$$

⑥ 喷嘴直线长度 l_1''

$$l_1'' = 0.7 d_1 = 0.7 \times 0.60 = 0.42 \text{cm}$$

⑦ 喷嘴总长度 l_1

$$l_1 = l_1' + l_1'' = 3.29 + 0.42 = 3.71 \text{cm}$$

4）按 R 值计算喉管

① 喉管断面 A_2

$$A_2 = \frac{A_1}{R} = \frac{0.29}{0.46} = 0.63 \text{cm}^2$$

② 喉管直径 d_2

$$d_2 = \frac{d_1}{\sqrt{R}} = \frac{0.60}{\sqrt{0.46}} = 0.88 \text{cm}$$

③ 喉管长度 l_2

$$l_2 = 6d_2 = 6 \times 0.88 = 5.28 \text{cm}$$

④ 喉管进口扩散角 α

$$\alpha = 120°$$

⑤ 喉管流速 v_2'

$$v_2' = \frac{10(Q_1 + Q_2)}{A_2} = \frac{10(0.57 + 0.25)}{0.63} = 13.02 \text{m/s}$$

5）计算扩散管
扩散管长度

$$l_3 = \frac{D_3 - d_2}{2\tan\theta} (\text{cm})$$

式中　D_3——水射器混合水出水管管径，cm，采用 $D_3 = D_1$；
　　　θ——扩散管扩散角度，一般为 5°~10°，此处采用 $\theta = 5°$。

$$l_3 = \frac{3.0 - 0.88}{2\tan 5°} = 12.12 \text{cm}$$

6）喷嘴和喉管进口的间距 l

$$l = 0.5d_2 = 0.5 \times 0.88 = 0.44 \text{cm}$$

4. 泵投加

泵投加有两种方式：一是采用计量泵（柱塞泵或隔膜泵），一是采用离心泵配上流量计。采用计量泵不必另备计量设备，泵上有计量标志，可通过改变计量泵行程或变频调速改变药液投量，还可采用耐酸泵配以转子流量进行投加，最适合用于混凝剂自动控制系统。图 2-19 为计量泵投加示意。图 2-20 为药液注入管道方式，这样有利于药剂与水的混合。

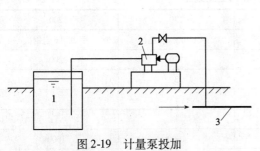

图 2-19　计量泵投加
1—溶液池；2—计量泵；3—压水管

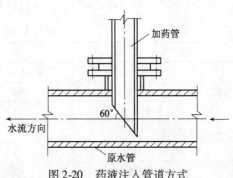

图 2-20　药液注入管道方式

混凝剂最佳投加量是指达到既定水质目标的最小混凝剂投量。目前我国大多数水厂还是根据实验室混凝搅拌试验确定混凝剂最佳投加量，然后由人工进行调解控制。这一方法虽简单易行，但从试验结果到生产调节往往滞后1～3h。而水厂运行过程中原水水质、水量不断发生变化，所以试验得出的最佳剂量，并非即时生产上所需最佳剂量。

为了提高混凝效果，节省药耗，混凝工艺的自动控制技术不断出现。流动电流（SC型）单因子混凝投药自动控制技术就是其中一种，它是通过在线连续检测胶体颗粒随水流动所形成的流动电流，而实现生产上的投药在线连续控制的。其基本原理是：带负电的胶体颗粒将吸引水中的正离子向它靠拢，在胶体附近形成一个松散的正离子层（双电层），当水流动时便带动正离子作定向运动，从而形成电流，这便称为流动电流（SC）。当胶体带的负电多时，它吸引的正离子也多，从而流动电流也大；反之，流动电流也小。所以流动电流与ζ电位一样，也能反映出胶体电荷的多少。加药自控系统一般由传感器、电脑控制器和变频调速控制器等组成。通过传感器检测混凝后水中胶体和悬浮物的流动电流值，并传给电脑控制器；电脑控制器将检测值与设定值比较后发出信号给变频调速器；变频调速器根据接收到的信号将供电频率调高或调低，从而使投药计量泵的转速发生变化，以增加或减小投药量。

整个投药系统包括溶解池、溶液池、计量设备和投加设备，其布置应根据水厂平面布置、构筑物竖向布置、药剂品种、投药方式以及混合方式等因素决定。当溶液池较高时，可以重力投加，否则可用投药泵或水射器压力投加。

以上所述均系湿投法，即将混凝剂配成一定浓度的溶液后定量投加。此法使用普遍。也有将固体药剂破碎成粉末后进行定量投加的，称为干投法，但使用较少。

2.5.2 几种简单投药设施

1. 重力式小型投药装置

它由溶药缸、贮药缸、水封箱等组成，如图2-21。适用于泵前投药，加在无底阀的吸水管上，贮药缸应在吸水水位2m以上。当重力投加时，可取消补水器，在加药点设塑料漏斗。

该装置用于投加混凝剂时，按商品计溶解浓度20%，溶液浓度10%～20%；用于水消毒，投加漂白粉时，含有效氯按20%计，溶解浓度为5%～10%溶液浓度1%～2%。漂白粉溶（贮）药缸应加木盖。漂白粉溶（贮）药缸也可用木桶或塑料桶代替。

表2-3列出60、120、200L三规格投药装置的主要技术数据。

重力式小型投药装置主要数据　　　　表2-3

规格		60	120	200
溶液（药）缸	型号	甲60kg定制缸	甲120kg定制缸	甲200kg定制缸
	容积（L）	60	120	200
	数量（个）	3	3	3
淹没式浮杯（个）		1	1	1
补水器（套）		1	1	1
安装尺寸	A（mm）	1200	1600	1600
	B（mm）	1850	2050	2050

2.5 混凝剂的投加

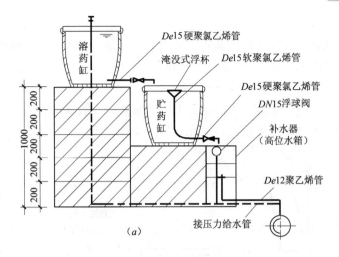

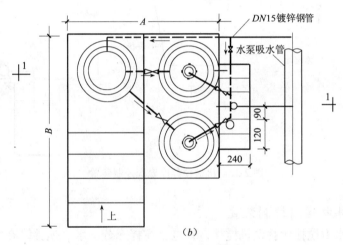

图 2-21 重力式小型投药装置
(a) 1-1 剖面图；(b) 平面图

2. 药液自动吸入式小型投药装置

该装置与前面介绍的构造及作用相似，只是用投药流量计代替水封箱，药液（混凝剂或漂白粉溶液）自动吸入有底阀的吸水管上。主要技术数据见表 2-4。

自动吸入式小型装置主要技术数据表　　表 2-4

规　　格		60	120	200
溶液（药）缸	型　号	甲 60kg 定制缸	甲 120kg 定制缸	甲 200kg 定制缸
	容积 (L)	60	120	200
	数量（个）	3	3	3
BQ-1 型流量计（套）		1	1	1
浮球（个）		1	1	1
安装尺寸	A (mm)	940	1250	1250
	B (mm)	1400	1600	1850
	H (mm)	600	600	720

3. 压力式小型投药装置

这套装置是在自动式吸入投药装置的基础上，增设一个水射器，将药液加至水泵出水管上，其他与自动吸入式投药装置的尺寸相同。

4. 机械搅拌电磁阀控制装置

电磁阀控制装置适用于离心泵吸水管上投加混凝剂或消毒剂。该系统的电磁阀与水泵电机同步起动，可以实现药剂投加自动化，如图2-22所示。

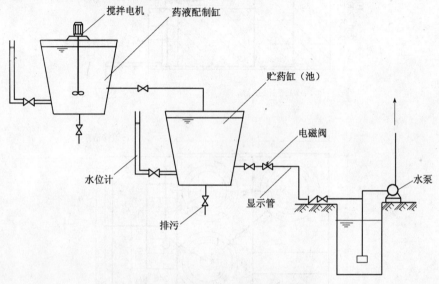

图 2-22　机械搅拌电磁阀控制装置

5. 水力搅拌电磁阀控制装置

该装置是由水力搅拌代替电机搅拌，省电且搅拌充分。水力搅拌罐在距罐底60cm 圆形截面均匀的沿圆周切线分布 4 个 ϕ3mm 喷嘴，当水压为 0.2MPa 时，喷口流速为 8~10m/s。这种装置的构造示意如图2-23。

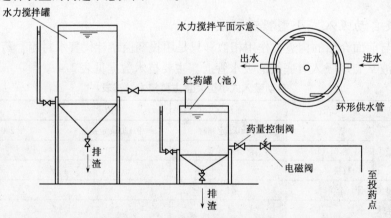

图 2-23　水力搅拌电磁阀控制投药装置

2.6 混凝设施

2.6.1 混凝过程

自药剂与水均匀混合起直至大颗粒絮凝体形成为止，总称混凝过程。在工程实践中，常把混凝过程分为凝聚和絮凝两个阶段。凝聚阶段包括使胶体脱稳，并在布朗运动的作用下使胶粒聚集成为可进一步增大的微絮粒为止；而把通过液体流动的能量消耗使微絮粒进一步增大的过程称为絮凝。这样的划分大致与水处理工艺中的混合和絮凝过程相一致。此外，絮凝常根据作用动力的不同而被划分为异向絮凝和同向絮凝两种。异向絮凝主要由布朗运动所造成；同向絮凝则主要由液体运动达到。但是异向絮凝与胶体脱稳并形成微絮粒密切相关，其过程一般都在混合设备中完成。因此，在划分阶段时，把异向絮凝的过程列入凝聚阶段，而不作为絮凝阶段。

异向絮凝只对微小颗粒起作用，当颗粒粒径大于 $1\mu m$ 时，布朗运动基本消失。相反，同向絮凝主要对大颗粒起作用。因此，在微小颗粒逐渐凝聚成大颗粒絮凝体的过程中，总经历着异向絮凝和同向絮凝阶段，但两阶段并非截然划分，而是一个逐步转变的过程。

2.6.2 混凝工艺基本要求

上述概念，对理解混合和絮凝工艺过程的作用以及掌握混合和絮凝条件，有重要意义。

在混合阶段，水中杂质颗粒尺寸微小，剧烈搅拌的主要目的，并非为了造成颗粒碰撞，而是使药剂迅速均匀地扩散于水中以利于凝聚剂快速水解、聚合、颗粒脱稳并借助于布朗运动进行异向凝聚。在此阶段形成的仅是小的絮凝体，不可能也不需要形成大的絮凝体。由于凝聚剂在水中化学反应、颗粒脱稳和异向凝聚速度都相当快，因此，混合要快速剧烈，在 10~30s 至多不超过 2min 即告完成。但对高分子凝聚剂而言，快速混合只是为了使药剂迅速均匀地扩散于水中。

在絮凝阶段，主要依靠机械或水力搅拌促使颗粒碰撞凝聚，故属同向凝聚。随着絮凝体逐渐增大，搅拌强度也相应逐渐降低。搅拌时间或絮凝时间视絮凝设备不同而异。在整个混凝过程中，颗粒的碰撞速率与速度梯度 G 有关。在设计和操作混凝设备过程中，控制 G 值具有一定的实际意义。速度梯度 G 可用单位体积水流所耗功率计算，即

$$G = \sqrt{\frac{P}{\mu}} \tag{2-2}$$

式中 μ——水的动力黏度，$Pa \cdot s$；

P——单位体积所耗功率，W/m^3；

G——速度梯度，s^{-1}。

当用机械搅拌式，式（2-2）中的 P 由机械搅拌器提供。设被搅拌的水流体积为 V，则搅拌器输入水体的功率为 PV；当采用水力搅拌时，式中 P 即为水流本身能量消耗：

$$PV = \gamma Qh; \quad V = QT$$

将上两式代入式（2-2）中，得

$$G = \sqrt{\frac{\gamma h}{\mu T}} \tag{2-3}$$

式中 γ——水的重度，N/m³；

h——混凝设备中的水头损失，m；

T——水流在设备中停留时间，s；

μ——水的动力黏度，Pa·s。

在混合阶段，适宜的速度梯度 $G = 700 \sim 1000 \mathrm{s}^{-1}$，混合时间长取用低值，混合时间短则取高值。

在絮凝阶段，同向絮凝占主要地位，絮凝效果不仅与 G 值有关，而与絮凝时间 T 有关。G 值大，颗粒碰撞速率大，絮凝效果好，同时 G 值大，水流剪力也随之增大（由牛顿内摩擦定律知，水流剪力 $\tau = \mu G$），已形成的絮凝体又有破碎的可能。絮凝时间 T 长，单位体积水流中颗粒碰撞次数多，絮凝效果好，但絮凝池容积大，造价也高。因此，实际设计或运行中，通常以平均速度梯度 G 值和 GT 值作为控制指标，平均速度梯度一般在 $20 \sim 70 \mathrm{s}^{-1}$ 范围内，GT 在 $10^4 \sim 10^5$ 范围内。此外，由于大的絮凝体易破碎，故自絮凝池中由进口至出口，随着絮凝体逐渐增大，G 值也应渐次减小。采用机械搅拌时，搅拌强度应逐渐减小；采用水力搅拌时（如隔板絮凝池），水流速度应逐渐减小。

2.6.3 药剂的混合

混合设备的基本要求是，药剂与水的混合必须快速均匀。常用的归纳起来有三类：水泵混合；管式混合；机械混合。

1. 水泵混合

水泵混合是我国常用的混合方式。药剂投加在取水泵吸水管或吸水喇叭口处，利用水泵叶轮高速旋转以达到快速混合目的。水泵混合效果好，不需另建混合设施，节省动力，大、中、小型水厂均可采用。但当采用三氯化铁作为混凝剂时，若投量较大，药剂对水泵叶轮可能有轻微腐蚀作用。当取水泵房距水厂处理构筑物较远时，不宜采用水泵混合，因为经水泵混合后的原水在长距离管道输送过程中，可能过早地在管中形成絮凝体。已形成的絮凝体在管道中一经破碎，往往难于重新聚集，不利于后续絮凝，且当管中流速低时，絮凝体还可能沉积管中。因此，水泵混合通常用于取水泵房靠近水厂处理构筑物的场合，两者间距不宜大于 150m。

2. 管式混合

最简单的管式混合即将药剂直接投入水泵压水管中以借助管中流速进行混合。管中流速不宜小于 1m/s，投药点后的管内水头损失不小于 $0.3 \sim 0.4$m。投药点至末端出口距离以不小于 50 倍管道直径为宜。为提高混合效果，可在管道内增设孔板或文丘利管。这种管道混合简单易行，无需另建混合设备，但混合效果不稳定，管中流速低时，混合不充分。

（1）管式混合器概述

目前广泛使用的管式混合器是"管式静态混合器"。混合器内按要求安装若干固定混合单元。每一混合单元由若干固定叶片按一定角度交叉组成。水流和药剂通过混合器时，将被单元体多次分割、改向并形成涡旋，达到混合目的。这种混合器构造简单，无活动部件，安装方便，混合快速而均匀。目前，我国已生产多种形式静态混合器，图2-24为其中一种，图中未绘出单元体构造，仅作为示意。管式静混合器的口径与输水管道相配合，目前最大口径已达2000mm。这种混合器水头损失稍大，但因混合效果好，从总体经济效益而言还是具有优势的。唯一缺点是当流量过小时效果下降。

另一种管式混合器是"扩散混合器"。它是在管式孔板混合器前加装一个锥形帽，其构造如图2-25所示。水流和药剂对冲锥形帽而后扩散形成剧烈紊流，使药剂和水达到快速混合。锥形帽夹角90°。锥形帽顺水流方向的投影面积为进水管总截面积的1/4。孔板的开孔面积为进水管截面积的3/4。孔板流速一般采用1.0~1.5m/s。混合时间约2~3s。混合器节管长度不小于500mm。水流通过混合器的水头损失约0.3~0.4m。混合器直径在$DN200~DN1200$范围内。

（2）管式混合的计算

设计概述

采用管式混合，药剂加入水厂进水管中，投药管道内的沿程与局部水头损失之和不应小于0.3~0.4m，否则应装设孔板或文丘利管式混合器。通过混合器的局部水头损失不小于0.3~0.4m，管道内流速为0.8~1.0m/s，采用的孔板$d_2/d_1=0.7~0.8$（d_1为装孔板的进水管直径；d_2为孔板的孔径）。为了提高混合效果，可采用目前广泛使用的"管式静态混合器"或"扩散混合器"。管式静态混合器是按要求在混合器内设置若干固定混合单元，每一个混合单元由若干固定叶片按一定角度交叉组成。当加入药剂的水通过混合器时，将被单元体分割多次，同时发生分流、交流和涡流，以达到混合效果。静态混合器有多种形式，如图2-24为其中一种的构造图示。

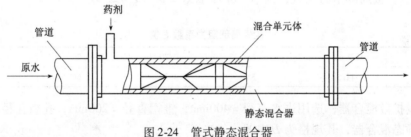

图2-24 管式静态混合器

管式静态混合器的口径与输水管道相配合，分流板的级数一般可取3级。扩散混合器的构造如图2-25所示，锥形帽夹角为90°，锥形帽顺水流方向的投影面积为进水管总面积的1/4，孔板的孔面积为进水管总面积的3/4。孔板流速1.0~1.5m/s，混合时间2~3s，水流通过混合器的水头损失0.3~0.4m，混合器节管长度不小于500mm。

计算例题

已知条件

设计进水量$Q=20000\text{m}^3/\text{d}$，水厂进水管投药口至絮凝池的距离为50m，进水管采用两条，直径$d_1=400\text{mm}$。

设计计算

1）进水管流速v

据$d_1=400\text{mm}$，$q=\dfrac{20000}{2\times24}=417\text{m}^3/\text{h}$，

$$v = q / \frac{\pi}{4} d_1^2 = \frac{417/3600}{\frac{\pi}{4} \times 0.4^2} = 0.92 \text{m/s}$$

2）混合管段的水头损失 h

$$h = il = \frac{3.11}{1000} \times 50 = 0.156\text{m} < 0.3 \sim 0.4\text{m}$$

说明仅靠进水管内流不能达到充分混合的要求。故需在进水管内装设管道混合器。如装设孔板（或文丘利管）混合器。

3）孔板的孔径 d_2

因为 $\dfrac{d_2}{d_1} = 0.75$

所以 $d_2 = 0.75 d_1 = 0.75 \times 400 = 300 \text{mm}$

4）孔板处流速 v'

$$v' = v \left(\frac{d_1}{d_2} \right)^2 = 0.92 \left(\frac{400}{300} \right)^2 = 0.92 \times 1.78 = 1.64 \text{m/s}$$

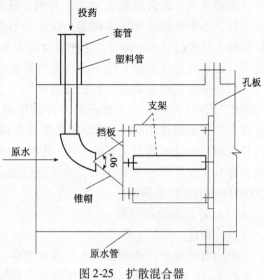

图 2-25　扩散混合器

5）孔板的水头损失 h'

$$h' = \xi \frac{v'^2}{2g} = 2.66 \times \frac{1.64^2}{2 \times 9.81} = 0.365 \text{mH}_2\text{O}$$

式中　ξ——孔板局部阻力系数，据 $\dfrac{d_2}{d_1} = 0.75$ 查表 2-5 得 $\xi = 2.66$。

孔板局部阻力系数 ξ 值　　　表 2-5

d_2/d_1	0.60	0.65	0.70	0.75	0.80
ξ	11.30	7.35	4.37	2.66	1.55

如装设扩散混合器，选用进水直径 $=400\text{mm}$，锥帽直径 $=200\text{mm}$，孔板孔径 $=340\text{mm}$。如用管式静态混合器，其规格为 $DN400$。

3. 机械混合池

机械混合池是在池内安装搅拌装置，以电动机驱动搅拌器使水和药剂混合的。搅拌器可以是桨板式、螺旋桨式或透平式。桨板式适用于容积较小的混合池（一般在 2m^3 以下），其余可用于容积较大混合池。搅拌功率按产生的速度梯度为 $700 \sim 1000\text{s}^{-1}$ 计算确定。混合时间控制在 $10 \sim 30\text{s}$ 以内，最大不超过 2min。机械混合池在设计中应避免水流同步旋转而降低混合效果。机械混合池的优点是混合效果好，且不受水量变化影响，适用于各种规模的水厂。缺点是增加机械设备并相应增加维修工作。

以下是桨板式机械混合池的计算

设计概述

机械搅拌混合池的池形为圆形或方形，可以采用单格，也可以采用多格串联。

机械混合的搅拌器可以是桨板式、螺旋式或透平式。桨板式采用较多，适用于容积较大的混合池。混合时间控制在 $10 \sim 30\text{s}$ 以内，最大不超过 2min，桨板外缘线速度为 $1.5 \sim 3\text{m/s}$。

混合池内一般设带两叶的平板搅拌器。

当 H（有效水深）：D（混合池直径）$\leq 1.2 \sim 1.3$ 时，搅拌器设一层；

当 $H:D > 1.2 \sim 1.3$ 时，搅拌器可设两层；

当 $H:D$ 的比例很大时，可多设几层，相邻两层桨板采用 90°交叉安装，间距为 $(1.0 \sim 1.5)D_0$（搅拌器直径）；

搅拌器离池底 $(0.5 \sim 0.75)D_0$，搅拌器直径 $D_0 = \left(\dfrac{1}{3} \sim \dfrac{2}{3}\right)D$，搅拌器桨板宽度 $b = (0.1 \sim 0.25)D_0$。

计算例题

已知条件

设计水量 $Q = 5000\text{m}^3/\text{d} = 208\text{m}^3/\text{h}$，池数 $n = 2$ 个。

设计计算

(1) 池体尺寸的计算

1) 混合池容积 W

采用混合时间 $t = 1.5\text{min}$，则

$$W = \frac{Qt}{60n} = \frac{208 \times 1.5}{60 \times 2} = 2.60\text{m}^3$$

2) 混合池高度 H

混合池平面采用正方形 $B \cdot B = 1.5\text{m} \times 1.5\text{m}$，则有效水深 H'

$$H' = \frac{W}{B \cdot B} = \frac{2.60}{1.5 \times 1.5} = 1.16\text{m}$$

超高取 $\Delta H = 0.3\text{m}$，则池总高度

$$H = H' + \Delta H = 1.16 + 0.3 = 1.46\text{m}$$

(2) 搅拌设备的计算

1) 桨板尺寸

桨板外缘直径 $D_0 = 1\text{m}$

桨板宽度 $b = 0.2\text{m}$

桨板长度 $l = 0.3\text{m}$

垂直轴上装设两个叶轮，每个叶轮装一对桨板。

混合池布置见图 2-26。

2) 垂直轴转速 n_0

桨板外缘线速度采用 $v = 2\text{m/s}$，则

$$n_0 = \frac{60v}{\pi D_0} = \frac{60 \times 2}{3.14 \times 1} = 38.2 \approx 38\text{r/min}$$

3) 桨板旋转角速度 ω

$$\omega = \frac{\pi n_0}{30} \approx 0.1 n_0 = 0.1 \times 38 = 38\text{rad/s}$$

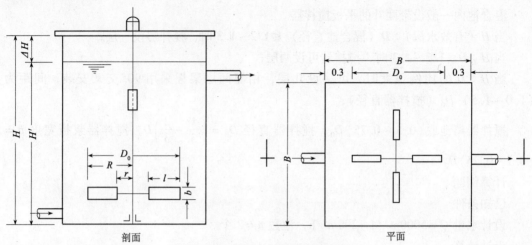

图 2-26 桨板式机械混合池布置

4) 桨板转动时消耗功率 N_0

$$N_0 = C\frac{\rho\omega^3 Zb(R^4 - r^4)}{408g}\text{kW}$$

式中　C——阻力系数，$C = 0.2 \sim 0.5$，采用 0.3；

ρ——水的密度，1000kg/m^3；

Z——桨板数，此处 $Z = 4$；

R——垂直轴中心至桨板外缘的距离，m，$R = \frac{D_0}{2} = \frac{1}{2} = 0.5\text{m}$；

r——垂直轴中心至桨板内缘的距离，m，$r = R - l = 0.5 - 0.3 = 0.2\text{m}$；

g——重力加速度，9.81m/s^2。

所以　　$N_0 = 0.3 \times \dfrac{1000 \times 3.8^3 \times 4 \times 0.2}{408 \times 9.81}(0.5^4 - 0.2^4) = 0.2006\text{kW}$

5) 转动桨板所需电动机功率 N

桨板转动时的机械总效率 $\eta_1 = 0.75$

传动效率 $\eta_2 = 0.6 \sim 0.95$，采用 $\eta_2 = 0.7$，则

$$N = \frac{N_0}{\eta_1\eta_2} = \frac{0.2006}{0.75 \times 0.7} = 0.382\text{kW}$$

选用功率 0.55kW 电机。

2.6.4 絮凝池设计

絮凝设备的基本要求是，原水与药剂经混合后，通过絮凝设备应形成肉眼可见的大的密实絮凝体；絮凝池形式较多，概括起来分成两大类：水力搅拌式和机械搅拌式。我国在新型絮凝池研究上达到较高水平，特别是水力絮凝池方面。

絮凝池设计的一般要求：

1. 絮凝池内流速一般按由大逐渐变小进行设计；

2. 絮凝池型式和絮凝时间,应根据原水水质情况和相似条件下的运行经验或试验确定。絮凝时间(T)一般为10~30min;

3. GT值一般控制在10^4~10^5;

4. 絮凝池与沉淀池一般合建,如确需分建,宜采用连接管(渠)向沉淀池输水,流速视絮凝形式而异,一般应控制小于0.15m/s;

5. 低浊、低碱水宜采用较大的絮凝时间(T)、粗分散杂质含量高的水宜采用较大G值(平均速度梯度)。

为了便于设计时选用,将几种不同型式的絮凝池的主要优、缺点及适用条件列于表2-6。

不同型式絮凝池的优缺点与适用条件　　　表2-6

型　式		优　缺　点	适　用　条　件
隔板絮凝池	往复式	(1) 絮凝效果较好 (2) 构造简单,施工方便 (3) 容积较大 (4) 水头损失较大 (5) 转折处絮粒易破碎 (6) 出水流量不易分配均匀	(1) 水量大于30000m³/d的水厂 (2) 水量变动小
	回转式	(1) 絮凝效果好 (2) 水头损失小 (3) 构造简单,管理方便 (4) 出水流量不易分配均匀	(1) 水量大于30000m³/d的水厂 (2) 水量变动小 (3) 旧池改建和扩建
穿孔旋流絮凝池		(1) 容积小,常与斜管沉淀池键 (2) 水头损失较小 (3) 絮凝效果较好 (4) 池子较深 (5) 在地下水位较高处施工较困难	一般用于中小型水厂
涡流絮凝池		(1) 絮凝时间短 (2) 容积小 (3) 造价较低 (4) 池子较深 (5) 锥底施工较困难	一般用于水量小于25000m³/d的水厂
折板絮凝池		(1) 絮凝时间短 (2) 容积小 (3) 絮凝效果好 (4) 造价较高	水量变化不大的水厂
机械絮凝池		(1) 絮凝效果好,节省药剂 (2) 水头损失小 (3) 可适应水质、水量的变化 (4) 需机械设备和经常维修	大小水量均适用,对水量变动较大的水厂更适合
网格、栅条絮凝池		(1) 絮凝时间短 (2) 絮凝效果较好 (3) 构造简单 (4) 水量变化影响絮凝效果	(1) 水量变化不大的水厂 (2) 单池能力以1.0~2.5万m³/d为宜

2.6.5 隔板絮凝池

1. 构造特点

隔板絮凝池是应用历史较久、目前仍常应用的一种水力搅拌絮凝池,有往复式和回转式两种,见图2-27和图2-28。后者是在前者的基础上加以改进而成。在往复式隔板絮凝池内，水流作180°转弯，局部水头损失较大，而这部分能量消耗往往对絮凝效果作用不大。因为180°的急剧转弯会使絮凝体有破碎可能，特别在絮凝后期。回转式隔板絮凝池内水流作90°转弯，局部水头损失大为减小、絮凝效果也有所提高。

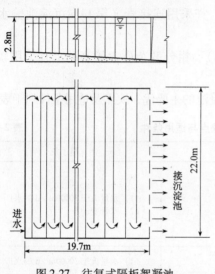

图 2-27 往复式隔板絮凝池

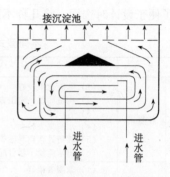

图 2-28 回转式隔板絮凝池

从反应器原理而言，隔板絮凝池接近于推流型（PF 型），特别是回转式。因为往复式的180°转弯处的絮凝条件与廊道内条件差别较大。

2. 隔板絮凝池主要设计参数：

（1）廊道中的流速

起端一般为 0.5~0.6m/s，末端一般为 0.2~0.3m/s。流速应沿程递减，即在起、末端流速已选定的条件下，根据具体情况分成若干段确定各段流速。分段愈多，效果越好。但分段过多、施工维修较复杂，一般宜分成 4~6 段。

为达到流速递减目的，有两种措施：一是将隔板间距从起端至末端逐段放宽，池底相平；一是隔板间距相等，从起端至末端池底逐渐降低。一般采用前者较多，因施工方便。若地形合适，可采用后者。

（2）为减小水流转弯处水头损失，转弯处过水断面积应为廊道过水断面积的 1.2~1.5 倍。同时，水泥转弯处尽量做成圆弧形。

（3）絮凝时间

一般采用 20~30min，对色度较高的水或较难处理的水，选用较大值。

（4）隔板间净距

为便于施工、清洗和检修，隔板间距一般宜大于 0.5m，水深较大者，尤其应避免间距过窄。为便于排泥，池底应有 0.02~0.03 坡度并设直径不小 150mm 的排泥管。

（5）水头损失的计算

水头损失应按各廊道流速不同，分段分别计算。总水头损失为各段水头损失之和（包括沿程和局部水头损失）。各段水头损失近似按下式计算：

$$h_i = \zeta s_i \frac{v_{oi}^2}{2g} + \frac{v_i^2}{C_i^2 R_i} l_i \tag{2-4}$$

式中　　v_i——第 i 段廊道内水流速度，m/s；

v_{oi}^2——第 i 段廊道内转弯处水流速度，m/s；

s_i——第 i 段廊道内水流转弯次数；

ζ——隔板转弯处局部阻力系数。往复式隔板（180°转弯）$\zeta = 3$；回转式隔板（90°转弯）$\zeta = 1$；

l_i——第 i 段廊道总长度，m；

R_i——第 i 段廊道过水断面水力半径，m；

C_i——流速系数，随水力半径 R_i 和池底及池壁粗糙系数 n 而定，通常按曼宁公式 $C_i = \dfrac{1}{n}R^{1/6}$ 计算或直接查水力计算表。

絮凝池内总水头损失为：

$$h = \Sigma h_i \qquad (2\text{-}5)$$

根据絮凝池容积大小，往复式总水头损失一般为 0.3~0.5m 左右。回转式总水头损失比往复式约小 40% 左右。

3. 【例题】回转式隔板絮凝池的计算

(1) 已知条件

设计进水量

$$Q = 25000 \text{m}^3/\text{d} = 1042 \text{m}^3/\text{h}$$

絮凝池个数 $n = 1$ 个

絮凝时间 $t = 20\text{min}$

水深 $H = 1.2\text{m}$

流速：进口处 $v_1 = 0.5\text{m/s}$；出口处 $v_1 = 0.2\text{m/s}$，并按流速差值 0.05m/s 递减变速。

隔板间距共分 7 挡（详见表 2-7 廊道圈数和宽度）。

廊道圈数和宽度　　　　　表 2-7

圈序	流速 v_n/(m/s)	隔板间距 a/m		
		计算值 a_n'	采用值 a_n	累计值
1	0.50	$a_1' = 0.483$	$a_1 = 0.50$	0.50
2	0.45	$a_2' = 0.537$	$a_2 = 0.55$	1.05
3	0.40	$a_3' = 0.603$	$a_3 = 0.60$	1.65
4	0.35	$a_4' = 0.690$	$a_4 = 0.70$	2.35
5	0.30	$a_5' = 0.803$	$a_5 = 0.80$	3.15
6	0.25	$a_6' = 0.966$	$a_6 = 1.00$	4.15
7	0.20	$a_7' = 1.205$	$a_7 = 1.20$	5.35

如图 2-28 所示，最后一个廊道宽度（$a_7 = 1.2\text{m}$）分成两段，进行回转流动。为使两股水流到达絮凝池出口（穿孔配水墙）时水量平衡，其水量各按 45% 与 55% 分配，则近端（流程短）一股的廊道宽度为 $Q_7' = 0.45Q_7 = 0.45 \times 1.2 \approx 0.5\text{m}$，另一股的廊道宽度为 $Q_7'' = 0.55Q_7 = 0.55 \times 1.2 \approx 0.7\text{m}$。

(2) 设计计算

1) 总容积 W

$$W = \frac{Qt}{60} = \frac{1042 \times 20}{60} = 347.33 \approx 348 \text{m}^3$$

2）池长 L

为了与沉淀池配合，絮凝池宽度取 $B = 12\text{m}$。

$$L \frac{W}{H \cdot B} = \frac{348}{1.2 \times 12} \approx 24.2\text{m}$$

3）各挡隔板间距 a_n

廊道内水的流速 v_n 由 0.5m/s 递减至 0.2m/s。

$$a_n = \frac{Q}{3600 H v_n} = \frac{1042}{3600 \times 1.2 v_n} = \frac{0.241}{v_n}\text{m}$$

据此公式，a_n 的计算结果列于表 2-7。

絮凝池的布置，见图 2-29。

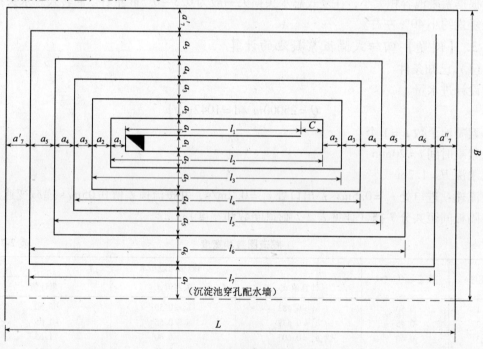

图 2-29　回转式隔板絮凝池

4）池的宽度的核定

取隔板厚度 $\delta = 0.16\text{m}$（板厚 0.12m，两面粉刷各厚 0.02m），池的外壁厚度不计入。

$$B = \Sigma a_n + \Sigma \delta_n = \sum_1^7 a_n + \sum_1^7 a'_n + \sum_1^{12} \delta_n$$

$$= (a_1 + a_2 + a_3 + a_4 + a_5 + a_6 + a_7) + (a'_1 + a'_2 + a'_3 + a'_4 + a'_5 + a'_6 + a'_7) + 12\delta$$

$$= 5.35 + 4.15 + 0.7 + 1.92 = 12.12\text{m}$$

5）第一道（内层）隔板长度 l_1

隔板端离隔板壁的距离为 $C = 1\text{m}$。

$$l_1 = L - \left[\left(\sum_2^{7''} a_n + C + \sum_1^{7'} a_n\right) + \sum_1^{12} \delta\right]$$

$$= 24.2 - [(3.65 + 0.5) + 1 + (3.15 + 0.7) + 12 \times 0.16]$$

$$= 24.2 - 10.92 = 13.28 \text{m}$$

6）絮凝池廊道总长度

$\Sigma L_n = 238.31\text{m}$，计算过程见表2-8。

廊道总长度计算　　　　　表2-8

序号	廊道长度	l_n/m 关系式	数值	每圈长度/m 关系式	数值	累计值
1	0.50	$l_1 = l_1$	13.28	$L_1 = 2l_1 + a_1$	27.06	27.06
2	0.55	$l_2 = l_1 + c + a_1$	14.78	$L_2 = 2l_2 + 4a_1 + a_2$	32.11	59.17
3	0.60	$l_3 = l_2 + 2a_2$	05.88	$L_3 = 2l_3 + 4(a_1 + a_2) + a_3$	36.56	95.73
4	0.70	$l_4 = l_3 + a_3$	17.08	$L_4 = 2l_4 + 4(a_1 + a_2 + a_3) + a_4$	41.46	137.19
5	0.80	$l_5 = l_4 + a_4$	18.48	$L_5 = 2l_5 + 4(a_1 + a_2 + a_3 + a_4) + a_5$	47.16	184.35
6	1.00	$l_6 = l_5 + a_5$	20.08	$L_6 = l_6 - a_5 + 2(a_1 + a_2 + a_3 + a_4 + a_5)$	25.58	209.93
7	1.20	$l_7 = l_6 + a_6$	21.08	$L_7 = l_7 + 2(a_1 + a_2 + a_3 + a_4 + a_5) + a_6$	28.36	238.31

注：1. 隔板端与隔板壁之距为 $C = 1\text{m}$；
　　2. l_n 和 L_n 的数值中未考虑隔板的厚度；
　　3. l_n 为每一圈廊道长边的内边长。

7）絮凝时间 t

$$t = \frac{\Sigma L}{v_{cp}} = \frac{238.31}{\frac{1}{2}(0.5 + 0.2)} = 680\text{s} = 11.34\text{min}$$

8）水头损失 h

$$h = \xi S \frac{v_0^2}{2g} + \frac{v^2}{C^2 R} \Sigma L_n \text{m}$$

式中　ξ——转弯处局部阻力系数；

　　　S——转弯次数；

　　　v——廊道内流速，m/s；

　　　v_0——转弯处流速，m/s；

　　　C——流速系数；

　　　R——水力半径，m；

　　　ΣL_n——水在池内的流程长度，m。

计算数据如下。

① 转弯处局部阻力系数 $\xi = 1.0$。

② 转弯次数 $S = 25$。

③ 廊道内流速 v 采用平均值，即：$v = \dfrac{v_1 + v_2}{2} = \dfrac{0.5 + 0.2}{2} = 0.35\text{m/s}$。

④ 转弯处流速 v_0 采用平均值。廊宽的平均值为

$$a_{cp} = \frac{\sum_{1}^{n} a_n}{n} = \frac{5.37}{7} = 0.767 \text{m}$$

$$v_0 = \frac{Q \cdot \cos45°}{3600 H a_{cp}} = \frac{1043 \times 0.707}{3600 \times 1.2 \times 0.767} = 0.222 \text{m/s}$$

⑤ 廊道端面的水力半径 R 为

$$R = \frac{a_{cp} \cdot H}{a_{cp} + 2H} = \frac{0.767 \times 1.2}{0.767 + 2 \times 1.2} = 0.29 \text{m}$$

⑥ 流速系数 C，根据水力半径 R 和池壁粗糙系数 n（水泥砂浆抹面的渠道，$n = 0.013$）的数值，查表（见《给排水设计手册》）确定，$C = 63.95$。

⑦ 廊道总长度 $\sum L_n = 238.31 \text{m}$

$$h = \xi S \frac{v_0^2}{2g} + \frac{v^2}{C^2 R} \sum L_n$$

$$= 1 \times 25 \times \frac{0.222^2}{2 \times 9.81} + \frac{0.35^2}{63.95^2 \times 0.29} \times 238.31$$

$$= 0.0627 + 0.0246 = 0.087 \text{m}$$

9）GT 值

水温 20℃时，水的动力粘滞系数 $\mu = 1.0091 \times 10^{-3} \text{Pa} \cdot \text{s}$。

速度梯度为

$$G = \sqrt{\frac{\gamma h}{60 \mu t}} = \sqrt{\frac{9800 \times 0.087}{60 \times 1.0091 \times 10^{-3} \times 11.34}} = 35.23 \text{s}^{-1}$$

$$GT = 35.23 \times 11.34 \times 60 = 23970.5$$

此 GT 值在 $10^4 \sim 10^5$ 范围内。计算简图见图 2-29。

2.6.6 穿孔旋流絮凝池

1. 构造和特点

穿孔旋流絮凝池由多个串联的絮凝室组成，分格数一般不少于6，视水量大小而定。进水孔上下交错布置如图2-30。原水以较高流速沿池壁切线方向流入，在池内产生旋转运动，促使颗粒相互碰撞，利用多级串联的旋流方向，更促进了絮凝作用。第一格进口流速较大，孔口尺寸较小，而后流速逐格减小，孔口尺寸逐格增大，因此，搅拌强度逐格减小。穿孔旋流絮凝池实际上是由旋流絮凝池（不分格，仅一个圆筒形池体）和孔室絮凝池（分格但不产生旋流）综合改进而来的。比较适用于中小水量的情况。结构简单，只是效果不及其他絮凝池好，并易于积泥。

穿孔旋流絮凝池适用于中、小型水厂。它常与斜管沉淀池合建而组成穿孔旋流絮凝斜管沉淀池。

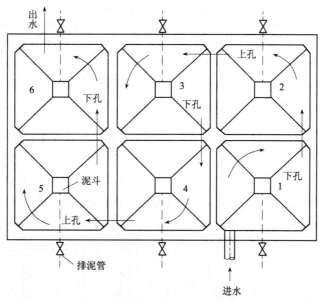

图 2-30 穿孔旋流絮凝池

2. 穿孔旋流絮凝池主要设计参数：

(1) 絮凝时间一般宜为 15~25min；

(2) 絮凝池孔口流速，应按由大到小的渐变流速进行设计，第一个进孔流速可采用 0.6~1.0m/s，最后一个进孔流速可采用 0.2~0.3m/s，絮凝池相邻两格室隔墙上的孔口流速可按下式计算：

$$v = v_1 + v_2 - v_2\sqrt{1+\left(\frac{v_1^2}{v_2^2}-1\right)\frac{t'}{t}} \quad (m/s) \quad (2\text{-}6)$$

式中 v_1——絮凝池的进口流速，约为 1.2m/s 左右；

v_2——絮凝池的出口流速，约为 0.1m/s 左右；

t——絮凝池的总絮凝时间，min；

t'——絮凝池各格室絮凝的时间，min。

(3) 絮凝池每格进出水孔口应作上下对角交叉布置；

(4) 每组絮凝池分格数不宜少于 6 格，一般 6~12 格；

(5) 池内流速不宜过小，以免在絮凝池内产生沉淀；

(6) 絮凝池的沿程水头损失一般略而不计，其局部水头损失（包括进水管出口及孔口）按下式计算

$$h = \xi\frac{v^2}{2g} \quad (m) \quad (2\text{-}7)$$

式中 v——进水管出口或孔口流速，m/s；

ξ——局部阻力系数，进水管出口 $\xi=1.0$，孔口处 $\xi=1.06$；

g——重力加速度，9.8m/s²。

3. 旋流式絮凝池的主要尺寸

《农村给水工程重复使用图集》中的已有旋流式絮凝池的设计图，选其中 15、30、45m³/h 三种规模的主要尺寸列于表 2-9。

穿孔旋流絮凝池主要尺寸表　　　　　表 2-9

规模（m³/h）	单格尺寸（m）	格数（格）	池深（m）	有效容积（m³）
15	0.8×0.8	6	2.6	6.5
30	1.0×1.0	6	3.1	12.6
45	1.2×1.2	6	3.3	19.0

注：摘自《农村给水工程重复使用图集》。

4. 穿孔旋流式絮凝池的设计要点

多级旋流絮凝池中最常用的一种是穿孔旋流絮凝池，穿孔旋流絮凝池由若干方格组成。方格数一般不小于6格。各格之间的隔墙上沿池壁开孔，孔口位置采用上下左右变换布置，以避免水流短路，提高容积利用率（图2-31）。该种絮凝池各格室的平面常呈方形，为了易于形成旋流，池格平面方形均填角，孔口采用矩形断面；池内积泥采用底部锥斗重力排除。

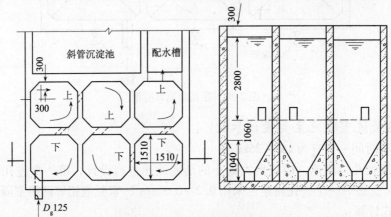

图 2-31　多级旋流式絮凝池布置

2.6.7 涡流絮凝池

1. 构造与特点

涡流絮凝池为一倒置的圆锥体，如图2-32所示。水从锥底部流入形成涡流扩散后，逐渐上升，随着锥体面积不断增大，流速逐步由大变小。在这种由大变小的变速流状态下进行絮凝，有利于絮体的形成。涡流絮凝池具有絮凝时间短、体积小、便于布置等优点，但池深大，锥体施工较困难，较多的是与竖流式沉淀池合建，而很少单独使用。

2. 涡流絮凝池设计参数

（1）池子个数不少于2个；
（2）絮凝时间采用6~10min；
（3）进水管流速一般为0.8~1.0m/s，底部入口处流速采用0.7m/s，顶部圆柱部分上升流速采用4~5mm/s；

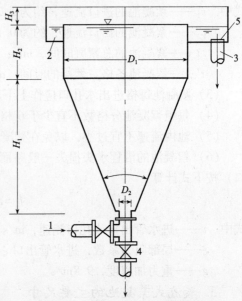

图 2-32　涡流式絮凝池构造示意
1—进水管；2—集水槽；3—出水管；
4—放水阀；5—栅条

（4）底部锥角采用 30°~45°，圆柱部分的高度 H_2 可采用圆柱部分直径 D_1 的 1/2，超高 H_3 采用 0.3m；

（5）出水流速不超过 0.2m/s，出水孔眼中流速不超过 0.2m/s；

（6）池中每米工作高度的水头损失（从进水口至出水口）为 0.02~0.05m。

3. 涡流式絮凝池主要尺寸

不同规模的设计水量，有不同规格的涡流式絮凝池。根据上述设计要点，列出几种适合村镇水厂的涡流絮凝池主要数据，见表 2-10。

涡流式絮凝池主要尺寸　　　　表 2-10

设计水量 (m^3/h)	圆柱部分直径 D_1 (m)	圆锥底部直径 D_2 (m)	底部锥角 θ (°)	圆柱部分高度 H_2 (m)	圆锥部分高度 H_1 (m)	每池有效容积 (m^3)	絮凝时间 (min)
20	0.95	0.07	30	0.65	1.65	0.88	5.3
40	1.3	0.10	30	0.70	2.25	2.01	6.0
60	1.6	0.12	30	0.80	2.70	3.56	7.1
80	1.8	0.14	35	0.90	2.60	4.7	7.1
120	2.3	0.17	40	1.15	2.90	9.1	9.1

注：上表内池数采用 2 个，故每个池子的出水量是设计水量的 1/2。

4. 涡流式絮凝池的计算

（1）涡流式絮凝池的计算公式见表 2-11

涡流式絮凝池计算公式　　　　表 2-11

计 算 公 式	符 号 说 明
1. $f_1 = \dfrac{Q}{3.6 n v_1}$	f_1—圆柱部分面积（m^2）
2. $D_1 = \sqrt{\dfrac{4F_1}{\pi}}$	v_1—上部圆柱部分上升流速（mm/s）
3. $f_2 = \dfrac{Q}{3600 n v_2}$	Q—设计水量（m^3/h）
4. $D_2 = \sqrt{\dfrac{4F_2}{\pi}}$	n—池数（个）
	D_1—圆柱直径（m）
	f_2—圆锥底部面积（m^2）
5. $H_2 = \dfrac{D_1}{2}$	v_2—底部入口处流速（m/s）
6. $H_1 = \dfrac{D_1 - D_2}{2} \text{ctg} \dfrac{\theta}{2}$	D_2—圆锥底部直径（m）
	H_2—圆柱高度（m）
	H_1—圆锥高度（m）
7. $W = \dfrac{\pi}{4} D_1^2 \cdot H_2 + \dfrac{\pi}{12}(D_1^2 + D_1 \cdot D_2 + D_2^2) H_1 + \dfrac{\pi}{4} D_2^2 \cdot H_3$	θ—锥角（度）
	W—每个絮凝池容积（m^3）
8. $T = \dfrac{60 W \cdot n}{Q}$	H_3—底部立管高度（m）
	T—絮凝时间（min）
9. $h = h_0(H_1 + H_2 - H_3)$	h—水头损失（m）
	h_0—每米工作高度的水头损失（m）

（2）圆锥形涡流式絮凝池的计算

1）已知条件

设计水量 $Q = 20000 m^3/d = 833 m^3/h$，设计絮凝时间一般在 6~10min。

2）设计计算

设计 6 组涡流絮凝池

① 圆柱部分横截面积 f_1

上部圆柱部分上升流速采用 $v_1 = 5mm/s$，则

$$f_1 = \frac{Q}{3.6 n v_1} = \frac{833}{3.6 \times 6 \times 5} = 7.71 m^2$$

② 圆柱部分直径 D_1

$$D_1 = \sqrt{\frac{4f_1}{\pi}} = \sqrt{\frac{4 \times 7.71}{3.14}} = 3.14\text{m}$$

③ 圆锥部分底部面积

底部入口处流速采用 $v_2 = 0.7\text{m/s}$，则

$$f_2 = \frac{Q}{3600nv_2} \cdot \frac{833}{3600 \times 6 \times 0.7} = 0.055\text{m}^2$$

④ 圆锥底部直径 D_2

$$D_2 = \sqrt{\frac{4f_2}{\pi}} = \sqrt{\frac{4 \times 0.055}{3.14}} = 0.28\text{m}$$

采用 $D_2 = 0.30\text{m}$，则

$$f_2 = 0.071\text{m}^2$$

$$v_2 = \frac{Q}{3600nf_2} = \frac{833}{3600 \times 6 \times 0.071} = 0.55\text{m/s}$$

⑤ 圆柱部分高度 H_2

$$H_2 = \frac{D_1}{2} = \frac{3.14}{2} = 1.57\text{m}$$

⑥ 圆锥部分高度 H_1

底部锥角采用 $\theta = 40°$，则

$$H_1 = \frac{D_2 - D_1}{2}\cot\frac{\theta}{2} = \frac{3.14 - 0.30}{2}\cot\frac{40°}{2} = 3.90\text{m}$$

⑦ 池底立管高度 H_3

池底立管高度为 $H_3 = 0.58\text{m}$（按 300×300 钢制三通计算）

⑧ 每池容积 W

$$W = \frac{\pi}{4}D_1^2 H_2 + \frac{\pi}{12}(D_1^2 + D_1 D_2 + D_2^2)H_1 + \frac{\pi}{4}D_2^2 H_3$$

$$= \frac{\pi}{4}\left[D_1^2 H_2 + \frac{1}{3}(D_1^2 + D_1 D_2 + D_2^2)H_1 + D_2^2 H_3\right]$$

$$= \frac{3.14}{4} \times \left[3.14 \times 1.57 + \frac{1}{3}(3.14 + 3.14 \times 0.30 + 0.3^2) \times 3.9 + 0.3 \times 0.58\right]$$

$$= 23.30\text{m}^3$$

⑨ 絮凝时间 t

$$t = \frac{60nW}{Q} = \frac{60 \times 6 \times 23.30}{833} = 10.0\text{min}$$

絮凝时间在 6~10min 之间，符合要求。

⑩ 水头损失

池中每米工作高度的水头损失（从进水口至出水口）为 $h_0 = 0.03\text{m}$，则

$$h = h_0(H_1 + H_2 + H_3) = 0.03 \times (3.9 + 1.57 + 0.58)$$
$$= 0.03 \times 6.05 = 0.18\text{m}$$

⑪ GT 值

水温 $T = 20℃$，$\mu = 1.029 \times 10^{-4} \text{kg} \cdot \text{s/m}^2$

$$G = \sqrt{\frac{\gamma h}{60\mu T}} = \sqrt{\frac{1000 \times 0.18}{60 \times 1.029 \times 10^{-4} \times 10}} = 53.85 \text{s}^{-1}$$

$$GT = 53.85 \times 10 \times 60 = 3.23 \times 10^4$$

此值在最佳范围内。

2.6.8 折板絮凝池

折板絮凝池是在隔板絮凝池基础上发展起来的，目前已得到广泛应用。

折板絮凝池通常采用竖流式。它是将隔板絮凝池（竖流式）的平板隔板改成具有一定角度的折板。折板可以波峰对波谷平行安装（图2-33(a)），称"同波折板"；也可波峰相对安装（图2-33(b)），称"异波折板"。按水流通过折板间隙数，又分为"单通道"和"多通道"。图2-33为单通。多通道系指，将絮凝池分成若干格子，每一格内安装若干折板，水流沿着格子依次上、下流动。在每一个格子内，水流平行通过若干个由折板组成的并联通道，如图2-34所示。无论在单通道或多通道内，同波、异波折板两者均可组合应用。有时，絮凝池末端还可采用平板。例如，前面可采用异波、中部采用同波，后面采用平板。这样组合有利于絮凝体逐步成长而不易破碎，因平板对水流扰动较小。图2-36中第Ⅰ排采用同波折板，第Ⅱ排采用异波折板，第Ⅲ排可采用平板。是否需要采用不同形式折板组合，应根据设计条件和要求决定。异波和同波折板絮凝效果差别不大，但平板效果较差，故只能放置在絮凝池末端起补充作用。

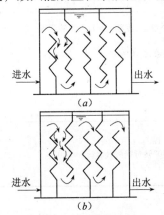

图2-33 单通道折絮凝池剖面示意图
(a) 同波折板；(b) 异波折板

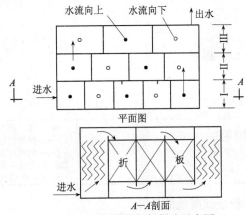

图2-34 多通道折板絮凝池示意图

折板絮凝池是在池中设置扰流装置，使其达到絮凝所要求的紊流状态的絮凝构筑物。它具有能耗和药耗低、停留时间短等特点。折板絮凝池可布置为竖流和平流式两种，目前，用于村镇水厂的有竖流式平折板、波纹板絮凝装置等。

折板絮凝是近几年在国内发展起来的一种新工艺，并在小型净水工艺（如一体化净水器）中得到应用。折板的材料可采用钢丝网水泥板或聚乙烯板等。

1. 折板絮凝池的设计参数

(1) 折板絮凝池一般分为三段（也可多于三段），见图2-35；

(2) 絮凝过程中的速度应逐段降低，各段的流速可分别为：第一段0.25~0.35m/s；第二段 0.15~0.25m/s；第三段 0.10~0.15m/s；

(3) 絮凝时间一般宜为 6~15min；

(4) 折板之间的夹角采用 90°~120°，第一、二段折板夹角宜采用 90°；

(5) 折板宽 b 采用 0.5m，折板长度为 0.8~1.0m，第二段中平行折板的间距等于第一段相对折板的峰距。

2. 折板絮凝池的计算

折板絮凝池水头损失计算见表 2-12。

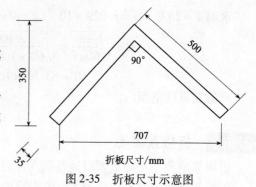

图 2-35 折板尺寸示意图

平折板絮凝池水头损失计算公式　　　表 2-12

计 算 公 式	设计数据及符号说明
相对折板： $h_1 = \xi_1 \dfrac{v_1^2 - v_2^2}{2g}$ $h_2 = \left[1 + \xi_2 - \left(\dfrac{F_1}{F_2}\right)^2\right]\dfrac{v_1^2}{2g}$ $h = h_1 + h_2$ $h_1 = \xi_3 \dfrac{v_0^2}{2g}$ $\Sigma h = nh + h_i$	h_1——渐放段水头损失(m) 峰速 $v_1 = 0.25~0.35$m/s 谷速 $v_2 = 0.1~0.15$m/s ξ_1——渐放段阻力系数，$\xi_1 = 0.5$ h_2——渐缩段水头损失(m) F_1——相对峰的断面积(m^2) F_2——相对谷的断面积(m^2) ξ_2——渐缩段阻力系数，$\xi_2 = 0.1$ h——一个缩放的组合水头损失(m) h_i——转弯或孔洞的水头损失(m) v_0——转弯或孔洞处流速(m/s) Σh——总水头损失(m) n——缩放组合的个数
平行折板： $h = \xi \dfrac{v^2}{2g}$ $\Sigma h = nh + h_i$ $h_1 = \xi_3 \dfrac{v_0^2}{2g}$	ξ_3——转弯或孔洞处的阻力系数，上转弯 $\xi_3 = 1.8$；下转弯或孔洞 $\xi_3 = 3.0$ v——板间流速 = 0.15~0.25m/s ξ——每一 90°弯道的阻力系数，$\xi = 0.6$ Σh——总水头损失(m) n——90°转弯的个数 h_i——上下转弯或孔洞损失(m) v_0、ξ_3——同相对折板
平行直板： $h = \xi \dfrac{v^2}{2g}$ $\Sigma h = nh$	h——水头损失(m) v——平均流速，$v = 0.05~0.1$m/s ξ——转弯处阻力系数，按 180°转弯损失计算，$\xi = 3.0$ Σh——总水头损失 (m) n——180°转弯个数

折板絮凝池的计算

(1) 已知条件

设计水量 Q 为 1.94 万 m^3/d

絮凝池分为两组

絮凝时间 $t = 10$min

水深 $H = 4.3$m

(2) 设计计算

1) 每组絮凝池流量 Q　　$Q = \dfrac{14400}{2} = 7200 m^3/d = 300 m^3/h = 0.083 m^3/s$

2) 每组絮凝池容积 W　　$W = \dfrac{Qt}{60} = \dfrac{300 \times 10}{60} = 50 m^3$

3) 每组絮凝池面积 f $f = \dfrac{W}{H} = \dfrac{50}{4.3} = 11.63\text{m}^2$

4) 每组絮凝池的净宽 B'

为了与沉淀池配合，絮凝池净长度 $L' = 4.8\text{m}$，则絮凝池净宽度
$$B' = \dfrac{f}{L'} = \dfrac{11.63}{4.8} = 2.42\text{m}$$

5) 絮凝池的布置

絮凝池的絮凝过程为三段：第一段 $v_1 = 0.3\text{m/s}$

第二段 $v_2 = 0.2\text{m/s}$

第三段 $v_3 = 0.1\text{m/s}$

将絮凝池分成6格，每格的净宽度为0.8m，每两格为一絮凝段。第一、二格采用单通道相对折板；第三、四格采用单通道平行折板；第五、六格采用直板。

6) 折板尺寸及布置

折板采用钢丝水泥板，折板宽度0.5m，厚度0.035m。折角90°，折板净长度0.8m。如图2-35所示。

7) 絮凝池长度 L 和宽度 B

考虑折板所占宽度为 $\dfrac{0.035}{\sin 60°} = 0.04\text{m}$，絮凝池的实际宽度取 $B = 2.54\text{m}$。

考虑隔板所占长度为0.2m，絮凝池实际长度取 $L = 5.8\text{m}$，超高0.3m。

8) 各格折板的间距从实际流速

第一、二格 $b_1 = \dfrac{Q}{v_1 L} = \dfrac{300}{0.3 \times 0.8 \times 3600} = 0.35\text{m}$ 取 $b_1 = 0.35\text{m}$

第二、三格 $b_2 = \dfrac{Q}{v_2 L} = \dfrac{250}{0.20 \times 0.8 \times 3600} = 0.52\text{m}$ 取 $b_1 = 0.52\text{m}$

第四、五格 $b_3 = \dfrac{Q}{v_3 L} = \dfrac{250}{0.1 \times 0.8 \times 3600} = 1.04\text{m}$ 取 $b_1 = 1.04\text{m}$

$$v_{1\text{实谷}} = \dfrac{Q}{b_{谷} L} = \dfrac{300}{3600 \times 0.99 \times 0.8} \approx 0.1\text{m/s}$$

$$v_{1\text{实峰}} = \dfrac{Q}{b_1 L} = \dfrac{300}{3600 \times 0.35 \times 0.8} = 0.3\text{m/s}$$

$$v_{2\text{实}} = \dfrac{Q}{b_2 L} = \dfrac{300}{3600 \times 0.52 \times 0.8} = 0.19\text{m/s}$$

$$v_{3\text{实}} = \dfrac{Q}{b_3 L} = \dfrac{300}{3600 \times 1.04 \times 0.8} = 0.12\text{m/s}$$

9) 水头损失 h

第一、二格按表2-12中相对折板公式计算
$$\Sigma h = nh + h_i = n(h_1 + h_2) + h_i \text{(m)}$$

计算数据如下：

① 第一格通道数为4,单通道的缩放组合的个数为4个，$n = 4 \times 4 = 16$ 个

② $\xi_1 = 0.5$，$\xi_2 = 0.1$，上转变 $\xi_3 = 18$，下转变成孔洞 $\xi_3 = 3.0$

③ $v_1 = 0.3\text{m/s}$

④ $v_2 = 0.1 \text{m/s}$

⑤ $F_1 = 0.35 \times 0.8 = 0.28 \text{m}^2$

⑥ $F_2 = [0.35 + (2 \times 0.35)] \times 0.8 = 0.84 \text{m}^2$

⑦ 上转弯、下转弯各为2次，取转弯高0.6m，
$$v_0 = \frac{300}{3600 \times 0.8 \times 0.6} = 0.17 \text{m/s}$$

⑧ 渐放段水头损失
$$h_1 = \xi_1 \frac{v_1^2 - v_2^2}{2g} = 0.5 \times \frac{0.3^2 - 0.1^2}{2 \times 9.80} = 2.04 \times 10^{-3} \text{m}$$

⑨ 渐缩段水头损失
$$h_2 = \left[1 + \xi_2 - \left(\frac{F_1}{F_2}\right)^2\right]\frac{v_1^2}{2g} = \left[1 + 0.1 - \left(\frac{0.28}{0.84}\right)^2\right]\frac{0.3^2}{2 \times 9.80} = 4.54 \times 10^{-3} \text{m}$$

⑩ 转弯或孔洞的水头损失
$$h_i = \xi_3 \frac{v_0^2}{2g} = 2 \times (1.8 + 3.0)\frac{0.17^2}{2 \times 9.81} = 14.14 \times 10^{-3} \text{m}$$

$$\Sigma h = n(h_1 + h_2) + h_i = 16(2.04 \times 10^{-3} + 4.54 \times 10^{-3}) + 14.14 \times 10^{-3} = 0.12 \text{m}$$

第二格的计算同第一格。

第三格和第四格按表2-12平行折板公式计算
$$\Sigma h = nh + h_i = n\xi \frac{v^2}{2g} + h_i$$

计算数据如下：

① 第三格通道数为4。单通道转弯数为7，$n = 4 \times 7 = 28$

② 折角为90°，$\xi = 0.6$

③ $v = 0.19 \text{m/s}$

$$\Sigma h = n\xi \frac{v^2}{2g} + h_i = 28 \times 0.6 \times \frac{0.19^2}{2 \times 9.81} + 14.14 \times 10^{-3} = 0.046 \text{m}$$

第四格的计算同第三格。

第五格为单通道直板，按表2-12 直板公式计算
$$\Sigma h = nh = n\xi \frac{v^2}{2g}$$

计算数据如下：

① 第五格通道数为3，两块直板180°，转弯次数$n = 2$，进口、出口孔洞2个；

② 180°转弯$\xi = 3.0$，进出口孔；$\xi = 1.06$

③ $v = 0.12 \text{m/s}$，

$$\Sigma h = n\xi \frac{v^2}{2g} = 2(3 + 1.06)\frac{0.12^2}{2 \times 9.81} = 0.006 \text{m}。$$

10）絮凝池各段的停留时间

第一、第二栅水流停留时间为：
$$t_1 = \frac{V_1 - V_b}{Q} = \frac{0.8 \times 2.54 \times 4.3 - 0.035 \times 0.5 \times 0.8 \times 24}{0.083} = 101.223$$

第三、四格均为 $t_2 = 101.223$

第五、六格水流停留时间为:
$$t_3 = \frac{V_1 - V_{3b}}{Q} = \frac{0.8 \times 2.54 \times 4.3 - 0.035 \times 0.5 \times 0.8 \times 2}{0.083} = 102.913$$

11) 絮凝池各段的 G 值

水温 $T = 20℃$，$\mu \doteq 1 \times 10^{-3} Pa \cdot s$

第一段（异波折板）
$$G_1 = \sqrt{\frac{1000 \times 9.80 \times 0.12 \times 2}{1 \times 10^{-3} \times 101.22 \times 2}} = 107.79 s^{-1}$$

第二段（同波折板）
$$G_2 = \sqrt{\frac{1000 \times 9.80 \times 0.046 \times 2}{1 \times 10^{-3} \times 101.22 \times 2}} = 66.73 s^{-1}$$

第三段（直板）
$$G_3 = \sqrt{\frac{1000 \times 9.80 \times 0.006 \times 2}{1 \times 10^{-3} \times 102.91 \times 2}} = 23.64 s^{-1}$$

絮凝的总水头损失 $\Sigma h = 0.12 + 0.046 + 0.006 = 0.172 m$，絮凝时间 $t = 101.22 \times 4 + 102.91 \times 2 = 610.7 s = 10.18 min$

$$GT = \sqrt{\frac{\rho g \Sigma h}{\mu t}} = \sqrt{\frac{1000 \times 9.80 \times 0.172}{1 \times 10^{-3} \times 610.7}} \times 610.7 = 3.21 \times 10^4 \text{ 在 } 10^4 \sim 10^5 \text{ 之间。}$$

计算简图见图 2-36。

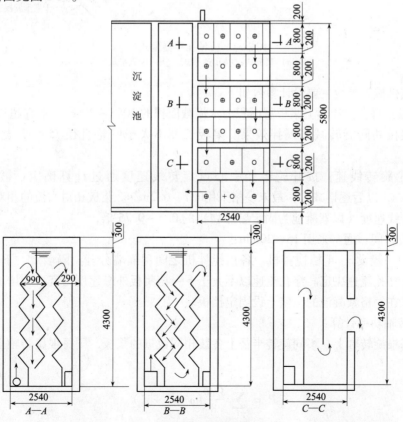

图 2-36 折板絮凝池布置

2.6.9 机械搅拌絮凝池

机械絮凝池是利用装在水下转功的叶轮进行搅拌的絮凝池。按叶轮轴的安放方向,可分为水平(卧)轴式和垂直(立)轴式两种类型。叶轮的转数可根据水量和水质情况进行调节,水头损失比其他池型小。

机械搅拌絮凝池利用电动机经减速装置驱动搅拌器对水进行搅拌。搅拌器有桨板式、透平式和轴流桨式三种,见图 2-37。我国常用的是桨板式搅拌器。轴流桨式搅拌器的絮凝效果优于桨板式和透平式。因为,由搅拌器输入水流中功率所求得的 G 值为平均速度梯度,靠近桨板或透平式叶片处的 G 值常远大于平均速度梯度,而远离桨板处或叶片处的水流 G 值则较平均速度梯度小得多。轴流桨式搅拌器所产生的 G 值则比较均匀,水流紊动也就比较均匀。

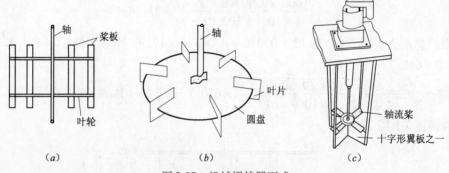

图 2-37 机械搅拌器型式
(a) 桨板式;(b) 透平式;(c) 轴流桨式

桨板式机械絮凝池主要设计参数如下:

1. 桨板:每台搅拌器上桨板总面积为水流截面积的 10%～20%,不宜超过25%,以免池水随桨板共同旋转减弱搅拌效果。桨板长度不大于叶轮直径 75%,宽度取 10～30cm;

2. 叶轮旋转线速:按叶轮半径中心点旋转线速度通过计算确定:第一格采用 0.5～0.6m/s,以后逐格减少,最末一格采用 0.1～0.2m/s。桨板相对水流的相对线速度约为桨板旋转线速度(以絮凝池为固定参照物)的 0.5～0.75 倍;

3. 絮凝时间:通常采用 15～20min;

4. 池内一般设 3～4 档搅拌机。各档搅拌机之间用隔墙分开。隔墙上、下交错开孔。开孔面积按穿孔流速决定。穿孔流速以不大于下一档桨板外缘速度为宜。为增加水紊动性,必要时在每格絮凝池的池壁上设固定挡板。

5. 旋转轴功率计算:

假设每根旋转轴上在不同旋转半径上各装相同数量的桨板,则每根旋转轴全部桨板所耗功率为:

$$P = \sum_{1}^{n} \frac{C_D \rho}{8} l \omega^3 (r_2^4 - r_1^4) \tag{2-8}$$

$$\omega = \frac{(0.5 \sim 0.75)v}{r_0} \tag{2-9}$$

式中 P——桨板所耗总功率，W；

n——同一旋转半径上桨板数；

r_1，r_2——桨板内、外缘旋转半径，m，如图 2-38 所示；

r_0——叶轮半径中心点旋转半径；如图 2-38 所示；

v——相应 r_0 处的叶轮旋转线速度；m/s；

ω——相对于水流的叶转旋角速度，rad/s；

C_D——阻力系数，决定于桨板宽长比。当宽、长比小于 1 时，$C_D = 1.1$。水处理中桨板宽长比一般小于 1；

ρ——水的密度，kg/m³；

l——桨板长度，m。

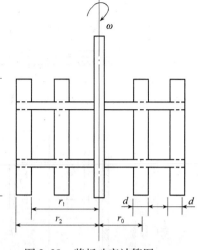

图 2-38 桨板功率计算图

每根旋转轴所需电动机功率：

$$N = \frac{P}{1000\eta_1\eta_2} \tag{2-10}$$

式中 N——电动机功率，kW；

η_1——搅拌设备总机械效率，一般取 $\eta_1 = 0.75$；

η_2——传动效率，可采用 0.6~0.95。

6. 核算平均速度梯度 G 值：絮凝池各格平均速度梯度 G 按 $G = \sqrt{\frac{P}{\mu}}$ 计算；絮凝池总平均速度梯度 $\overline{G}$ 按下式计算：

$$\overline{G} = \sqrt{\frac{\sum_1^n P}{\mu \sum_1^n V}} \tag{2-11}$$

式中 P——各格旋转轴全部桨板所耗功率；

V——各格有效容积，m³；

n——絮凝池分格数，一般为 3~4 格；

μ——水的动力粘度，Pa·s。

根据旋转轴的位置，机械絮凝池又分水平轴式和垂直轴式两种，见图 2-39 和图 2-40。每池设 3~4 档以上搅拌机，并用隔墙（或称导流墙）分成数格，以避免水流短路。搅拌强度逐格减小，其措施：或者搅拌机转速递减，或者桨板数或桨板面积递减，通常采用前一方式。为适应水质、水量的变化，搅拌速度应能调节。搅拌设备应注意防腐。机械絮凝池效果较好；大小水厂均适应，并能适应水质、水量的变化；水头损失较小。唯需机械设备，因而增加机械维修工作。

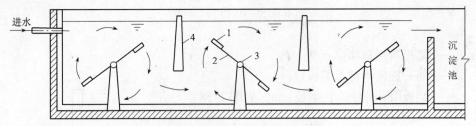

图 2-39 水平轴式机械搅拌絮凝池
1—桨板；2—叶轮；3—旋转轴；4—隔墙

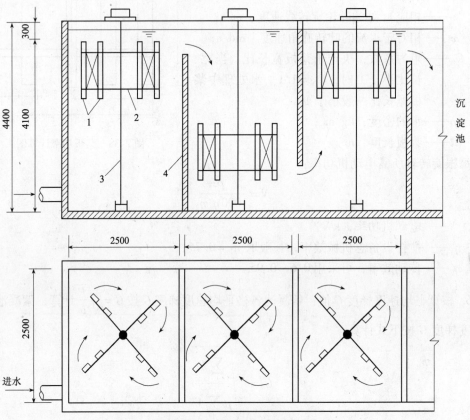

图 2-40 垂直轴式机械搅拌絮凝池（单位：mm）
1—桨板；2—叶轮；3—旋转轴；4—隔墙

7. 水平轴式等径叶轮机械絮凝池的计算

（1）设计概述

机械絮凝池一般不少于 2 个，絮凝时间为 15~20min。搅拌器常设 3~4 排，搅拌叶轮中心应设于池水深处。每排搅拌叶轮上的桨板总面积为水流截面积的 10%~20%，不宜超过 25%，每块桨板的宽度为 10~30cm。水平轴式的每个叶轮的桨板数目为 4~6 块，桨板长度不大于叶轮直径的 75%。叶轮直径应比絮凝池水深小 0.3m，叶轮边缘与池子侧壁间距不大于 0.25m。叶轮半径中心点的线速度宜自第一挡的 0.5m/s 逐渐变小至末挡的 0.2m/s。各排搅拌叶轮的转速沿顺水流方向逐渐减小、即第一排转速最大，以后后排逐渐减小。絮凝池深度应根据水厂高程系统布置确定，一般为 3~4m。搅拌装置（轴、叶轮等）应进行防腐处理。轴承与轴架宜设于池外（水位以上），以避免池中泥砂进入导致严重磨损或折断。

(2) 计算例题

1) 已知条件

设计水量6万 m^3/d，采用4组机械絮凝池（水平轴式），絮凝时间采用20min。

2) 设计计算

只计算一组絮凝池，则单池水量

$$Q = \frac{60000}{4 \times 24} = 625 m^3/h$$

① 池体尺寸

a. 每池容积 W

絮凝时间 $t = 20$min，则

$$W = \frac{Qt}{60} = \frac{625 \times 20}{60} = 208.33 m^3$$

b. 池长 L

池内平均水深采用 $H = 3.2$m

搅拌器的排数采用 $Z = 3$

则 $L = \alpha ZH = 1.4 \times 3 \times 3.2 = 13.5$m，取 14m

式中 α——系数，$\alpha = 1.0 \sim 1.5$。

c. 池宽 B

$$B = \frac{W}{LH} = \frac{208.33}{14 \times 3.2} = 4.6m，取 5m$$

② 搅拌设备（图2-41）

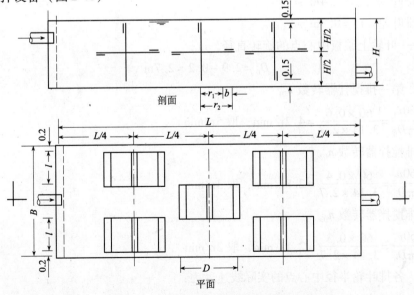

图2-41 水平轴式等径叶轮机械絮凝池

a. 叶轮直径 D

叶轮旋转时，应不露出水面，也不触及池底。取叶轮边缘与水面及池底间净空 $\Delta H = 0.15\text{m}$，则

$$D = H - 2\Delta H = 3.2 - 2 \times 0.15 = 2.9\text{m}$$

b. 叶轮的桨板尺寸

桨板长度取 $l = 1.5\text{m}$（$l/D = 1.5/2.9 = 0.52 < 75\%$）

桨板宽度取 $b = 0.20\text{m}$

c. 每个叶轮上设置桨板数

$$y = 4 \text{ 块}$$

d. 每个搅拌轴上装设叶轮个数（图 2-41）

第一排轴装 2 个叶轮，共 8 块桨板

第二排轴装 1 个叶轮、共 4 块桨板

第三排轴装 2 个叶轮，共 8 块桨板

e. 每排搅拌器上桨板总面积与絮凝池过水断面积之比

$$\frac{8bl}{BH} = \frac{8 \times 0.2 \times 1.5}{5 \times 3.2} = 15\% < 25\%$$

f. 搅拌器转数 n_0

$$n_0 = \frac{60v}{\pi D_0} \quad (\text{r/min})$$

式中 v——叶轮边缘的线速度；

本题采用：

第一排叶轮 $v_1 = 0.6\text{m/s}$

第二排叶轮 $v_2 = 0.4\text{m/s}$

第三排叶轮 $v_3 = 0.3\text{m/s}$

D_0——叶轮上桨板中心点的旋转直径，m。

$$D_0 = 2.9 - 0.2 = 2.7\text{m}$$

所以，第一排搅拌器转数 n_{01}

$$n_{01} = \frac{60v_1}{\pi D_0} = \frac{60 \times 0.6}{3.14 \times 2.7} = 4.2\text{r/min}，取 5\text{r/min}$$

第二排搅拌器转数 n_{02}

$$n_{02} = \frac{60v_2}{\pi D_0} = \frac{60 \times 0.4}{3.14 \times 2.7} = 2.8\text{r/min}，取 3\text{r/min}$$

第三排搅拌器转数 n_{03}

$$n_{03} = \frac{60v_3}{\pi D_0} = \frac{60 \times 0.3}{3.14 \times 2.7} = 2.1\text{r/min}，取 2\text{r/min}$$

所以，各排叶轮半径中心点的实际线速度为：

$$v_1 = \frac{\pi D_0 n_{01}}{60} = \frac{3.14 \times 2.7 \times 5}{60} \approx 0.707\text{m/s}$$

$$v_2 = \frac{\pi D_0 n_{02}}{60} = \frac{3.14 \times 2.7 \times 3}{60} \approx 0.424 \text{m/s}$$

$$v_3 = \frac{\pi D_0 n_{03}}{60} = \frac{3.14 \times 2.7 \times 2}{60} \approx 0.283 \text{m/s}$$

g. 每个叶轮旋转时克服水的阻力所消耗的功率 N_0

$$N_0 = \frac{ykl\omega^3}{408}(r_2^4 - r_1^4) \text{ (kW)}$$

式中　y——每个叶轮上的桨板数目，个，此处 $y = 4$；

　　　l——桨板长度，m，此处 $l = 1.5\text{m}$；

　　　r_2——叶轮半径，m，此处 $r_2 = \frac{1}{2}D_0 = \frac{1}{2} \times 2.7 = 1.35\text{m}$；

　　　r_1——叶轮半径与桨板宽度之差，m，此处 $r_1 = r_2 - b = 1.35 - 0.20 = 1.15\text{m}$；

　　　ω——叶轮旋转的角速度，rad/s。

$$\omega = \frac{2v}{D_0} \text{(rad/s)}$$

所以，

$$\omega_1 = \frac{2v_1}{D_0} = \frac{2 \times 0.707}{2.7} = 0.523 \text{rad/s}$$

$$\omega_2 = \frac{2v_2}{D_0} = \frac{2 \times 0.424}{2.7} = 0.314 \text{rad/s}$$

$$\omega_3 = \frac{2v_3}{D_0} = \frac{2 \times 0.283}{2.7} = 0.21 \text{rad/s}$$

　　　k——系数，$k = \frac{\varphi\rho}{2g}$；

　　　ρ——水的密度，1000kg/m^3；

　　　φ——阻力系数，根据桨板宽度与长度之比 $\left(\frac{b}{l}\right)$ 确定，见表 2-13。本题桨板宽长比 $\frac{b}{l} = \frac{0.2}{1.5} = 0.133 < 1$，故 $\varphi = 1.10$。

阻力系数 φ　　　　　表 2-13

b/l	<1	1~2	2.5~4	4.5~10	10.5~18	>18
φ	1.10	1.15	1.19	1.29	1.40	2.00

$$k = \frac{1.10 \times 1000}{2 \times 9.81} = 56.1$$

各排轴上每个叶轮的功率 N_0

第一排　$N_{01} = \frac{4 \times 56.1 \times 1.5}{408}(1.35^2 - 1.15^2)\omega_1^3 = 1.294\omega_1^3$

$\phantom{第一排　N_{01}} = 1.294 \times 0.523^3 = 0.185 \text{kW}$

第二排　$N_{02} = 1.294\omega_2^3 = 1.294 \times 0.314^3 = 0.040 \text{kW}$

第三排　$N_{03} = 1.294\omega_3^3 = 1.294 \times 0.21^3 = 0.012 \text{kW}$

h. 转动每个叶轮所需电动机功率 N

$$N = \frac{N_0}{\eta_1 \eta_2} (\text{kW})$$

式中　η_1——搅拌器机械总效率，采用 0.75；
　　　η_2——传动效率，为 0.6～0.95，采用 0.80。

各排轴上每个叶轮的功率

第一排　$N_1 = \dfrac{N_{01}}{\eta_1 \eta_2} = \dfrac{0.185}{0.75 \times 0.8} = 0.3 \text{kW}$

第二排　$N_2 = \dfrac{N_{02}}{\eta_1 \eta_2} = \dfrac{0.040}{0.75 \times 0.8} \approx 0.1 \text{kW}$

第三排　$N_3 = \dfrac{N_{03}}{\eta_1 \eta_2} = \dfrac{0.12}{0.75 \times 0.8} = 0.02 \text{kW}$

i. 每排搅拌轴所需电动机功率 N'

第一排　$N'_1 = 2N_1 = 2 \times 0.3 = 0.6 \text{kW}$

第二排　$1N_2 = 1 \times 0.1 = 0.1 \text{kW}$

第三排　$2N_3 = 2 \times 0.02 = 0.04 \text{kW}$

(3) GT 值

絮凝池的平均速度梯度 G

$$G = \sqrt{\frac{10^3 P}{\mu}} (\text{s}^{-1})$$

式中　P——单位时间、单位体积液体所消耗的功，即外加于水的输入功率，kW/m^3；

$$P = \frac{N_0}{W} = \frac{2N_{01} + N_{02} + 2N_{03}}{W} = \frac{2 \times 0.185 + 0.040 + 2 \times 0.012}{208.33} = 0.002 \text{kW/m}^3$$

μ——水的绝对黏度，$\text{Pa} \cdot \text{s}$。水温 $T = 20℃$，$\mu = 1.0 \times 10^{-3} \text{Pa} \cdot \text{s}$。

$$G = \sqrt{\frac{10^3 \times 0.002}{1.0 \times 10^{-3}}} = 44.72 \text{s}^{-1}$$

$GT = 44.72 \times 20 \times 60 = 53665$，在 $10^4 \sim 10^5$ 范围内。

2.6.10　网格、栅条絮凝池

网格、栅条絮凝池设计成多格竖井回流式。每个竖井安装若干层网格或栅条。各竖井之间的隔墙上，上、下交错开孔。每个竖井网格或栅条数自进水端至出水端逐渐减少，一般分 3 段控制。前段为密网或密栅，中段为疏网或疏栅，末段不安装网、栅。图 2-42 所示一组絮凝池共分 9 格（即 9 个竖井），网格层数共 27 层。当水流通过网格时，相继收缩、扩大，形成漩涡，造成颗粒碰撞。水流通过竖井之间孔洞流速及过网流速按絮凝规律逐渐减小。表 2-14 列出网格和栅条絮凝池主要设计参数，供参考。

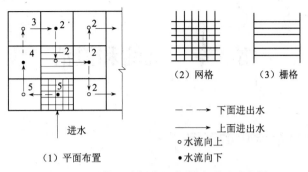

图 2-42 网格（或栅条）絮凝池平面示意图
（图中数字表示网格层数）

栅条、网格絮凝池主要设计参数 表 2-14

絮凝池型	絮凝池分段	栅条缝隙或网格孔眼尺寸(mm)	板条宽度(mm)	竖井平均流速(m/s)	过栅或过网流速(m/s)	竖井之间孔洞流速(m/s)	栅条或网格构件布设层数（层）/层距(cm)	絮凝时间(min)	流速梯度(s^{-1})
栅条絮凝池	前段（安放密栅条）	50	50	0.12~0.14	0.25~0.30	0.30~0.20	≥16 / 60	3~5	70~100
	中段（安放疏栅条）	80	50	0.12~0.14	0.22~0.25	0.20~0.15	≥8 / 60	3~5	40~60
	末段（不安放栅条）			0.10~0.14		0.10~0.14		4~5	10~20
网格絮凝池	前段（安放密网格）	80×80	35	0.12~0.14	0.25~0.30	0.30~0.20	≥16 / 60~70	3~5	70~100
	中段（安放疏网格）	100×100	35	0.12~0.14	0.22~0.35	0.20~0.15	≥8 / 60~70	3~5	40~50
	末段（不安放网格）			0.10~0.14		0.10~0.14		4~5	10~20

网格和栅条絮凝池所造成的水流紊动非常接近于局部各向同性紊流，故各向同性紊流理论应用于网格和栅条絮凝池更为合适。

网格絮凝池效果好，水头损失小，絮凝时间较短。不过，根据已建的网格和栅条絮凝池运行经验，还存在末端池底积泥现象，少数水厂发现网格上滋生藻类、堵塞网眼现象。网格和栅条絮凝池目前尚在不断发展和完善之中。絮凝池宜与沉淀池合建，一般布置成两组并联形式。每组设计水量一般为 1.0 万~2.5 万 m^3/d 之间。

第3章 沉淀和澄清

3.1 悬浮颗粒在静水中的沉淀

水中悬浮颗粒依靠重力作用,从水中分离出来的过程称为沉淀。给水处理中,常遇到两种沉淀,一种是颗粒沉淀过程中,彼此没有干扰,只受到颗粒本身在水中的重力和水流阻力的作用,称为自由沉淀;另一种是颗粒在沉淀过程中,彼此没有干扰,或者受到容器壁的干扰,虽然其粒度和第一种相同,但沉淀速度却较小,称为拥挤沉淀。

3.1.1 悬浮颗粒在静水中的自由沉淀

自由沉淀就是原水中不投加混凝剂,固体颗粒在沉降分离过程中,其大小、形状和密度都不发生变化,彼此没有干扰,只受到颗粒本身在水中的重力和水流阻力的作用。一般,它只能除去水中颗粒较大、较重的泥砂和杂质,对于泥砂含量高的河水水源,常常在混凝处理前预沉淀,这种工艺属于自由沉淀。

颗粒在静水中的沉淀速度取决于:颗粒在水中的重力 F_1 和颗粒下沉时所受水的阻力 F_2,直径为 d 的球形颗粒在静水中所受的重力 F_1 为

$$F_1 = \frac{1}{6}\pi d^3 (\rho_p - \rho_1) g \tag{3-1}$$

式中 ρ_p、ρ_1——颗粒及水的密度;
g——重力加速度。

颗粒下沉时所受水的阻力 F_2 与颗粒的粗糙度、大小、形状和沉淀速度 u 有关,也与水的密度和黏度有关,其关系式为

$$F_2 = C_D \rho_1 \frac{u^2}{2} \cdot \frac{\pi d^2}{4} \tag{3-2}$$

式中 C_D——阻力系数,与雷诺数 Re 有关;
$\dfrac{\pi d^2}{4}$——球形颗粒在垂直方向的投影面积。

重力与阻力的差 $(F_1 - F_2)$ 使颗粒产生向下运动的加速度 $\dfrac{du}{dt}$,故得:

$$\frac{\pi}{6} d^3 \rho_p \frac{du}{dt} = \frac{1}{6}\pi d^3 (\rho_p - \rho_1) g - C_D \rho_1 \frac{u^2}{2} \cdot \frac{\pi d^2}{4} \tag{3-3}$$

式中 $\dfrac{\pi}{6} d^3 \rho_p$——颗粒的质量。

在下沉过程中,阻力不断增加,经短暂时间后,达到与重力平衡,加速度 $\dfrac{du}{dt}$ 变为零,颗粒的沉淀速度转为常数。另式(3-3)中左边等于零,加以整理,所得的沉淀速度,即

一般所指"沉速",公式为:

$$u = \sqrt{\frac{4g}{3C_D}\frac{\rho_p - \rho_1}{\rho_1}d} \tag{3-4}$$

上式为沉速基本公式。式中虽不出现雷诺数 Re,但是,式中阻力系数 C_D 却与雷诺数 Re 有关。雷诺数公式如下:

$$Re = \frac{ud}{v} \tag{3-5}$$

式中 v——水的运动黏度。

通过实验,可以把所观测到的 u 值分别代入式(3-4)和式(3-5),求得 C_D 值和 Re 数,点绘成曲线,如图3-1所示:

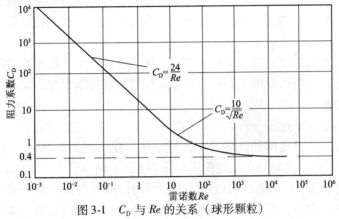

图3-1 C_D 与 Re 的关系(球形颗粒)

图中,C_D 可划分为层流、过渡和紊流3个区。
在 $Re < 1$ 的范围内,呈层流状态,其关系式为

$$C_D = \frac{24}{Re} \tag{3-6}$$

代入式(3-4)得到斯托克斯公式:

$$u = \frac{1}{18}\frac{\rho_p - \rho_1}{\mu}gd^2 \tag{3-7}$$

在 $1000 < Re < 25000$ 范围内,呈紊流状态,C_D 接近于常数0.4,代入式(3-4),得牛顿公式:

$$u = 1.83\sqrt{\frac{\rho_p - \rho_1}{\rho_1}dg} \tag{3-8}$$

在 $1 < Re < 1000$ 的范围内,属于过渡区,C_D 近似为

$$C_D = \frac{10}{\sqrt{Re}} \tag{3-9}$$

代入得到阿兰(Allen)公式:

$$u = \left[\left(\frac{4}{225}\right)\frac{(\rho_p - \rho_1)^2 g^2}{\mu\rho_1}\right]^{\frac{1}{3}}d \tag{3-10}$$

由此可知,公式(3-7)、(3-8)、(3-10)是在不同 Re 范围内的基本公式(3-4)的特

定形式，在求某一特定颗粒沉速时，既不能直接应用基本公式（3-4），也无法确定采用公式（3-7）、（3-8）或（3-10），因为沉速 u 本身为待求值，既然 u 为未知数，Re 也就为未知数。一种办法就是先假定沉速 u，然后再经试算以求得确定的 u。

3.1.2 悬浮颗粒在静水中的拥挤沉淀

严格而言，自由沉淀是单个颗粒在无边际的水体中的沉淀。此时颗粒排挤开同体积的水，被排挤的水将以无限小的速度上升。当大量颗粒在有限的水体中下沉时，被排挤的水便有一定的速度，使颗粒所受到的水阻力有所增加，颗粒处于相互干扰状态，此过程称为拥挤沉淀，此时的沉速成为拥挤沉速。

拥挤沉速可以用实验方法测定。当水中含砂量很大时，泥砂即处于拥挤沉淀状态。常见的拥挤沉淀过程有明显的清水和浑水分界面，称为浑液面，浑液面缓慢下沉，直到泥砂最后完全压实为止。

水中凝聚性颗粒的浓度达到一定数量亦产生拥挤沉淀。由于凝聚性颗粒的相对密度远小于砂粒的相对密度，所以凝聚性颗粒从自由沉淀过渡到拥挤沉淀的临界浓度远小于非凝聚性颗粒的临界浓度。

高浊度水的拥挤沉淀过程分析如下：

将高浊度水注入一只透明的沉淀筒中进行静水沉淀（图3-2（a）），在沉淀时间 t_i 的沉淀现象见图3-2（b）。此时整个沉淀筒中可分为4区：清水区 A、等浓度区 B、变浓度区 C 及压实区 D。清水区下面的各区可以总称为悬浮物区或污泥区。整个等浓度区中的浓度都是均匀的，这一区内的颗粒大小虽然不同，但由于相互干扰的结果，大的颗粒沉降变慢了而小的颗粒沉降却变快了，因而形成等速下沉的现象，整个区似乎都是由大小完全相等的颗粒组成的。当最大粒度和最小粒度之比约为6∶1以下时，就会出现这种等速下沉的现象。颗粒等速下沉的结果，在沉淀筒内出现了一个清水区。清水区与等浓度区之间形成一个清晰的交界面，称为浑液面。它的下沉速度代表了颗粒的平均沉降速度。颗粒间的絮凝过程越好，交界面就越清晰，清水区内的悬浮物就越少。紧靠沉淀筒底部的悬浮物很快就被筒底截住，这层被截住的悬浮物又反过来干扰上面的悬浮物沉淀过程，同时底部出现一个压实区。压实区的悬浮物有两个特点：一个是从压实区的上表面起至筒底止，颗粒沉降速度是逐渐减小的，在筒底的颗粒沉降速度为零。另一个特点是，由于筒底的存在，压实区悬浮物缓慢下沉的过程也就是这一区内悬浮物缓慢压实的过程。从压实区与等浓度区的特点比较，就可以看出它们之间必然要存在一个过渡区，即从等浓度区的浓度逐渐变为压实区顶部浓度的区域，即称变浓度区。

在沉淀过程中，清水区高度逐渐增加，压实区高度也逐渐增加，而等浓度区的高度则逐渐减小，最后不复存在。变浓度区的高度开始是基本不变的，但当等浓度区消失后，也就逐渐消失。变浓度区消失后，压实区内仍然继续压实，直到这一区的悬浮物达到最大密度为止，见图3-2（c）。当沉降达到变浓度区刚消失的位置时，称为临界沉降点。

当粒度变化的范围很大（例如最大粒度与最小粒度之比 >6∶1）并且各级粒度所占的百分数相差不甚悬殊时，在沉淀过程中就不会出现等浓度区，而只有清水、变浓度和压实3个区，但这种情况很少。

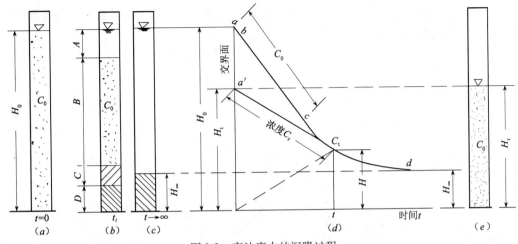

图 3-2 高浊度水的沉降过程

如以交界面高度为纵坐标，沉淀时间为横坐标，可得交界面沉降过程曲线，如图 3-2 (d) 所示。曲线 a—b 段为上凸的曲线，可解释为颗粒间的絮凝结果，由于颗粒凝聚变大，使下降速度逐渐变大。b—c 段为直线，表明交界面等速下降。a—b 曲线段一般较短，且有时不甚明显，所以可以作为 b—c 直线段的延伸。曲线 c—d 段为下凹的曲线，表明交界面下降速度逐渐变小。此时 B 区和 C 区已消失，c 点即临界沉降点，交界面下的浓度均大于 C_0。c—d 段表示 B、C、D 三区重合后，沉淀物压实的过程。随着时间的增长，压实变慢，设压实时间 $t \to \infty$，压实区高度最后为 H_∞。

由图 3-2 (d) 可知，曲线 a—c 段的悬浮物浓度为 C_0，c—d 段浓度均大于 C_0。设在 c—d 曲线上任一点 C_t ($C_t > C_0$) 作切线与纵坐标相交于 a' 点，得高度 H_t。按照肯奇（Kynch）沉淀理论可得：

$$C_t = \frac{C_0 H_0}{H_t} \tag{3-11}$$

上式涵义是：高度为 H_t、均匀浓度为 C_t 的沉淀管中所含悬浮物量和原来高度为 H_0、均匀浓度为 C_0 的沉淀管中所含悬浮物量相等。曲线 a'—C_t—d 为图 3-2 (e) 所虚拟的沉淀管悬浮物拥挤下沉曲线。它与图 3-2 (a) 所示沉淀管中悬浮物下沉曲线在 C_t 点以前（即 t 时以前）不一致，但在 C_t 点以后（t 时以后）两曲线重合。作 C_t 点切线的目的，就是为了求任意时间内交界面下沉速度。这条切线斜率即表示浓度为 C_t 的交界面下沉速度：

$$v_t = \frac{H_t - H}{t} \tag{3-12}$$

在 a—c 段，因切线即为 a—c 直线，$H_t = H_0$，故 $C_t = C_0$。由于 a—c 线斜率不变，说明浑液面等速下沉。当压缩到 H_∞ 高度后，斜率为零，即 $v_t = 0$，说明悬浮物不再压缩，此时 $C_t = C_\infty$（压实浓度）。

如果同一水样，用不同高度的水深做试验（图 3-3），发现在不同沉淀高度 H_1 及 H_2 时，两条沉降过程曲线之间存在着相似关系 $\frac{OP_1}{OP_2} = \frac{OQ_1}{OQ_2}$，说明当原水浓度相同时，A、B 区交界的浑液面的下沉速度是不变的，但由于沉淀水深大时，压实区也较厚，最后沉淀物的压实要比沉淀水深小时压实密实些。这种沉淀过程与沉淀高度无关的现象，使有可能用较短的沉淀管做实验，来推测实际沉淀效果。

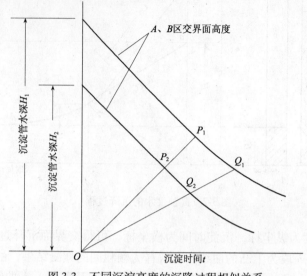

图 3-3　不同沉淀高度的沉降过程相似关系

3.2 沉淀池

原水经投药、混合与絮凝过程，水中悬浮杂质已形成粗大的絮凝体，要在沉淀池中分离出来以完成澄清的作用。混凝沉淀池的出水浑浊度一般在 10NTU 以下。

3.2.1 几种沉淀池形式的比较

用于沉淀的构筑物称为沉淀池。按照水在池中的流动方向和线路，沉淀池分为平流式（卧式）、竖流式（立式）、辐流式（辐射式或径流式）、斜流式（如斜管、斜板沉淀池）等类型。此外，还有多层多格平流式沉淀池，中途取水或逆坡度斜底平流式沉淀池等。

沉淀池型式的选择，应根据水质、水量、水厂平面和高程布置的要求，并结合絮凝池结构型式等因素确定。常见各种型式沉淀池的性能特点及适用条件见表 3-1。

沉淀池型式比较　　表 3-1

型　式	性　能　特　点	适　用　条　件
平流式	优点：1. 可就地取材，造价低 2. 操作管理方便，施工较简单 3. 适应性强，潜力大，处理效果稳定 4. 带有机械排泥设备时，排泥效果好 缺点：1. 不采用机械排泥装置时，排泥较困难 2. 机械排泥设备，维护较复杂 3. 占地面积较大	1. 一般用于大中型净水厂 2. 原水含砂量大时，作预沉淀池
竖流式	优点：1. 排泥较方便 2. 一般与絮凝池合建，不需另建絮凝池 3. 占地面积较小 缺点：1. 上升流速受颗粒下沉速度所限，出水量小，一般沉淀效果较差 2. 施工较平流式困难	1. 一般用于小型净水厂 2. 常用于地下水位较低时

续表

型　式	性　能　特　点	适　用　条　件
辐流式	优点：1. 沉淀效果好 　　　2. 有机械排泥装置时，排泥效果好 缺点：1. 基建投资及费用大 　　　2. 刮泥机维护管理较复杂，金属耗量大 　　　3. 施工较平流式困难	1. 一般用于大中型净水厂 2. 在高浊度水地区，作预沉淀池
斜管（板）式	优点：1. 沉淀效率高 　　　2. 池体小，占地少 缺点：1. 斜管（板）耗用材料多，且价格较高 　　　2. 排泥较困难	1. 宜用于大中型水厂 2. 宜用于旧沉淀池的扩建、改建和挖潜

3.2.2 平流式沉淀池

1. 沉淀原理

所谓理想沉淀池，应符合以下三个假定：

（1）颗粒处于自由沉淀状态：即在沉淀过程中，颗粒之间互不干扰，颗粒的大小、形状和密度不变，因此，颗粒的沉速始终不变。

（2）水流沿着水平方向流动：在过水断面上，各点流速相等。并在流动过程中流速始终不变。

（3）颗粒沉到池底即认为已被去除，不再返回水流中。

如图 3-4 所示，水从左端沿水平方向缓慢流动，水中悬浮颗粒借重力沉于池底，沉淀后的水从右端流出。直线Ⅰ代表从池顶 A 点开始下沉而能够在池底最远处 B' 点之前沉到池底的颗粒的运动轨迹。直线Ⅱ代表从池顶 A 点开始下沉而不能沉到池底的颗粒的运动轨迹。直线Ⅲ代表一种颗粒从池顶 A 点开始下沉而刚好沉到池底最远处 B' 点的运动轨迹。设沉淀池内水流的水平流速为 v，按直线Ⅲ运动的颗粒的沉速为 u_0。所以，凡是沉速大于 u_0 的一切颗粒都可以沿着类似直线Ⅰ的方式沉到池底；凡是沉速小于 u_0 的颗粒，如从池顶 A 点开始下沉，肯定不能沉到池底而沿着类似直线Ⅱ的方式被水带出池外。可以看出，按直线Ⅲ运动的颗粒的沉速 u_0 具有特殊含义，一般称为"截留沉速"。它反映了沉淀池所能全部去除的颗粒中的最小颗粒的沉速，因为凡是沉速等于或大于沉速 u_0 的颗粒能够全部被沉掉。

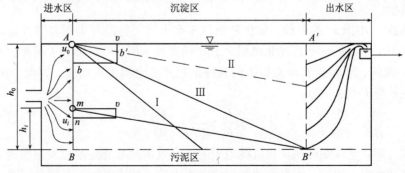

图 3-4　平流沉淀池工作模型

按照假定，理想沉淀池的工作情况见图 3-4。原水进入沉淀池，在进水区均匀分配在 A-B 截面上，其水平流速为

$$v = \frac{Q}{h_0 B} \tag{3-13}$$

式中 v——水平流速，m/s；

Q——流量，m³/s；

h_0——水流截面 A-B 的高度，m；

B——水流截面 A-B 的宽度，m。

对于直线Ⅲ所代表的一类颗粒而言，流速 v 和 u_0 都与沉淀时间 t 有关：

$$t = \frac{L}{v} \tag{3-14}$$

$$t = \frac{h_0}{u_0} \tag{3-15}$$

式中 L——沉淀区的长度，m；

h_0——沉淀区的水深，m；

t——水在沉淀区的停留时间，s；

u_0——颗粒的截留沉速，m/s；

v——水流的水平流速，m/s。

令式（3-14）等于式（3-15），并代入式（3-13），整理后得：

$$u_0 = \frac{Q}{LB} \tag{3-16}$$

式（3-16）中 LB 是沉淀池水面的表面积 F，因此上式的右边就是单位沉淀池表面积的产水量，可用下式表示：

$$u_0 = \frac{Q}{F} \tag{3-17}$$

式中 $\frac{Q}{F}$ 称为"表面负荷率"，在数值上等于截留沉速 u_0。对于混凝良好的矾花颗粒，平流式沉淀池的表面负荷率可采用 1.5~3.0 m³/(m²·h)。

为了求得沉淀池总的沉淀效率，先讨论某一特定颗粒即具有沉速 u_i 的颗粒的去除百分比 E。应该指出，这个特定颗粒的沉速必定小于截流沉速 u_0，大于 u_0 的颗粒将全部下沉，不必讨论。

对于沉速 u_i 小于 u_0 的颗粒，如果从池顶 A 点下沉，将沿着类似直线Ⅱ运动而不能沉到池底。如果引一条平行于直线Ⅱ而相交于 B' 得直线 mB'，则由图 3-4 可见，只有位于池底以上 h_i 高度内，亦即处于 m 点以下的这种颗粒才能全部沉到池底。因此，沉速为 u_i 的颗粒的沉淀效率 E 为：

$$E = \frac{h_i}{h_0} = \frac{u_i}{Q/F} = \frac{Fu_i}{Q} \tag{3-18}$$

由上式可知：悬浮颗粒在理想沉淀池中的沉淀效率只与沉淀池的表面负荷率有关，而与其他因素如水深、池长、水平流速和沉淀时间无关。该式揭示如下两个问题：

1）当沉淀效率一定时，颗粒沉速 u_i 越大则表面负荷率也越大，亦即产水量越大；或者当产水量和表面积不变时，u_i 越大则沉淀效率 E 越高。颗粒沉速 u_i 的大小与混凝效果有关，所以生产上一般均重视混凝工艺。

2）颗粒沉速 u_i 一定时，增加沉淀池表面积可以提高沉淀效率。当沉淀池容积一定时，池身浅些则表面积大些，沉淀效率可以高些，此即为"浅池理论"。基于此理论发展了斜板、斜管沉淀池。

2. 影响平流式沉淀池沉淀效果的因素

实际平流式沉淀池偏离理想沉淀池条件的主要原因有：

（1）沉淀池实际水流状况对沉淀效果的影响：在理想沉淀池中，假定水流稳定，流速均匀分布。其理论停留时间 t_0 为

$$t_0 = \frac{V}{Q} \tag{3-19}$$

式中　V——沉淀池容积，m^3；

　　　Q——沉淀池的设计流量，m^3/h。

但是在实际沉淀池中，停留时间总是偏离理想沉淀池，表现在一部分水流通过沉淀区的时间小于 t_0，而另一部分水流则大于 t_0，这种现象称为短流，它是由于水流的流速和流程不同而产生的。短流的原因有：进水的惯性所产生的紊流（进水流速过高）；出水堰产生的水流抽吸；较冷或较重水的进入产生的异重流；风浪引起的水流（露天沉淀池）；池内存在着柱子、导流壁和刮泥设施等等。

这些因素造成池内顺着某些流程的水流流速大于平均值，而与此同时，在某些地方流速很低，甚至形成死角；因此一部分水通过沉淀池的时间短于平均值而另一部分水却停留了较长时间。停留较长时间的那部分水中的沉淀增益，一般不能抵消另一部分水出于停留较短时间而不利于沉淀的后果。

水流的紊动性用雷诺数 Re 判别。该值表示推动水流的惯性力与粘滞力两者之间的对比关系：

$$Re = \frac{vR}{\gamma} \tag{3-20}$$

式中　v——水平流速；

　　　R——水力半径；

　　　γ——水的运动粘度。

一般认为，在明渠流中，$Re > 500$ 时，水流呈紊流状态。平流式沉淀池中水流的 Re 一般为 4000~15000，属紊流状态。此时水流除水平流速外，尚有上、下、左、右的脉动分速，且伴有小的涡流体，这些情况都不利于颗粒的沉淀。在沉淀池中，通常要求降低雷诺数以利于颗粒沉降。

异重流是进入流速较小而具有密度相异的水体的一股水流。异重流之重于水体者，将下沉并以较高的流速沿着底部绕道前进。异重流之轻于水体者，将沿水面径流至出水口。密度的差别可能由于水温、所含盐分或悬浮固体量的不同。若池内水平流速相当高，异重流将和池中水流汇合，影响流态甚微。这样的沉淀池具有稳定的流态。若异重流在整个池内保持着，则具不稳定的流态。

水流稳定性以弗劳德数 Fr 判别。该值反映推动水流的惯性力和重力两者之间的对比关系：

$$Fr = \frac{v^2}{Rg} \tag{3-21}$$

式中 R——水力半径；

v——水平流速；

g——重力加速度。

Fr 数增大，表明惯性力作用相对增加，重力作用相对减小，水流对温差、密度差异重流及风浪等影响的抵抗能力强，使沉淀池中的流态保持稳定。一般认为，平流沉淀池的 Fr 数不宜大于 10^{-5}。

在平流式沉淀池中，降低 Re 和提高 Fr 数的有效措施是减小水力半径 R。池中纵向分格及斜板、斜管沉淀池都能达到上述目的。

在沉淀池中，增大水平流速，一方面提高了 Re 数而不利于沉淀，但另一方面却提高了 Fr 数而加强了水的稳定性，从而提高沉淀效果。因此，水平流速可以在很宽的范围里选用而不致对沉淀效果有明显的影响。混凝沉淀池的水平流速宜为 $10 \sim 25 \text{mm/s}$。

（2）凝聚作用的影响：原水通过絮凝池后，悬浮杂质的絮凝过程在平流式沉淀池内仍继续进行。如前所述，池内水流流速分布实际上是不均匀的，水流中存在的速度梯度将引起颗粒相互碰撞而促进絮凝。此外，水中絮凝颗粒的大小也是不均匀的，它们将具有不同的沉速，沉速大的颗粒在沉降过程中能追上沉速小的颗粒而引起絮凝。水在池内的沉淀时间愈长，由速度梯度引起的絮凝便进行得愈完善，所以沉淀时间对沉淀效果是有影响的。池中的水深愈大，因颗粒沉速不同而引起的絮凝也进行得愈完善，所以沉淀池的水深对混凝效果也是有影响的。因此，由于实际沉淀池的沉淀时间和水深所产生的絮凝过程均影响了沉淀效果，实际沉淀池也就偏离了理想沉淀池的假定条件。

3. 平流沉淀池的构造

平流式沉淀池是给水处理中应用较早也是较普通的一种沉淀形式。平流式沉淀池一般为矩形水池，可用砖石或钢筋混凝土建造，也可用土堤围成。具有构造简单，造价较低，操作方便，处理效果稳定，潜力较大的优点，缺点是平面面积大，排泥较困难，由于池较浅，因而限制了后续滤池形式的选用。

平流式沉淀池一般适宜用大、中型水厂，尤以大型水厂更为经济、合适。对于小型水厂，因造价相对较高，故采用较少。

平流式沉淀池的构造见图 3-5 所示。上部为沉淀区，下部为存泥区，池前部为进水区，池后部为出水区。

（1）进水区

进水区的作用有两个：一是使水流均匀分布在沉淀池整个断面上，避免产生扰流和偏流；二是尽量减少扰动，防止池底存泥被冲起。一般做法是使水流从絮凝池直接流入沉淀池，在离开絮凝池出口约 $1 \sim 2 \text{m}$ 处砌筑穿孔墙，见图 3-6。为防止矾花破碎，孔口流速不宜大于 $0.15 \sim 0.2 \text{m/s}$。

为保证穿孔墙的强度，孔口总面积也不宜过大。孔口断面宜沿水流方向逐渐扩大，以减少进口的射流。处理高浊度水的预沉池，不应设置穿孔墙。

如前所述，要降低沉淀池中水流的 Re 数和提高水流的 Fr 数，必须设法减小水力半径。采用导流墙、对平流式沉淀池进行纵向分格等均可减小水力半径，改善水流条件。

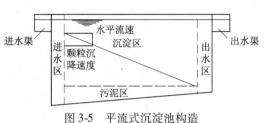

图 3-5 平流式沉淀池构造

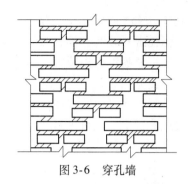

图 3-6 穿孔墙

(2) 沉淀区

沉淀区是矾花颗粒下沉的部位，是沉淀池的主要部分。沉淀区的高度需与其前后相关净水构筑物标高配合，一般约 3~4m。沉淀区的长度 L 决定于水平流速 v 和停留时间 T，即 $L=vT$。沉淀池的宽度决定于流量 Q，池深 H 和水平流速 v，即 $B=Q/(Hv)$。沉淀池的水平流速一般为 10~25mm/s。同样的停留时间，如水平流速较大，则池的长度也大而池的宽度减小；相反，较低的水平流速则池宽增大而池长缩短。沉淀区的长、宽、深之间相互关联，应综合研究确定，还应核算表面负荷率。一般认为，长宽比不小于 4，长深比宜大于 10。每格池宽宜在 3~8m，不宜大于 15m。

(3) 出水区

沉淀后的水应尽量在出水区均匀流出，一般采用溢流堰口，或淹没式出水孔口，见图 3-7。出水堰堰顶要保持水平，以确保均匀出流，淹没孔可采用圆形或矩形，孔径 20~30mm，孔口在水面下 12~15cm，孔口流速采用 0.5~0.7m/s，孔距要相等。孔口水流应自由跃落到出水渠中。出水渠长度宜大于沉淀池宽度，以降低堰口流量负荷。堰口溢流率一般小于 500m³/(m·d)。目前，我国常用的增加堰长的办法如图 3-8。

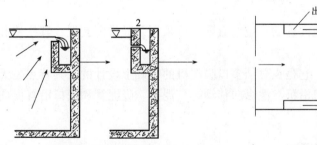

图 3-7 出水口布置
1—出水堰；2—淹没式孔口

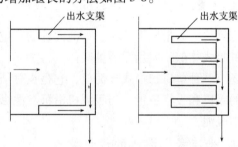

图 3-8 增加出水堰长度的措施

(4) 存泥区和排泥措施

存泥区积存的污泥，顺水流方向逐渐减少，大部分集中在距池起端 1/3~1/5 的池长范围内。存泥区的构造与排泥方式有关。

1) 斗形底排泥。斗形底排泥是利用池内水位与排泥管出口处的水位差，将污泥定期排出。靠近沉淀池进口处，泥斗数量应增多，单斗容积小；远离沉淀池进口，泥斗数量可减少而单斗容积可大些。小斗接近方锥体，斗底斜角 30°~45°，斗底出口连有排泥管，外设排泥阀。斗形底排泥，耗水量少，排泥时不停产。但构造复杂造价高，排泥不彻底。

2) 穿孔管排泥。积泥区底部敷设穿孔管，管距不大于 2m。孔径 20~40mm，孔眼向下与垂线成 45°~60°角交叉排列，孔眼间距 0.3~0.6m。适用于原水浊度不高的中小型沉淀池。但孔眼易堵塞，排泥效果不稳定。

采用机械吸泥排泥装置，可充分发挥沉淀池的容积利用率，且排泥可靠。多口虹吸式吸泥机装置见图 3-9。吸泥动力利用沉淀池水位所能形成的虹吸水头。集泥板、吸口、吸泥管、排泥管成排地安装在桁架上，整个桁架利用电机和传动机构通过滚轮架设在沉淀池壁的轨道上行走。在行进过程中将池底积泥吸出并排入排泥沟。这种吸泥机适用于具有 3m 以上虹吸水头的沉淀池。由于吸泥动力较小，池底积泥中的颗粒太粗时不易吸起。

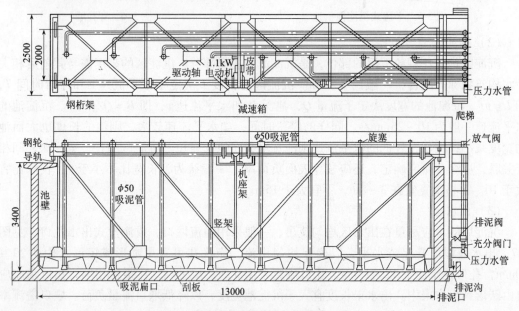

图 3-9 多口虹吸泥机

当沉淀池为半地下式时，如池内外的水位差有限，可采用泵吸排泥装置，其构造和布置与虹吸式相似，但用泥泵抽吸。

还有一种单口扫描式吸泥机，它是在总结多口吸泥机的基础上设计的。其特点是无需成排的吸口和吸管装置。当吸泥机沿沉淀池纵向移动时，泥泵、吸泥管和吸口沿着横向来回行走吸泥。

4. 平流式沉淀池的设计要点

(1) 平流沉淀池的沉淀时间，应根据原水水质、水温等条件或相似条件下的运行经验确定，一般宜为 1~3h。当处理低温低浊水或高浊水时，沉淀时间可延长到 4h 以上。

(2) 水平流速可采用 10~25mm/s，水流应避免过多转折；自然沉淀一般不超过 3mm/s。

(3) 有效水深一般可采用 3.0~3.5m。沉淀池的每格宽度（或导流墙间距），一般宜为 3~8m，最大不超过 15m。长度与宽度之比不得小于 4。

(4) 池的长深比不小于 10:1。采用吸泥机排泥时，池底为平坡；采用人工停池排泥时，纵坡一般为 0.02，横坡一般为 0.05。

(5) 宜采用穿孔墙配水和溢流堰集水，溢流率一般可采用小于 20m³/(m²·h)，池子进水端用穿孔花墙配水时,花墙距进水端池壁的距离应不小于 1~2m。在沉泥面以上 0.3~0.5m 处至池底部分的花墙不设孔眼(处理高浊度水的预沉淀池,不宜设穿孔花墙)。

(6) 混凝沉淀时,出水悬浮物含量一般不超过 20mg/L。

(7) 池数或分格数一般不少于 2 个(对浑浊度要求不高的工业用水,或原水悬浮物含量终年较小、一段时间内经常低于 30mg/L 者亦可用一个,但要设置超越管)。

(8) 平流式沉淀池的液面负荷率根据原水的性质而定,一般可采用表 3-2 中的范围。

平流式沉淀池液面负荷率参考值　　　　　表 3-2

原 水 条 件	液 面 负 荷 度 [$m^3/(m^2·h)$]
浊度在 100~250NTU	1.87~2.92
浊度大于 500NTU	1.04~1.67
低浊高色度水	1.25~1.67
低温低浊水	1.04~1.46

(9) 防冻可利用冰盖(适用于斜坡式池子)或加盖板(应有人孔、取样孔),有条件时可利用废热防冻。

(10) 泄空时间一般不超过 6h。放空管直径可按下式计算

$$d = \sqrt{\frac{0.7BLH^{0.5}}{t}} \quad (m) \tag{3-22}$$

式中　B——池宽,m;
　　　L——池长,m;
　　　H——池内平均水深,m;
　　　t——泄空时间,m。

(11) 沉淀池的水力条件用弗劳德数 Fr 负核控制。一般 Fr 控制在 1×10^{-4}~1×10^{-5} 之间。

$$Fr = \frac{v^2}{Rg} \tag{3-23}$$

$$R = \frac{\omega}{p} = \frac{BH}{2H+B} \tag{3-24}$$

式中　v——池内平均水平流速,cm/s;
　　　ω——水流断面积,cm^2;
　　　g——重力加速度,cm/s^2;
　　　R——水力半径,cm;
　　　p——湿周,cm;
　　　B——池宽,cm;
　　　H——池内平均水深,cm。

5. 平流式自然沉淀池

平流式自然沉淀池简称自然沉淀池,是不加凝聚剂,原水中的悬浮物靠自然沉降的构筑物。由于自然沉淀池占地面积大、且沉淀时间长,目前在城市给水中很少采用。但它构造简单、管理方便、无需加凝聚剂,且能利用村镇的天然池塘改造而成,因此,在有些村镇给水工程中,仍然可以采用这种构筑物。

(1) 平流式自然沉淀池设计要点

根据池内水流状态,可分为静置间歇沉淀和流动沉淀两种:

1) 静置间歇沉淀是将池内放满需沉淀的原水,让水中杂质慢慢下沉。沉淀时间与原水水质有关,一般可采用 8～12h,处理高浊度水则应适当延长。沉淀池有效水深一般为 1.5～3.0m,超高采用 0.3m,底部需有 0.3～0.5m 的存泥深度。为保证供水,应修建两个池子(或分两格),每个池子(或每格)的有效容积一般不小于最高日用水量。沉淀池的面积按最高日用水量及水深计算;

2) 流动沉淀是将原水缓慢地流过沉淀池,其流速不宜太大,一般采用 1.8～3.6m/h。水在沉淀池内停留时间为 8～12h。沉淀池长度和宽度之比不小于 4。

(2) 平流式自然沉淀池设计计算

已知条件:

处理水量 $Q = 96000 m^3/d$。水源为河水,悬浮物含量为 2000mg/L,悬浮物为细砂。要求悬浮物去除率 $\eta = 80\%$。根据实验结果,与此 η 值相对应的截留速度 $u_0 = 5mm/s$。

设计计算:

1) 池深 H 计算

根据水厂其他构筑物高程布置,池深采用 $H = 3.5m$,超高 0.5m。

2) 池长 L 计算

$$L = \frac{Hv}{u_0}\left[1 + \frac{v\lambda^2}{14.91 u_0} + \frac{\lambda}{2.73} \times \sqrt{\frac{v}{2u_0}\left(2 + \frac{v\lambda^2}{14.91 u_0}\right)}\right] \quad (m) \quad (3-25)$$

式中 H——池内水深;

v——池内水平流速,mm/s,此处采用 25mm/s;

u_0——颗粒沉降速度,mm/s;

λ——经验数据。其值与悬浮物去除百分率 η 值有关,详见表 3-3。当 $\eta = 80\%$ 时,$\lambda = 0.6$。

λ 和悬浮物去除百分率 η 表 3-3

η	0.02	0.08	0.10	0.13	0.16	0.20	0.24	0.28
λ	1.5	-1.0	0.9	-0.8	-0.7	-0.6	-0.5	-0.4
η	0.34	0.39	0.44	0.50	0.56	0.61	0.66	0.72
λ	0.3	-0.2	-0.1	0.0	0.1	0.2	0.3	0.4
η	0.76	0.80	0.84	0.87	0.90	0.92	0.98	
λ	0.5	0.6	0.7	0.8	0.9	0.92	0.98	

上式适用于粒径为 0.175～0.570mm 的粒状悬浮物(如河水中的细砂等),在平流式自然沉淀池中沉淀的计算。池中水平流速采用 10～30mm/s。

$$L = \frac{3.5 \times 25}{5}\left[1 + \frac{25 \times 0.6^2}{14.91 \times 5} + \frac{0.6}{2.73} \times \sqrt{\frac{25}{2 \times 5}\left(2 + \frac{25 \times 0.6^2}{14.91 \times 5}\right)}\right] \approx 28.5m$$

3) 池宽 B 计算 $Q = 96000 m^3/d = 4000 m^3/h$

$$B = \frac{Q}{vH} = \frac{4000}{3600 \times 0.025 \times 3.5} = 12.7m$$

采用两个沉淀池,则每个池宽 b

$$b = \frac{B}{2} = \frac{12.7}{2} = 6.35 \text{m}$$

6. 平流沉淀池的设计计算

(1) 按沉淀时间和水平流速计算平流式沉淀池

1) 已知条件

水厂设计产水量 $Q = 100000\text{m}^3/\text{d}$,水厂自用水量按10%考虑。原水平均浊度为 200NTU。沉淀池个数采用 $n = 2$,沉淀时间1.5h,池内平均水平流速15mm/s。

2) 设计计算

① 设计水量 Q

$$Q = 100000 \times 1.1 = 110000 \text{m}^3/\text{d} = 4583 \text{m}^3/\text{h}$$

② 池体尺寸

a. 单池容积 W

$$W = \frac{Qt}{n} = \frac{4583 \times 1.5}{2} = 3437 \text{m}^3$$

b. 池长 L

$$L = 3.6vt = 3.6 \times 15 \times 1.5 = 81 \text{m}, 采用 80\text{m}$$

c. 池宽 B

池的有效水深采用 $H = 3\text{m}$,则池宽

$$B = \frac{W}{LH} = \frac{3437}{80 \times 3} = 14.3 \text{m}$$

采用12m(为配合絮凝池的宽度)

每池中间设一导流墙,则每格宽度为:

$$b = \frac{B}{2} = \frac{12}{2} = 6 \text{m}$$

③ 进水穿孔墙

a. 沉淀池进口处用砖砌穿孔墙布水,墙长12m,墙高3.3m(有效水深3m,用机械刮泥装置排泥,其积泥厚度0.1m,超高0.2m)。

b. 穿孔墙孔洞总面积 Ω

孔洞处流速采用 $v_0 = 0.25 \text{m/s}$,则

$$\Omega = \frac{Q}{3600 v_0} = \frac{4583}{3600 \times 2 \times 0.25} = 2.55 \text{m}^2$$

c. 孔洞个数 N

孔洞形状采用矩形,尺寸为15cm×18cm,则

$$N = \frac{Q}{0.15 \times 0.18} = \frac{2.55}{0.15 \times 0.18} = 94.44, 采用 96 个$$

④ 出水渠

a. 采用薄壁堰出水,堰口应保证水平。

b. 出水渠宽度采用1m,则渠内水深

$$h = 1.73\sqrt[3]{\frac{q^2}{gb^2}} = 1.73\sqrt[3]{\left(\frac{Q}{3600n}\right)^2 \frac{1}{gb^2}} = 1.73\sqrt[3]{\left(\frac{4583}{3600 \times 2}\right)^2 \frac{1}{9.81 \times 1^2}} = 0.6\text{m}$$

为保证自由溢水，出水渠的超高定为 0.1m，则渠道深度为 0.7m。

⑤ 排泥设施

为取得较好的排泥效果，可采用机械排泥。即在池末端设集水坑，通过排泥管定时开启阀门，靠重力排泥。

池内存泥区高度为 0.1m，池底有 1.5‰ 坡度，坡向末端积泥坑（每池一个），坑的尺寸为 500mm×500mm×500mm。

排泥管兼沉淀池放空管，其直径应按下式计算

$$d = \sqrt{\frac{0.7BLH_0^{0.5}}{t}} = \sqrt{\frac{0.7 \times 12 \times 80 \times 3.1^{0.5}}{3 \times 3600}} = 0.33\text{m}，采用300\text{mm}$$

式中　H_0——池内平均水深，m，此处为 $3 + 0.1 = 3.1$m；

　　　T——放空时间，h，此处按 3h 计。

⑥ 沉淀池水力条件复核

a. 水力半径 R

$$R = \frac{\omega}{\rho} = \frac{BH}{2H+B} = \frac{1200 \times 300}{2 \times 300 + 1200} = 200\text{cm}$$

b. 弗劳德数 Fr

$$Fr = \frac{v^2}{Rg} = \frac{1.5^2}{200 \times 981} = 1.15 \times 10^{-5}（在规定范围 10^{-5} \sim 10^{-4} 内）$$

沉淀池的平面布置见图 3-10。

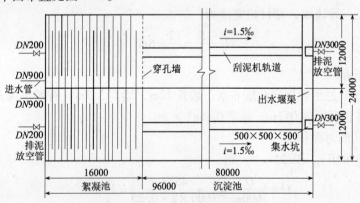

图 3-10　平流式沉淀池平面布置

(2) 人工排泥平流式沉淀池的计算

1) 设计概述

存泥区的构造形式，与采用的排泥方法及原水悬浮物含量等有关。沉淀池的排泥方法有两类，一是人工定期排泥；二是机械自动连续排泥。几种常见的排泥方法的特点及适用条件，见表 3-4。

几种排泥方法比较　　　　　　　　　　　　表 3-4

排泥方法		优　缺　点	适　用　条　件
人工排泥		优点：1. 池底结构简单，不需其他设备 　　　2. 造价低 缺点：1. 劳动强度大，排泥历时长 　　　2. 耗水量大 　　　3. 排泥时需停水	1. 原水终年很清，每年排泥次数不多 2. 一般用于小型水厂 3. 池数不少于两个，交替使用
多斗底重力排泥		优点：1. 劳动强度较小，排泥历时较短 　　　2. 耗水量比人工排泥少 　　　3. 排泥时可不停水 缺点：1. 池底结构复杂，施工较困难 　　　2. 排泥不彻底	1. 原水浑浊度不高 2. 每年排泥次数不多 3. 地下水位较低 4. 一般用于中小型小厂
穿孔管排泥		优点：1. 劳动强度较小，排泥历时短 　　　2. 耗水量少 　　　3. 排泥时不停水 　　　4. 池底结构较简单 缺点：1. 孔眼易堵塞，排泥效果不稳定 　　　2. 检修不便 　　　3. 原水浑浊度较高时排泥效果差	1. 原水浊度适应范围较广 2. 每年排泥次数较多 3. 新建或改建的水厂多采用
机械排泥	吸泥机	优点：1. 排泥效果好 　　　2. 可连续排泥 　　　3. 池底结构较简单 　　　4. 劳动强度小，操作方便 缺点：1. 耗用金属材料多 　　　2. 设备较多	1. 原水浑浊度较高 2. 排泥次数较多 3. 地下水位较高 4. 一般用于大中型水厂平流式沉淀池
	刮泥机	优点：1. 排泥彻底，效果好 　　　2. 可连续排泥 　　　3. 劳动强度小，操作方便 缺点：1. 耗用金属材料及设备多 　　　2. 池底结构要配备刮板装置，结构较复杂	1. 原水浑浊度高 2. 排泥次数较多 3. 一般用于大中型水厂辐流式沉淀池及澄清池
	吸泥船	优点：1. 排泥效果好 　　　2. 可连续排泥 　　　3. 操作方便 缺点：1. 操作管理人员多、维护较复杂 　　　2. 设备较多	1. 原水浑浊度高、含砂量大 2. 一般用于大型水厂预沉淀池中

人工排泥时，沉淀池存泥区做成斗形底，斗形底的布置形式与原水悬浮物性质及含量有关，即与积泥数量、积泥位置及沉泥的流动性等有关。对于原水终年很清，排泥次数不多情况可以采用。

当原水悬浮物含量不大且允许定期停水排泥时，可用单斗底排泥。池底纵横两个方向都有坡度，一般纵坡采用 0.02 左右，横坡采用 0.05 左右。若悬浮物含量较高时，可采用多斗底沉淀池排泥。由于泥渣大部分分布在池的前半部，故一般在池长的范围内布置几排小斗。小斗接近正方形，斗底斜壁与水平夹角视地下水位高低而定，多采用 30°~45°，斜角大时可使排泥通畅。斗底部装排泥阀。斗小将增加管道与阀门的数量，但有利于排泥；斗大则池底加深，并对排泥不利。所以，斗的边长可根据技术经济比较决定。除在池前部布置小斗外，其余部分设大斗底。斗底设有排泥管，管径一般为 200~300mm，过小易堵塞。这样平时可经常排小斗积泥，隔长时间再排大斗积泥。

有斗底的沉淀池，利用静水压力经常排泥，可减小池的贮泥容积，但由于沉泥压实后不宜彻底排除，故还要定期放空后，人工进入池内用高压水清洗。

机械排泥方法，可以保证沉淀池在正常工作情况下连续排泥。它依靠机械刮（吸）泥并集中起来，由水力输送连续排走。

2）计算例题（该沉淀池计算简图见图3-11）

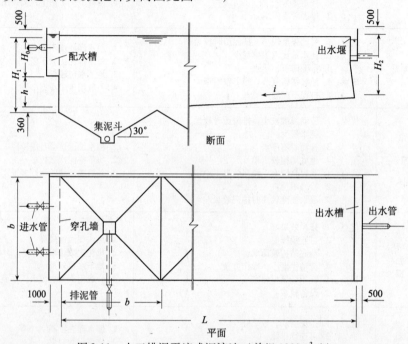

图3-11 人工排泥平流式沉淀池（单组1000m³/h）

已知条件：

水厂总设计水量 $Q=2000\text{m}^3/\text{h}$，沉淀池个数采用两个原水悬浮物平均含量 $M=300\text{mg/L}$，要求沉淀后水中悬浮物含量 $M\leqslant 20\text{mg/L}$，混凝剂为三氯化铁，投药量为 $D_K=10\text{mg/L}$。沉淀池有效水深取 $H_0=3.0\text{m}$。采用人工定期排泥。

设计计算：

① 池长 L

池内平均水流速度采用 $v=10\text{mm/s}$，悬浮颗粒沉降速度 $u=0.5\text{mm/s}$，系数 $\alpha=1.2$ 则池长

$$L=\alpha\frac{v}{u}H_0=1.2\times\frac{10}{0.5}\times 3.0=72\text{m}$$

$$\frac{L}{H_0}=\frac{72}{3.0}=24$$

② 池宽 B

$$B=\frac{Q}{3.6H_0v}=\frac{1000}{3.6\times 3\times 10}=9.26\text{m}，为配合絮凝池采用10m$$

池分两格，则每格宽度

$$b=\frac{B}{2}=\frac{10}{2}=5\text{m}$$

③ 沉淀池进水（混凝后）悬浮物含量 c

$$c = M + KD_K + 0.25A + E \quad (\text{mg/L})$$

式中 M——两次排泥期间,原水悬浮物平均含量,mg/L;

K——系数,采用精制硫酸铝时,$K=0.55$;采用粗制硫酸铝时,$K=1$;采用硫酸亚铁或氯化铁时,$K=0.8$;

D_K——化学纯的无水混凝剂投量,mg/L;

A——原水色度,度;

E——碱化时所用石灰中的非溶解杂质含量,mg/L。

所以 $\qquad c = 300 + 0.8 \times 10 = 308 \text{mg/L}$

④ 存泥部分存积 W

沉淀池两次排泥期间的工作时间为:

$$t = 10\text{d} \quad (\text{利用斗底排泥管})$$

所需存泥部分的容积

$$W = \frac{24Qt(c-M)}{N\delta} = \frac{24 \times 1000 \times 10(308-20)}{2 \times 50000} = 691.2 \text{m}^3$$

式中 N——沉淀池个数,此处 $N=2$;

δ——沉淀物浓度可按表 3-5 数值控制,此处采用 $\delta = 50000\text{mg/L}$。

沉淀池中沉淀物浓度　　　　　　　　表 3-5

进水悬浮物含量 $c/(\text{mg/L})$	沉淀物浓度 $\delta/(\text{mg/L})$
100~400	30000~50000
400~1000	50000~70000
1000~2500	70000~90000

⑤ 沉渣层厚度 h

设 75% 的沉淀物沉积在沉淀池的前半部,则每池沉渣层厚度

$$h = \frac{0.75W}{0.5Lb} = \frac{0.75 \times 691.2}{0.5 \times 72 \times 5} = 2.88 \text{m}$$

⑥ 池首端水深 H_1

沉淀池底的纵坡取 $i=0.02$,则池首端水深

$$H_1 = H_0 + h + \frac{1}{4}L_i = 3.0 + 2.88 + \frac{1}{4} \times 72 \times 0.02 = 6.24 \text{m}$$

⑦ 池末端水深 H_2

$$H_2 = H_1 - L_i = 6.24 - 72 \times 0.02 = 4.8 \text{m}$$

⑧ 排泥管自径 d

每池设积泥斗两个,排泥管采用直径 $d=200\text{mm}$。

(3) 平流式沉淀池穿孔排泥管的计算

1) 设计概述

在沉淀池底部设置穿孔管,靠静水头作用重力排泥,具有排泥不停池、管理方便、结构简单等优点。它适用于原水浊度不大的中小型沉淀池,而对大型沉淀池,排泥效果不很理想,主要问题是孔眼易堵塞,故往往需加设辅助冲洗设备,这样管理较复杂。穿孔管管材可采用钢管塑料管材。

穿孔管的布置形式一般分两种,当积泥曲线较陡,大部分泥渣沉积在池前时,常采用纵向布置;当池子较宽时,可采用横向布置。

根据平流式沉淀池的积泥分布规律（沿水流方向逐渐减少），穿孔管排泥按沿程变流量（非均匀流）配孔。它的计算，主要是确定穿孔管直径、条数、孔数、孔距及水头损失等。穿孔排泥管的设计要点如下：

① 穿孔管沿沉淀池宽度方向布置，一般设置在平流式沉淀池的前半部，即沿池长 1/3～1/2 处设置。积泥按穿孔管长度方向均匀分布计算。

② 穿孔管全长采用同一管径，一般为 150～300mm，为防止穿孔管淤塞，穿孔管管径不得小于 150mm。穿孔管不宜过长，一般在 10m 以下为妥。

③ 穿孔管末端流速一般采用 1.8～2.5m/s。

④ 穿孔管中心间距与孔眼的布置、孔眼作用水头及池底结构形式等因素有关。一般平底池子可采用 1.5～2m，斗底池子可采用 2～3m。

⑤ 穿孔管孔眼直径可采用 20～35mm。孔眼间距与沉泥含水率及孔眼流速有关，一般采用 0.3～0.8m。孔眼多在穿孔管垂线下侧成两行交错排列。平底池子时，两行孔眼可采用 45°或 60°夹角；斗底池子宜用 90°。全管孔眼按同一孔径开孔。

⑥ 孔眼流速一般为 2.5～4m/s。

⑦ 配孔比（即孔眼总面积与穿孔管截面积之比）一般采用 0.3～0.8。

⑧ 排泥周期与原水水质、泥渣粒径、排出泥浆的含水率及允许积泥深度有关。当原水浊度低时，一般每日至少排放一次，以避免沉泥积实而不易排出。

⑨ 排泥时间一般采用 5～30min，亦可按下式计算：

$$t = \frac{1000V}{60q} (\text{min}) \tag{3-26}$$

式中 V——每根穿孔管在一个排泥周期内的排泥量，m^3；
q——单位时间排泥量，L/s。

⑩ 穿孔管的区段长度 L_Y 一般采用 2～4m，首、尾两端的区段长度为 $L_Y/2$ 即 1～2m。穿孔管的计算段长度为 L_1，L_2，L_3，L_4，使其关系为 $L_1 = 2L_1$，$L_3 = 3L_1$，……$L_n = nL_1$（见图 3-12）。

2）计算例题

已知条件：

沉淀池宽度为 12.2m（见图 3-13），穿孔排泥管作用水头为 $H_0 = 4m$（有效水深 3m，积泥槽深大于 1m）。穿孔排泥管沿沉淀池宽度布置，其有效长度 $L = 12m$，输泥管长 5m。

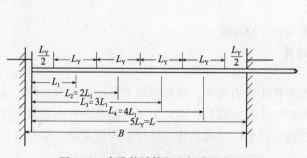

图 3-12 穿孔管计算长度划分示意图
L_Y—区段长度；L_1、L_2、L_3、L_4—计算段长度；
B—池宽；L—穿孔管池内长度

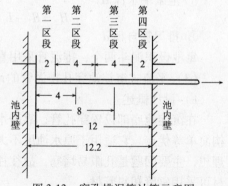

图 3-13 穿孔排泥管计算示意图

设计计算：

① 穿孔管直径 D

$$D = 1.68d\sqrt{L} \quad (\text{m})$$

式中　d——孔眼直径，m，采用 0.035m；

　　　L——穿孔管长度，m，$L=12$m。

$D = 1.68 \times 0.035 \sqrt{12} = 0.203$m，采用 200mm 钢管（壁厚 10mm）

② 穿孔管上第一个孔眼（起端）处水头损失 H_1

$$H_1 = \frac{K_A \rho v_1^2}{\mu^2 2g} \quad (\text{mH}_2\text{O})$$

式中　K_A——水头损失修正系数，可采用 1.0~1.1，取 1.05；

　　　ρ——泥浆密度，取 1.05kg/L；

　　　v_1——第一孔眼处水流速度，m/s，采用 2.5m/s；

　　　μ——流量系数，采用 0.62；

　　　g——重力加速度，取 9.8m/s²。

所以

$$H_1 = \frac{1.05 \times 1.05 \times 2.5^2}{0.62^2 \times 19.6} = 0.91\text{mH}_2\text{O}$$

③ 穿孔管末端流速 v_n

$$v_n = \left[\frac{2g(H_0 - H_1 - H')}{K_A \rho K_n \left(2a + K\dfrac{\lambda L}{3D} - \beta\right) + K_A \rho \left(\zeta + \dfrac{\lambda L'}{D}\right)} \right]^{\frac{1}{2}}$$

式中　H_0——池内必需的静水头（穿孔管作用水头），mH₂O，此处 $H_0 = 4$mH₂O；

　　　H'——储备水头，mH₂O，一般采用 0.3~0.5mH₂O，此处取 0.3mH₂O；

　　　K_n——水头损失修正系数，当 $D = 150$~300mm 时，可采用 1.05~1.15（尚需生产验证），此处取 1.1；

　　　a——计算段末端的流速修正系数，为 1.1；

　　　K——系数，用于计算由于水从诸孔中流入而增进的长度损失，可按 1.13 计算；

　　　λ——水管的摩擦系数，可按图 3-14 查得，此处按穿孔管径 $D = 200$mm，糙率系数 $n_0 = 0.013$，查得 $\lambda = 0.037$；

　　　β——系数，用以计算水流入穿孔管的条件。β 值可根据穿孔管管壁厚度 δ 与孔眼直径 d 之比而定，可按图 3-15 查得。此处据 $\delta/d = 10/32 \approx 0.3$，取 $\eta_K = 0.7$，查得 $\beta = 0.8$；

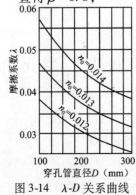

图 3-14　λ-D 关系曲线

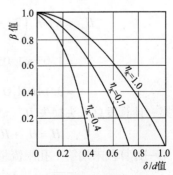

图 3-15　β 曲线

L'——池内壁至排泥井出口段管长，m，此处 $L'=5$m；

ζ——水头损失系数，此处 $\zeta=0.1+0.3=0.4$（闸阀，45°弯头各一个）。

$$v_n = \left\{2\times[9.81\times(4-0.91-0.3)]\Big/\left[1.05\times1.05\times1.1\times\left(2\times1.1+1.13\times\frac{0.037\times12}{3\times0.2}-0.8\right)\right.\right.$$
$$\left.\left.+1.05\times1.05\times\left(0.4+\frac{0.037\times5}{0.2}\right)\right]\right\}^{\frac{1}{2}}=3.6\text{m/s}$$

④ 穿孔管末端流量 Q_n

$$Q_n = \omega v_n = \frac{1}{4}\pi D^2 v_n = \frac{1}{4}\times3.14\times0.2^2\times3.6 = 0.114\text{m}^3/\text{s}$$

式中　ω——穿孔管截面积，m^2。

⑤ 比流量 q'

$$q' = \frac{Q_n}{L} = \frac{0.114}{12} = 0.0095\text{m}^3/(\text{s}\cdot\text{m})$$

⑥ 第一区段孔数及孔距

a. 穿孔管第一孔眼流量 q_1

孔眼面积按孔径 $d=35$mm，计算，即 $\omega_0 = 0.000962\text{m}^2$

所以　　　　　$q_1 = v_1\omega_0 = 2.5\times0.000962 = 0.0024(\text{m}^3/\text{s})$

b. 第一区段孔数 n_1

该区段长度 $L_Y = 2$m，则孔数

$$n_1 = \frac{q'L_Y}{q_1} = \frac{0.0095\times2}{0.0024} = 7.92，采用 8 个$$

c. 第一区段孔距 L_1

$$L_1 = \frac{L_Y}{n_1} = \frac{2}{8} = 0.25\text{m}$$

⑦ 第二区段孔数及孔距

a. 第一计算段末端的水流速度 v_{n1}

$$v_{n1} = \frac{1}{3}v_n = \frac{1}{3}\times3.6 = 1.2\text{m/s}$$

b. 第一计算段穿孔管沿程水头损失 H_n

该计算段的管长 $L=4$m

$$H_n = K_A e K_n\left(2a + K\frac{\lambda}{3}\frac{L}{D} - \beta\right)\frac{v_{n1}^2}{2g}$$
$$= 1.05\times1.05\times1.1\times\left(2\times1.1+1.13\times\frac{0.037\times4}{3\times0.2}-0.8\right)\times\frac{1.2^2}{19.6}$$
$$= 0.14\text{mH}_2\text{O}$$

c. 第一计算段总水头损失 H

$$H = H_n + H_1 = 0.14 + 0.91 = 1.05\text{mH}_2\text{O}$$

d. 第一计算段末端第一孔眼流量 q_n

$$q_n = \mu\omega_0\sqrt{2gH} = 0.62\times0.000962\times\sqrt{19.6\times1.05} = 0.0027\text{m}^3/\text{s}$$

e. 第二区段孔数 n_2（即第一计算段末端所在区段）
第二区段长度 $L_x = 4$m，则该段孔数
$$n_2 = \frac{q'L_x}{q_n} = \frac{0.0095 \times 4}{0.0027} = 14.07，取 15 个$$

f. 第二区段距 L_2
$$L_2 = \frac{L_x}{n_2} = \frac{4}{15} = 0.267\text{m}$$

⑧ 第三区段孔数及孔距
a. 第二计算段末端的水流速度 v_{n2}
$$v_{n2} = \frac{2}{3}v_n = \frac{2}{3} \times 3.6 = 2.4\text{m/s}$$

b. 第二计算段穿孔管沿程水头损失 H_n
该计算段的管长 $L = 8$m
$$\begin{aligned}H_n &= K_A \gamma K_n \left(2a + K\frac{\lambda}{3}\frac{L}{D} - \beta\right)\frac{v_{n2}^2}{2g} \\ &= 1.05 \times 1.05 \times 1.1 \times \left(2 \times 1.1 + 1.13 \times \frac{0.037 \times 8}{3 \times 0.2} - 0.8\right) \times \frac{2.4^2}{19.6} \\ &= 0.69\text{mH}_2\text{O}\end{aligned}$$

c. 第二计算段总水头损失 H
$$H = H_n + H_1 = 0.69 + 0.91 = 1.60\text{mH}_2\text{O}$$

d. 第二计算段末端第一孔眼流量 q_n
$$q_n = \mu\omega_0\sqrt{2gH} = 0.62 \times 0.000962 \times \sqrt{19.6 \times 1.60} = 0.00334\text{m}^3/\text{s}$$

e. 第三区段孔数 n_3
该区段长度 $L_x = 4$m，则该段孔数
$$n_3 = \frac{q'L_x}{q_n} = \frac{0.0095 \times 4}{0.00334} = 11.38，取 12 个$$

f. 第三区段距 L_3
$$L_3 = \frac{L_x}{n_3} = \frac{4}{12} = 0.333\text{m}$$

⑨ 第四区段孔数及孔距
a. 第三计算段末端的水流速度 v_{n3}
$$v_{n3} = v_n = 3.6\text{m/s}$$

b. 第三计算段穿孔管沿程水头损失 H_n
该计算段的管长 $L = 12$m
$$\begin{aligned}H_n &= K_A \gamma K_n \left(2a + K\frac{\lambda}{3}\frac{L}{D} - \beta\right)\frac{v_{n3}^2}{2g} \\ &= 1.05 \times 1.05 \times 1.1 \times \left(2 \times 1.1 + 1.13 \times \frac{0.037 \times 4}{3 \times 0.2} - 0.8\right) \times \frac{3.6^2}{19.6} \\ &= 1.81\text{mH}_2\text{O}\end{aligned}$$

c. 第三计算段总水头损失 H
$$H = H_n + H_1 = 1.81 + 0.91 = 2.72 \text{mH}_2\text{O}$$

d. 第三计算段末端第一孔眼流量 q_n
$$q_n = \mu\omega_0\sqrt{2gH} = 0.62 \times 0.000962 \times \sqrt{19.6 \times 2.72} = 0.00435 \text{m}^3/\text{s}$$

e. 第四区段孔数 n_4

该区段管长 $L_x = 2\text{m}$
$$n_3 = \frac{q'L_x}{q_n} = \frac{0.0095 \times 2}{0.00435} = 4.37,\text{取 5 个}$$

f. 第四区段距 L_4
$$L_4 = \frac{L_x}{n_4} = \frac{2}{5} = 0.4\text{m}$$

穿孔排泥管各区段及各计算管段的主要参数，见表 3-6 和表 3-7。

穿孔排泥管各区段参数 表 3-6

数值\区段 项目	一	二	三	四
管径 D（mm）	200	200	200	200
管长 L_Y（m）	2	4	4	2
孔径 d（mm）	35	35	35	35
孔数 n（个）	8	15	12	5
孔距 l（mm）	200	235	286	330

穿孔排泥管各计算管段参数 表 3-7

数值\管段 项目	一	二	三
管径 D（mm）	200	200	200
管长 L_Y（m）	4	8	12
末端流速 v_n（m/s）	1.2	2.4	3.6
末端孔眼流量 q_n（m³/s）	0.0023	0.0028	0.00363
沿程水头损失 H_n（m）	0.14	0.69	1.81
第一孔眼处水头损失 H_1（m）	0.91	0.91	0.91
总水头损失 H（m）	1.05	1.60	2.72

（4）平流式沉淀池进水穿孔墙与出水三角堰的计算

1）已知条件

沉淀池设计总流量 $Q = 0.04\text{m}^3/\text{s}$，池宽 $B = 2.5\text{m}$，池内有效水深 H_0 取 3.0m。

2）设计计算

① 进水穿孔墙

a. 单个孔眼面积 ω

采用砖砌进水穿孔墙，孔眼型式采用矩形孔洞，其尺寸为 $0.125 \times 0.063 = 0.0079\text{m}^2$。

b. 孔眼总面积 Ω

孔眼流速采用 m/s（一般宽口处为 0.2~0.3m/s，狭口处为 0.3~0.5m/s）

$$\Omega = \frac{Q}{v_1} = \frac{0.04}{0.2} = 0.2\text{m}^2$$

c. 孔眼总数 n_0

$$n_0 = \frac{\Omega}{\omega_0} = \frac{0.2}{0.0079} = 25.3，取 24 个$$

则孔眼实际流速 v_1' 为

$$v_1' = \frac{Q}{n_0 \omega_0} = \frac{0.04}{24 \times 0.0079} = 0.211\text{m/s}$$

d. 孔眼布置

Ⅰ 孔眼布置成六排，每排孔眼数为 24/6 = 4 个。

Ⅱ 水平方向孔眼间净距取 500mm（即两砖长），则每排 4 个孔眼时，其所占宽度为 $4 \times 63 + 4 \times 500 = 252 + 2000 = 2252$mm

剩余宽度为 $B - 2252 = 2500 - 2252 = 248$mm，均分在各灰缝中。

Ⅲ 垂直方向孔眼净距取 252mm（即六块砖厚），最上一排的孔眼的淹没水深为 250mm，则孔眼的分布高度为

$$H_0 = 250 + 6 \times 125 + 6 \times 252 = 2512 \approx 2500\text{mm}$$

② 出水三角堰（90°）

a. 堰上水头（即三角堰口底部至上游水面的高度）采取 $H_1 = 0.1\text{mH}_2\text{O}$

b. 每个三角堰的流量 q_1

$$q_1 = 1.343 H_1^{2.47} = 1.343 \times 0.1^{2.47} = 0.00455\text{m}^3/\text{s}$$

c. 三角堰个数 n_1

$$n_1 = \frac{Q}{q_1} = \frac{0.04}{0.00455} = 8.8，取 9 个$$

堰口下端与出水槽水面之距为 50~70mm。

d. 三角堰中距 l_1

$$l_1 = \frac{B}{n_1} = \frac{2.5}{9} = 0.28\text{m}$$

3.2.3 斜板与斜管沉淀池

1. 斜板斜管沉淀池的原理

在沉淀池有效容积一定的条件下，增加沉淀面积，可使去除率提高。根据这一理论，过去曾把普通平流式沉淀池改建成多层多格的池子，使沉淀面积增加；但由于排泥问题没有得到解决，因此无法推广，为解决排泥问题，于是斜板和斜管沉淀池发展起来，这样浅池理论才得到实际应用。

斜板沉淀池实际上是把多层沉淀池底板做成一定倾斜度，以利排泥。斜板与水平面成 60°角，放置于沉淀池中，水从下向上流动（也有从上向下，或水平方向流动），颗粒则沉

于斜板底部。当颗粒累积到一定程度时,便自动滑下。

斜管沉淀池实际上是把斜板沉淀池再进行横向分隔,形成管状(矩形或六角形)。从改善沉淀池水力条件的角度来分析,由于斜板矩形池水力半径大大减小,从而使雷诺数 Re 大为降低,而弗劳德数 Fr 则大为提高。斜管沉淀池实质上是将斜板沉淀池再行分隔,使水力半径更小。一般讲,斜板沉淀池中的水流基本上属层流状态,而斜管沉淀池的 Re 多在 100 以下,甚至低于 100。斜板沉淀池的 Fr 数一般为 $10^{-3} \sim 10^{-4}$。斜管的 Fr 数将更大。因此,斜板、斜管沉淀池满足了水流的稳定性和层流的要求。

2. 斜板、斜管沉淀池的特点

增加了沉淀面积,优化了悬浮物的沉降条件,缩短了沉淀距离,沉淀效率高,容积小,占地面积少,适用于各种规模的新建水厂。其构造特点适用于利用原有沉淀池进行改造,达到提高出水能力的目的。但要求絮凝充分,排泥通畅,需要加强管理。

斜管沉淀池的沉淀原理与斜板沉淀池基本相同,但由于斜管沉淀池的分隔更小、水力条件优于斜板,沉淀效果更为显著。据资料表明,当上升流速小于 5mm/s 时,两者净水效果相差不多;当上升流速大于 5mm/s,斜管沉淀效果优于斜板。多年来已有不少斜管沉淀池在生产上得到应用,城镇水厂也用得较多。

3. 斜板、斜管沉淀池的构造

图 3-16 为斜板或斜管沉淀池构造示意图。一般分为配水区、斜板或斜管区、清水区和积泥区。配水区高度取决于检修的需要,当采用三角槽穿孔管或排泥斗排泥时,从斜板或斜管底到槽顶的高度应大于 1.0~1.2m。采用机械排泥时,斜板或斜管底到池底的高度不宜小于 1.5m。为使絮凝池的水均匀地流入斜板或斜管下的配水区,絮凝池出口应有整流措施。如采用缝隙栅条配水,缝隙前狭后宽,也可采用穿孔墙配水。整流孔的流速应不大于絮凝池出口流速,通常在 0.15m/s 以下。

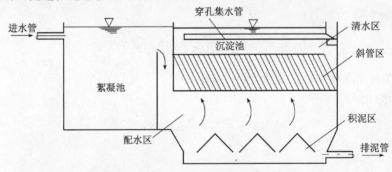

图 3-16 斜板、斜管沉淀池构造示意图

斜板或斜管与水平面的倾角,一般采用 60°。斜板或斜管长度多采用 1000mm。斜板间距宜为 50~150mm。斜管管径是指正方形的边长、六边形的内切圆直径或矩形的高,一般采用 25~35mm。

斜管上部清水区高度一般不小于 1m,较高的清水区有助于出水均匀和减少日照影响及藻类繁殖。斜管下部的布水区高度不宜小于 1.5m。为使布水均匀,在沉淀池进口处应设穿孔墙或格栅等整流措施。集水系统包括穿孔集水管和溢流集水槽。穿孔管上的孔径为 25mm,孔距为 100~250mm,管中距在 1.1~1.5m 之间。溢流槽有堰口集水槽和淹没孔集水槽两种。孔口淹没水深一般为 5~10cm。

斜板、斜管沉淀池的排泥设施主要有三种：①中小规模的池子可用放于 V 形排泥槽内的穿孔管排泥，排泥槽高度最好在 1.2~1.5m 之间；②也可采用小斗虹吸管排泥，斗底倾角 45°左右，每斗设一排泥管，或二斗、三斗合用一条排泥管；③较大的池子可用机械排泥，装在池底的刮泥机，靠牵引设备来回走动，将污泥刮到两端排泥槽，再由排泥阀排出。

4. 斜板、斜管的材料

斜板（管）的材料要求采用无毒、无味、经久耐用、耐水、便于加工且造价低的材质，目前国内使用的有聚丙烯、聚乙烯、聚氯乙烯、石棉水泥、铝板、木材等。

（1）石棉水泥板（管）：有在中间加肋的平行板和小波形石棉瓦对叠拼装形成的斜管。它造价较低且材料易得，但板厚，结构面积大。

（2）塑料蜂窝斜管：如图 3-17，一般采 0.4~0.5mm 厚的聚氯乙烯或聚丙烯塑料薄板，热轧成半蜂窝型，然后用聚胺脂等树脂胶合成正六角形。

（3）玻璃钢斜管：现有定型产品均为酚醛玻璃钢制作的斜（直）蜂窝管。它具有重量轻、强度高、尺寸较精确、比表面积大、耐腐蚀性能好和使用寿命长等特点。

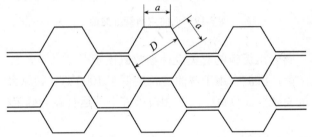

图 3-17 塑料蜂窝斜管断面图

（4）木质斜板（管）：构造简单、安装方便，但由于薄板在水中易于酥松，现已较少采用。

5. 斜板、斜管沉淀池的设计要点和主要参数

斜板、斜管沉淀池按水流方向可分为上向流、侧向流和下向流三种，见图 3-18。

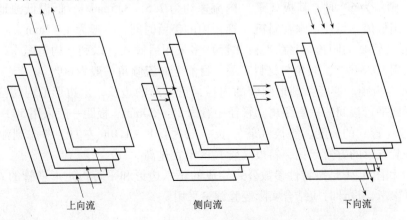

图 3-18 斜板沉淀池水流方向

(1) 上向流斜板（管）沉淀池

上向流斜板（管）沉淀池的水，从斜板（管）底部流入，沿板（管）壁向上流动，上部出水，泥渣由底部滑出。这种沉淀池也叫上流式，又因为水和沉泥运动方向是相反的，故也叫逆向流斜板（管）沉淀池。此种形式，我国目前用得最多，尤其是斜管沉淀池。

1）上向流斜管沉淀池的构造见图3-19。

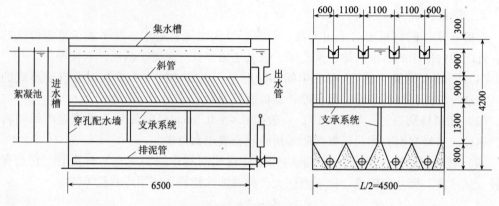

图 3-19　上向流斜管沉淀池

2）上向流斜板、斜管沉淀池的有关设计参数概述于下

① 上向流斜板（管）沉淀宜用于浑浊度长期低于1000NTU的原水。

② 斜板（管）沉淀区液面负荷，应按相似条件下的运行经验确定，一般可采用 $9.0 \sim 11.0 m^3/(m^2 \cdot h)$。

③ 水在斜板（管）内的停留时间，一般为4~7min。

④ 颗粒沉降速度。它与原水性质、出水水质的要求及反应效果等因素有关，应通过沉淀试验求得。在无试验资料时，可参考已建类似沉淀设备的运转资料确定，混凝处理后的颗粒沉降速度一般为0.2~0.4mm/s。

⑤ 上升流速。它泛指斜板、斜管区平面面积上的液面上升流速，可根据表面负荷计算求得，一般情况下，当要求出水浊度在10NTU左右时，上升流速可选2~3mm/s；当斜板（管）倾角为60°时，其板（管）内流速约为2.5~3.5mm/s；低温低浊地区及大水量池子应采用低值。另外，水在斜板（管）内的停留时间，一般为4~7min。

⑥ 斜板（管）的倾角。目前斜板（管）多采用后倾式，以利于均匀配水，为排泥方便，倾角采用50°~60°，倾角与材料有关。目前上向流倾角一般为60°。

⑦ 管径与板距。管径指圆形斜管的内径，正方形的边长，六边形的内切圆直径。板距则指矩形或平行板间的垂直距离。管径一般为25~50mm。板距一般采用50~150mm。

⑧ 斜板（管）的长度。斜板（管）长一般为0.8~1.0m左右。考虑到池子不宜过深，以及安装支承的方便起见，斜板（管）区不宜过高。

图3-20和图3-21是按特性参数公式绘成的正六边形和平行板矩形斜管的 l/d 计算曲线，供计算参考，设计时应结合实际经验调整采用。

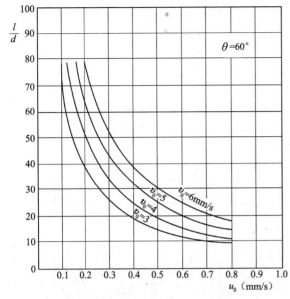
图 3-20 正六边形断面斜管 l/d 计算曲线

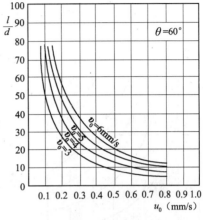
图 3-21 平行板矩形断面斜管 l/d 计算曲线

⑨ 斜管过渡段长度，考虑到水流由斜管进口端的紊流过渡到层流的影响。斜管计算可另加 20~25cm 过渡段长度，作为斜管的总长度。

⑩ 有效系数（或利用系数）φ。它指斜板（管）区中有效过水面积（总面积扣除斜板或斜管的结构面积）与总面积之比。它由于材料厚度和形状不同而异。塑料与纸质六边形蜂窝斜管，$\varphi = 0.92 \sim 0.95$；石棉水泥板 $\varphi = 0.79 \sim 0.86$。

⑪ 整流设施。整流的目的在于使水流能均匀地从絮凝池进入斜板（管）下面的配水区。其形式有以下几种：a. 缝隙隔条整流，缝隙前窄后宽，穿缝流速可为 0.13m/s；b. 穿孔墙整流，穿孔流速可为 0.05~0.1m/s；c. 下向流配水斜管（同向流凝聚配水器），管内流速可用 0.05m/s。

⑫ 配水区高度。当采用 V 形槽穿孔管或排泥斗时，斜板（管）底到 V 形槽顶的高度不小于 1.2~1.5m/s；当采用机械刮泥时，斜板（管）底到池底的高度以不小于 1.6m 为宜，以便检修。另外，为便于检修，加在斜板（管）区或池壁边设置人孔或检修廊。

⑬ 清水区和集水系统。清水区深度一般为 0.8~1.0m，集水系统的设计与一般澄清池相同，有穿孔集水管（上面开孔）和溢流槽。穿孔管的进水孔径一般为 Φ25，孔距 100~250mm，管中距在 1.1~1.5mm 间。溢流槽有堰口集水槽和淹没孔集水槽，孔口上淹没水深为 5~10cm。在设计集水总槽时，应考虑出水量超负荷的可能性，一般至少按设计流量的 1.5 倍计算。

⑭ 雷诺数 Re 和弗劳德数 Fr。这两个参数已作为影响沉淀效果的重要指标。

普通斜板沉淀池的雷诺数一般为几百到一千，基本上属层流区。斜管沉淀池的雷诺数往往在 200 以下，甚至低于 100。

在斜板沉淀池中，当斜板倾角为 60°，板间斜距为 P，水温为 20℃（$v = 0.01\text{cm}^2/\text{s}$）时，其雷诺数曲线如图 3-22。

斜板沉淀池的弗劳德数,一般为 $Fr=10^{-3}\sim10^{-4}$(普通平流式沉淀池 $Fr=10^{-5}$)。斜管沉淀池由于湿周大,水力半径较斜板沉淀池小,因此弗劳德数更大。当斜板斜距为 P,水温为 20℃($v=0.01\mathrm{cm}^2/\mathrm{s}$),倾角为 $\theta=60°$ 时,弗劳德数曲线如图 3-23。

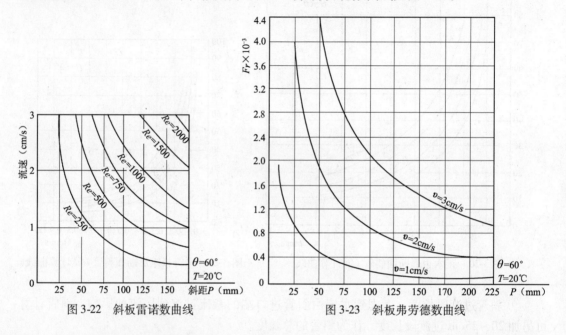

图 3-22 斜板雷诺数曲线　　　　　图 3-23 斜板弗劳德数曲线

目前在设计斜板、斜管沉淀池时,一般只进行雷诺数的复核,而对弗劳德数往往不予核算。对正六边形断面斜管,当其内切圆直径 $d=2.5\sim5.0\mathrm{cm}$,管内平均流速 $v_0=3\sim10\mathrm{mm/s}$,水温 $t=20℃$($v=0.01\mathrm{cm}^2/\mathrm{s}$)时,其雷诺数列于表 3-8 内,以供选用。

正六边形断面斜管的雷诺数 Re　　　　　表 3-8

管内平均流速 v_0 (mm/s)	内切圆直径 d (cm)				
	2.5	3.0	3.5	4.0	5.0
3.0	18.8	22.5	26.3	30	37.5
3.5	22	26.3	30.7	35	43.7
4.0	25	30	35	40	50
4.5	28	35	39.5	45	56.2
5.0	31	37.8	43.7	50	62.5
5.5	34.2	41.3	48.2	55	68.7
6.0	37.6	45	52.2	60	75
6.5	40.2	49	57	65	81.2
7.0	44	52.5	61.5	70	87.5
7.5	47	56.0	65.7	75	93.5
8.0	50	60	70	80	100
9.0	56	68	79	90	112.5
10.0	62	75	81.5	100	125

矩形断面斜板(管)沉淀装置,当其板距 $d=2.5\sim5.0\mathrm{cm}$,板间隔条间距 $W=20.30\mathrm{cm}$,水温为 20℃($v=0.01\mathrm{cm}^2/\mathrm{s}$)时,其雷诺数如表 3-9 所列。

3.2 沉淀池

矩形孔的雷诺数 Re 表3-9

管内平均流速 v_0（mm/s）	板间隔条间距（cm）									
	$W=20$cm					$W=30$cm				
	2.5	3.0	3.5	4.0	5.0	2.5	3.0	3.5	4.0	5.0
3.0	33.3	39	44.7	50	60	34.5	41	47	53	64.5
3.5	39	45.5	52	58.5	70	40.5	47.5	54.5	62	75
4.0	44.5	52	59.5	67	80	46	54.3	62.5	70.5	86
4.5	50	58.5	67	75	90	52	61	70.5	79.5	97
5.0	55.5	65	74.5	83.5	100	57.5	68	78	88	108
5.5	61.1	71.5	82	92	110	63.5	75	86	97	118
6.0	66.6	78	89.5	100	120	69	81.5	94	106	129
7.0	78	91	104	117	140	81	95	109	124	150
8.0	89	104	119	134	160	92	108.5	125	141	172
9.0	100	117	134	150	180	104	122	141	159	194
10.0	110	130	149	167	200	115	136	157	177	215

3）计算例题

已知条件：

设计水量 $Q=15000\mathrm{m}^3/\mathrm{d}$，液面上升流速 $v=3.5\mathrm{mm/s}$，颗粒沉降速度 $u_0=0.4\mathrm{mm/s}$，采用蜂窝六边形塑料斜管，板厚 0.4mm，管的内切圆直径 $d=25$mm，斜管倾角 60°，沉淀池的有效系数 $\varphi=0.95$。

设计计算：

① 清水区净面积 A'

$$Q=\frac{15000\times1.05}{86400}\doteq0.18\mathrm{m}^3/\mathrm{s}$$

$$A'=\frac{Q}{v}=\frac{0.18}{0.0035}=51.4\mathrm{m}^2$$

② 斜管部分的面积 A

$$A=\frac{A'}{\varphi}=\frac{51.4}{0.95}=54.1\mathrm{m}^2$$

斜管部分平面尺寸（宽×长）采用 $B'\times L'=6\times9\mathrm{m}^2$

③ 进水方式

沉淀池进水由边长 L' 为 9m 一侧流入，该边长度与絮凝池宽度相同。

④ 管内流速 v_0

$$v_0=\frac{v}{\sin\theta}=\frac{3.5}{\sin60°}=\frac{3.5}{0.866}=4.04\mathrm{mm/s}$$

考虑到水量波动，采用 $v_0=5\mathrm{mm/s}$。

⑤ 管长 l

a. 有效管长 l

根据 u_0 和 v_0 值，按图 3-21 得 $l/d=32$，则

$$l = 32d = 32 \times 25 = 800 \text{mm}$$

b. 过渡段长度 l'

采用 $l' = 200$ mm。

c. 斜管总长 L

$$L = l + l' = 800 + 200 = 1000 \text{mm}$$

⑥ 池宽调整

池宽　　　　$B = B' + L\cos\theta = 6 + 1 \times \cos60° = 6 + 0.5 = 6.5$ m

斜管支撑系统采用钢筋混凝土柱、小梁及角钢架设。

⑦ 复核雷诺数 Re

根据管内流速 $v_0 = 5$ mm/s 和管径 $d = 25$ mm，查表 3-9 得雷诺数 $Re = 31$。

⑧ 管内沉淀时间 T

$$T = L/v_0 = 1000/5 = 200\text{s} = 3.33\text{min}$$

⑨ 池高 H_1

斜板区高度　　　　$H_1 = L\sin\theta = 1 \times 0.866 \approx 0.9$ m

超高采用　0.3m

清水区高度采用　0.9m

配水区高度（按泥槽顶计）采用 1.3m

排泥槽高度采用　0.8m。

所以　有效池深　　$H' = 0.9 + 0.8 + 1.3 = 3.0$ m

池子总高　　$H = H' + 0.8 + 0.3 = 3.0 + 0.8 + 0.3 = 4.1$ m

⑩ 进口配水

进口采用穿孔墙配水，穿孔流速 0.1m/s。

⑪ 集水系统

采用淹没孔集水槽，共 8 个，集水槽中距为 1.1m。

⑫ 排泥系统

采用穿孔管排泥，V 形槽边与水平成 45°角，共设 8 个槽，槽高 80cm，排泥管上装快开闸门。

(2) 同向流斜板沉淀池

同向流又称下向流，斜板内水流和被分离的沉淀物流动方向相同。它与异向流比较，具有沉淀面积大、效率高的特点，但构造较复杂，易积泥。同向流（下向流）斜板沉淀池是采用变角度箱形斜板装置的沉淀池，在其斜板倾角变化处设有强制集水渠。清水经集水渠汇流而出。是一种高效沉淀装置，但必须强调指出，它对反应条件要求较高，反应条件应能随水质条件的变化而及时调整。

图 3-24 为同向流斜板沉淀池的组成示意图，图 3-25 为其箱形斜板组合体示意图。

1）同向流斜板沉淀池主要设计参数

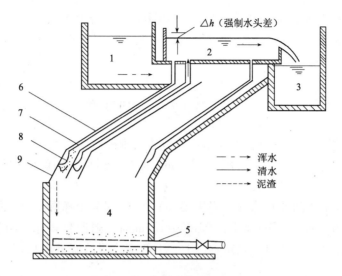

图3-24 同向流斜板沉淀池组成图
1—浑水进水槽；2—清水进水槽；3—总进水槽；
4—污泥浓缩区；5—排泥系统；6—沉淀斜板；7—集水总渠；8—集水支渠；9—滑泥斜板

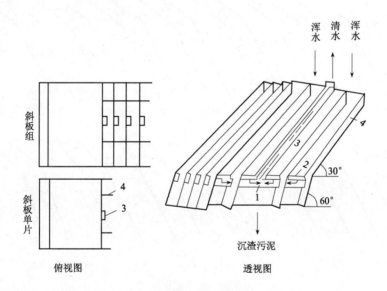

图3-25 同向流箱形斜板组合体
1—集水支渠；2—集水孔；3—集水总渠；4—肋板

① 同向流斜板沉淀池宜用于浊度长期低于200NTU的原水；
② 沉淀区液面负荷一般可采用$30 \sim 40 m^3/(m^2 \cdot h)$；
③ 同向流因水流对沉泥下滑有推动作用，故沉淀斜板的倾斜角较异向流小，一般采用40°，排泥区斜板长度不小于0.5m，倾角60°；
④ 同向流板内流速根据液面负荷计算，一般采用8~14mm/s；

⑤ 同向流斜板间距一般为25～50mm，当板长为2.0m，常采用35mm；

⑥ 斜板长度一般为2.0～2.5m，排泥区斜板长度不小于0.5m；

⑦ 同向流斜板沉淀池应设均匀集水装置，一般可采用管式、梯形加翼或纵向沿程集水等型式；

⑧ 板内流速：一般为15～30mm/s；

⑨ 斜板的肋板间距：肋板间距应按板材强度及雷诺数$Re \leqslant 500$来控制，并用弗劳德数$Fr > 10^{-5}$进行复核，一般为200～300mm；

⑩ 板厚：采用塑料板材时，如采用单片组装，则板厚为1.5～2.0mm；如采用单元组装，每单元为10片左右，则板厚可用0.5mm加肋，但单元的侧面板与封面板应采用板厚2.0mm；

⑪ 集水支渠：其断面形式很多（见图3-26），一般多采用梯形及菱形断面。支渠末端流速可采用0.2～0.3m/s。若集水半径为1.2～1.5m时，则支渠末端流速可用0.4m/s。支渠集水孔眼处的流速$v'_{孔}$为0.4～0.6m/s，上、下两侧孔眼的流量比为85%与15%。孔径以8～10mm为宜；

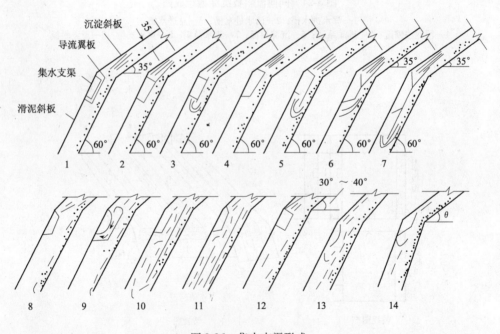

图3-26 集水支渠形式

⑫ 集水总（竖）渠的集水距离：一般为0.6～1.5m。总渠流速0.8～1.0m/s。总渠也可布设在池区两侧；

⑬ 强制出水的作用水头（混水与清水的水位差）：一般为45～150mm，常用100mm；其中，集水孔眼的水头损失约占60%，集水支渠约占10%，集水总渠及局部损失约占30%。

⑭ 排泥：以采用机械排泥为宜。如池子较深可采用穿孔排泥管排泥，另辅加高压水冲洗系统。

2) 计算例题

已知条件水厂产水量9万 m^3/d，自用水系数6%。

① 水量与水质

进水悬浮物含量为 $c = 200mg/L$，出水悬浮物含量为 $M = 15mg/L$

② 设计数据

净表面负荷 $Q_1 = 50 m^3/(m^2 \cdot h)$

斜板间距 $d = 35mm$

沉淀斜板长度 $l_1 = 2.0m$

滑泥斜板长度 $l_2 = 0.5$

沉淀斜板倾角 $\theta_1 = 35°$

滑泥斜板倾角 $\theta_2 = 60°$

集水孔眼处流速 $v_{孔} = 0.5m/s$

集水支渠终点流速 $v_{支} = 0.2m/s$

集水总渠流速 $v_{总} = 0.4m/s$

排泥周期 $T = 3h$

排泥浓度 $m = 20kg/m^3$

设计计算

① 池体计算

设计水量 $Q = 90000 \times 1.06 = 95400 m^3/d = 3975 m^3/h \approx 1.1 m^3/s$

a. 沉淀池面积 A

池子有效面积 $A' = Q/Q_1 = 3975/50 = 79.5 m^2$

沉淀池的有效系数采用 $\varphi = 0.8$，则池子总面积

$$A = A'/\varphi = 79.5/0.8 = 99.4 m^2$$

与 A 相应的表面负荷 $Q_1' = 40 m^3/(m^2 \cdot h)$

b. 池宽 B

池内安装12组斜板（每组沿池长方向安装两个斜板箱），每组斜板宽度为1500mm，池宽 $B = 18m$（即12组斜板的宽度加11个缝隙）见图3-27。

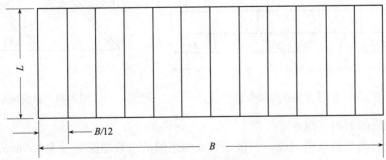

图3-27 池体平面布置

c. 池长 L

池长为2个斜板组的长度加1个缝隙，采用 $L = 5.45m$

d. 池高 H

池高的确定应考虑全厂高程布置，并应与反应池配套。沉淀池各部分高度如下：

超高	0.3m
强制水头差	0.1m
出水槽水深	0.3m
出水槽底与斜板顶安装高度	0.3m
斜板垂直高度	1.6m
污泥浓缩及排泥区高度	3.0m

则池高 $H = 0.3 + 0.1 + 0.3 + 0.3 + 1.6 + 3.0 = 5.6 m$

② 斜板计算

a. 板长

沉淀段斜板长度　　　　　　$l_1 = 2.0 m$

滑泥段斜板长度　　　　　　$l_2 = 0.5 m$

b. 板宽 b_1

每组斜板宽度 1500mm，考虑组间留出 60mm 安装缝隙，斜板宽度为

$$b_1 = \frac{B - 0.06 \times (12 + 1)}{12} = \frac{18 - 0.06 \times (12 + 1)}{12} = 1.435 m$$

c. 斜板肋条及集水总渠布置

沿斜板宽度方向设置 4 条聚氯乙烯工字型肋（20mm 宽，2mm 厚）见图 3-28。塑料板材厚度 $\delta = 2mm$。为提高集水均匀性，集水总渠放在斜板宽度的中间位置，断面采用矩形（图 3-28）。

d. 斜板数量

Ⅰ 斜板水平间距 e（图 3-29）

$$e = \frac{d + \delta}{\sin\theta_1} = \frac{35 + 2}{\sin 35°} = 64.5 mm$$

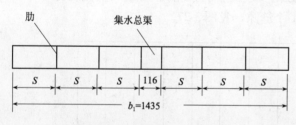

图 3-28　肋板及集水总渠布置

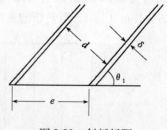

图 3-29　斜板板距

Ⅱ 每组斜板的斜板片数 n

每组斜板由两个斜板箱组成。斜板箱架及两组间的组装缝隙宽度为 150mm，则

$$n = \frac{L - 0.15}{e} = \frac{5.45 - 0.15}{0.0645} = 82.17 \text{ 片，取 82 片}$$

Ⅲ 单池斜板总数 N

$$N = n \times 12 = 82 \times 12 = 984 \text{ 片}$$

e. 斜板水流参数

Ⅰ. 板间流量 q

$$q = \frac{Q}{N} = \frac{3975}{984} = 4.04 \text{m}^3/\text{h} = 1.12 \text{L/s}$$

Ⅱ. 板间流速 v

每块斜板的有效宽度（即扣除肋条及集水总渠所占宽度）

$$b' = b_1 - (4 \times 0.002 + 0.116) = 1.435 - 0.124 = 1.311 \text{m}，取 1.31\text{m}$$

所以

$$v_0 = \frac{q}{b'd} = \frac{4.04}{1.31 \times 0.035} = 88.0 \text{m/h} = 2.45 \text{cm/s}$$

Ⅲ. 斜板水力半径 $R_{斜}$

肋板净间距 S

$$S = b'/6 = 1.31/6 = 0.218 \text{m}，取 0.2\text{m}$$

所以

$$R_{斜} = \frac{\omega}{\chi} = \frac{Sd}{2(S+d)} = \frac{0.2 \times 0.035}{2 \times (0.2 + 0.035)} = \frac{0.007}{0.47} = 0.0149 \text{m}$$

Ⅳ. 雷诺数 Re

当水温为 20°时，$v = 0.0101 \text{cm}^2/\text{s}$，则

$$Re = \frac{Rv_0}{v} = \frac{1.49 \times 2.45}{0.0101} = 361 < 500$$

当水温为 30°时，$v = 0.008 \text{cm}^2/\text{s}$，则

$$Re = \frac{Rv_0}{v} = \frac{1.49 \times 2.45}{0.008} = 456 < 500$$

Ⅴ. 弗劳德数 Fr

$$Fr = \frac{v_0^2}{R_{斜} g} = \frac{0.0245^2}{0.0149 \times 9.8} = 4.11 \times 10^{-3} > 10^{-5}$$

f. 水在斜板间停留时间 t

$$t = l_1/v_0 = 2/0.0245 = 82\text{s}$$

g. 颗粒沉降速度 u_0

颗粒的沉降距离（板间垂直高度）为

$$h = d/\cos\theta_1 = 35/\cos35° = 35/0.82 = 42.7 \text{mm}$$

$$v_0 = h/t = 42.7/82 = 0.52 \text{mm/s}$$

③ 集水系统计算

集水系统包括集水总渠、集水支渠及孔眼等部分。集水系统采用倒 T 形渠系布置。总渠断面为矩形，支渠断面为梯形。

a. 集水支渠孔眼

Ⅰ. 集水孔眼总面积 Ω 及分配

$$\Omega = \frac{q}{v_{孔}} = \frac{1.12 \times 10^{-3}}{0.5} = 2.24 \times 10^{-3} \text{m}^2$$

孔眼开设在支渠的上、下两侧,进水量按上侧88%,下侧12%计算。

Ⅱ. 上侧孔眼

上侧孔眼总面积 $\Omega_上 = \Omega \times 0.88 = 2.24 \times 10^{-3} \times 0.88 = 1.97 \times 10^{-3} \text{m}^2$

孔眼直径采用 $d_上 = 10\text{mm}$,则每个孔眼面积

$$\omega_上 = \frac{\pi}{4}d_上^2 = 0.785 \times 0.01^2 = 0.785 \times 10^{-4} \text{m}^2$$

上侧孔眼数

$$n_上 = \frac{\Omega_上}{\omega_上} = \frac{1.97 \times 10^{-3}}{0.785 \times 10^{-4}} = 25 \text{ 个,采用 24 个}$$

上层孔眼的实有面积

$$\Omega'_上 = n_上 \times \omega_上 = 24 \times 0.785 \times 10^{-4} = 1.884 \times 10^{-3} \text{m}^3$$

Ⅲ. 下侧孔眼

下侧孔眼总面积, $\Omega_下 = \Omega - \Omega_下 = (2.24 - 1.97) \times 10^{-3} = 0.27 \times 10^{-3} \text{m}^2$

孔眼直径采用 $d_下 = 5\text{mm}$,则每个孔眼面积

$$\omega_下 = \frac{\pi}{4}d_下^2 = 0.785 \times 0.005^2 = 0.196 \times 10^{-4} \text{m}^2$$

下侧孔眼数

$$n_下 = \frac{\Omega_下}{\omega_下} = \frac{0.27 \times 10^{-3}}{0.196 \times 10^{-4}} = 13.8 \text{ 个,采用 12 个}$$

下侧孔眼的实有面积

$$\Omega'_下 = 12 \times 0.196 \times 10^{-4} = 0.235 \times 10^{-3} \text{m}^3$$

Ⅳ. 实际孔眼流速校核

$$v'_孔 = \frac{q}{\Omega'_上 + \Omega'_下} = \frac{1.12 \times 10^{-3}}{(1.884 + 0.235) \times 10^{-3}} = \frac{1.12}{2.11} = 0.53 \text{m/s}$$

则 $v'_孔$ 的数值在 $0.4 \sim 0.6 \text{m/s}$

b. 集水渠的断面

Ⅰ. 集水支渠断面

$$\omega_支 = \frac{q}{2v_支} = \frac{1.12 \times 10^{-3}}{2 \times 0.2} = 0.0028 \text{m}^2$$

断面形式采用梯形

其尺寸为

上底　　116mm

下底　　146mm

高　　　26mm

所以　支渠实际断面面积

$$\omega'_支 = \frac{(0.116 + 0.146) \times 0.026}{2} = 0.00341 \text{m}^2$$

支渠的终点流速

$$v'_支 = \frac{0.5q}{\omega'_支} = \frac{0.5 \times 1.12 \times 10^{-3}}{0.00341} = 0.164 \text{m/s}$$

Ⅱ．集水总渠断面

总渠断面积 $\omega_总 = \dfrac{q}{v_总} = \dfrac{1.12 \times 10^{-3}}{0.4} = 0.0028 \text{m}^2$

采用矩形断面：宽 30mm，长 102mm

所以总渠实际断面积

$$\omega'_总 = 0.03 \times 0.102 = 0.00306 \text{m}^2$$

总渠实际流速 $v'_总 = \dfrac{q}{\omega'_总} = \dfrac{1.12 \times 10^{-3}}{0.00306} = 0.366 \text{m/s}$

c. 集水渠水头损失

Ⅰ．支渠沿程水头损失

支渠流速按最不利的终点流速计算。

支渠水力半径

$$R_支 = \dfrac{\omega'_支}{\chi'_支} = \dfrac{0.00341}{0.116 + 0.146 + 0.026 \times 2} = 0.01086 \text{m}$$

流速系数 $C_支 = \dfrac{1}{n} R^y$，其中 $n = 0.012$，$y = \dfrac{1}{6}$

$$C_支 = \dfrac{1}{0.012} \times 0.01086^{1/6} = 39.2 \text{m}^{1/2}/\text{s}$$

由 $v = C\sqrt{RJ}$

得 $J_支 = \dfrac{v'^2_支}{C^2_支 R_支} = \dfrac{0.164^2}{39.2^2 \times 0.01086} = 0.00161$

所以 $h_支 = L_支 J_支 = 0.7 \times 0.00161 = 0.00113 \text{mH}_2\text{O}$

Ⅱ．支渠孔眼水头损失 $h_孔$

因为 $v'_孔 = \mu \sqrt{2gh_孔}$

所以 $h_孔 = \dfrac{v'^2_孔}{2g\mu^2} = \dfrac{0.53^2}{0.62^2 \times 19.6} = 0.037 \text{mH}_2\text{O}$

Ⅲ．总渠水头损失 $h_总$

总渠水力半径 $R_总 = \dfrac{\omega'_总}{\chi} = \dfrac{0.00306}{(0.102 + 0.03) \times 2} = 0.0116 \text{m}$

流速系数 $C_总 = \dfrac{1}{n} R^y_总 = \dfrac{1}{0.012} \times 0.0116^{0.167} = 39.6 \text{m}^{1/2}/\text{s}$

水力坡度 $J_总 = \dfrac{v'^2_总}{C^2_总 R_总} = \dfrac{0.366^2}{39.6^2 \times 0.0116} = 0.00736$

所以 $h_总 = L_总 J_总 = (2.0 + 0.3) \times 0.00736 = 0.0163 \text{mH}_2\text{O}$

Ⅳ．局部阻力水头损失 $h_局$

局部阻力项目及系数：

汇合流等径三通 $\xi = 3.0$
急转55°弯头 $\xi = 0.5$
水池入水口 $\xi = 1.0$
$$\sum \xi = 3.0 + 0.5 + 1.0 = 4.5$$

所以 $h_{局} = \sum \xi \dfrac{v_{局}^2}{2g} = 4.5 \times \dfrac{0.366^2}{19.62} = 0.0307 \text{mH}_2\text{O}$

Ⅴ 集水系统总水头损失 h_f

$$h_f = h_{孔} + h_{支} + h_{总} + h_{局} = 0.037 + 0.00113 + 0.0163 + 0.0307 = 0.085 \text{mH}_2\text{O}$$

④ 出水槽计算

a. 每个出水槽的流量 q_0

$$q_0 = Q/12 = 1.1/12 = 0.0917 \text{m}^3/\text{s}$$

b. 槽宽 b_2

$$b_2 = 0.9 q_0^{0.4} = 0.9 \times 0.0917^{0.4} = 0.9 \times 0.3646 = 0.35 \text{m}$$

考虑出水槽的端部堰顶出流及水在槽中流动水头损失应较小,堰宽 b_2 采用 0.5m,水深 h_3 采用 0.3m。

c. 出水槽水头损失 $h_{槽}$

槽内流速 $v_{槽} = \dfrac{q_0}{b_2 h_3} = \dfrac{0.0917}{0.5 \times 0.3} = 0.611 \text{m/s}$

水力半径 $R_{槽} = \dfrac{\omega}{\chi} = \dfrac{b_2 h}{2h_3 + b_2} = \dfrac{0.3 \times 0.5}{0.3 \times 2 + 0.5} = 0.136 \text{m}$

按 $n = 0.012$,查水力计算表得 $C_{槽} = 60.66 \text{m}^{1/2}/\text{s}$

所以 $J_{槽} = \dfrac{v_{槽}^2}{C_{槽}^2 R_{槽}} = \dfrac{0.611^2}{60.66^2 \times 0.136} = 0.00075$

所以 $h_{槽} = L_{槽} J_{槽} = 5.45 \times 0.00075 = 0.004 \text{mH}_2\text{O}$

d. 出水堰

由出水槽到总出水槽采用堰跌落式,以确保出水槽中水位稳定,出水堰按矩形(无侧收缩)进行计算:

$$q_0 = m' b_2 \sqrt{2g} h_4^{2/3} \quad (\text{m}^3/\text{s})$$

式中 b_2——堰宽,m;
h_4——堰上水头,m;
g——重力加速度;
m'——流量系数。

$$m' = \left[0.405 + \dfrac{0.0027}{h_4} \right] \left[1 + 0.55 \times \dfrac{h_4^2}{(h_4 + P)^2} \right]$$

式中 P——堰壁高度,m,此处 $P = 0.1$m;

假设 $h_4 = 0.19 \text{mH}_2\text{O}$,则

$$m' = \left[0.405 + \dfrac{0.0027}{0.19} \right] \left[1 + 0.55 \times \dfrac{0.19^2}{(0.19 + 0.1)^2} \right] = 0.52$$

代入上式 $q_0 = 0.52 \times 0.5 \times \sqrt{19.62} h_4^{2/3}$

所以 $h_4^{2/3} = \dfrac{q_0}{0.52 \times 0.5 \times \sqrt{19.62}} = \dfrac{0.0917}{0.52 \times 0.5 \times \sqrt{19.62}} = 0.0796$

所以 $h_4 = 0.0796^{\frac{2}{3}} = 0.19 \text{mH}_2\text{O}$

⑤ 污泥系统计算

a. 污泥容积

斜板底部高度　3.0m

污泥容积高度　2.5m

则每条斜板组池体内的污泥容积为（计入2.1m长的稳流区段）（图3-30）

$$V = [2.5 \times (5.45 + 2.1) \times 1.5] - (0.574 \times 0.8 \times 7.55) = 24.8 \text{m}^3$$

b. 污泥量 W

每条斜板组池体内每小时的进污泥量为

$$W' = \dfrac{Q(c - M)}{12 \times 1000}$$

$$= \dfrac{3975 \times (200 - 15)}{12 \times 1000}$$

$$= 61.3 \text{kg/h}$$

一个排泥周期（3h）共进污泥量为

$W = W'T = 61.3 \times 3 = 183.9 \text{kg}$

c. 污泥容积内的平均浓度 p

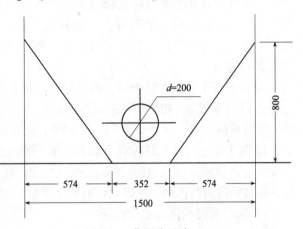

图3-30　集泥斗尺寸

$$p = \dfrac{W}{V} = \dfrac{183.9}{24.8} = 7.413 \text{kg/m}^3$$

d. 排泥耗水率 p_0

排泥浓度按 $m = 20 \text{kg/m}^3$ 计，则每小时内共需排水量

$$Q_{排} = W/m = 183.9/20 = 9.2 \text{m}^3$$

所以 $p_0 = \dfrac{12 Q_{排}}{TQ} = \dfrac{12 \times 9.2}{3 \times 3975} = 0.93\%$

e. 穿孔排泥管

穿孔排泥管按构造要求采用直径 $d = 200\text{mm}$，排泥水头按5.1m计算。

(3) 横向流斜板沉淀池

横向流即侧向流，在平流式沉淀池的沉淀部分设置斜板，其他与平流式沉淀池相同。水流从水平方向通过斜板，污泥则向下沉淀，水流方向与沉淀的下沉方向接近于垂直。它适于旧平流式沉淀池的改造，当池深较大时，为使斜板的制作和安装方便，在垂直方向可分成几段，在水平方向也可分为若干个单体组合使用。

1) 横向流斜板沉淀池的构造

2) 现将一些设计参数介绍于下：

① 颗粒沉降速度 u_0 与上向流斜管（板）沉淀池同样考虑。

② 板内流速 v_0 可比普通平流式沉淀池的常用水平流速略高一些。可按 10～20mm/s 设计。

③ 斜板倾角 θ 以 60°左右为宜。

④ 板距 P 一般采用 50～160mm，常用 100mm。当斜板倾角为 60°时，两块斜板的垂直距离 d 为 80mm 左右。

⑤ 停留时间 $t_留$（指水流在斜板内通过的时间），它是根据板距 P 和沉降速度 u_0 求得，而不是一个控制指标。一般 $t_留$ 大约为 10～15mm。

⑥ 斜板长度 l，系指斜板沿水流方向的长度，当 v_0、u_0 和 P 给定后，板内垂直沉距应为 $h = P\tan\theta$；理论沉降时间应为 $t = h/u_0 = P\tan\theta/u_0$，则斜板的最小长度为 $l = tv_0 = P\tan\theta v_0/u_0$。

⑦ 为了均匀配水和集水，在横向流斜板沉淀池的进口与出口处应设置整流墙。进口处整流墙的开孔率应使过孔流速不大于絮凝池出口流速，以防止絮体破碎。其孔口可为圆形、方形、楔形、槽形等，一般开孔面积约占墙面积的 3%～7%，要求进口整流墙的穿孔流速不大于反应池的末档流速。整流墙与斜板进口的间距为 1.5～2.0m，距出口 1.2～1.4m。

⑧ 一般在平流式沉淀中加设斜板时，其位置设在靠近出水端区域为宜。

⑨ 有效系数 φ，指增加斜板沉淀面积后，实际所能提高的沉淀效率和理论上可以提高的沉淀效率的比值。一般 φ 为 75%～80%，设计时以小于 75% 为宜。

⑩ 为了防止水流在斜板底下短流，必须在池底上及斜板底下，垂直于水流设置多道阻流壁（木板或砖墙），斜板顶部应高出水面；在两道阻流壁之间，设横向刮泥设施，另外，在斜板两侧与池壁的空隙处也应堵塞紧密以阻流，同时斜板顶部应高出水面。

3）横向流斜板沉淀池的计算

已知条件：

设计水量	$Q = 15000\text{m}^3/\text{d} = 0.18\text{m}^3/\text{s}$
颗粒沉降速度	$u_0 = 0.4\text{mm/s} = 0.0004\text{m/s}$
板内平均流速	$v_0 = 20\text{mm/s} = 0.02\text{m/s}$
斜板板距	$P = 100\text{mm} = 0.1\text{m}$
斜板倾角	$\theta = 60°$
有效系数	$\varphi = 0.75$
斜板长度	$l = 1.5\text{m}$

设计计算：

① 斜板的计算

按分离粒径法计算如下

a. 斜板面积 A_f'

由 $Q = \varphi u_0 A_f \text{m}^3/\text{s}$（式中符号意义见表 3-10）得斜板投影总面积

$$A_f = \frac{Q}{\mu u_0} = \frac{0.18}{0.75 \times 0.0004} = 600\text{m}^2;$$

所需斜板实际面积

$$A_f' = \frac{A_f}{\cos\theta} = \frac{600}{\cos 60°} = 1200\text{m}^2$$

横向流斜板沉淀池计算公式   表 3-10

计 算 公 式	设 计 数 据 及 符 号 说 明
$A_f = \dfrac{Q}{\varphi u_0}$ $A'_f = \dfrac{A_f}{\cos\theta}$ $h = l\sin\theta$ $B = \dfrac{Q}{vh}$ $N = \dfrac{B}{P}$ $L = \dfrac{A'_f}{Nl}$ $H = h_1 + h_2 + h_2 + h + h_3 + h_4$ 复　核 $t = \dfrac{L'}{v} = \dfrac{h}{u_0}$ $L' = P\mathrm{tg}\theta\dfrac{v}{u_0}$	A'_f——斜板实际总面积（m²） θ——斜板倾斜角度（°） l——斜板斜长（m） h——斜板安装高度（m） B——池宽（m） v——板间流速（m/s） P——水平板距（m） N——斜板间隔数 L——斜板组合全长（相当于池长）(m) h_1——积泥高度（泥斗高度）(m) h_2——配水区高度（m）一般为 1.2～1.5m h_3——清水区高度（m）一般在 1.0m 以上 h_4——超高（m）取 0.3m t——颗粒沉降需要时间（s） L'——颗粒沉降需要长度（m）

b. 斜板高度 h

斜板高度　　　　　　　　$h = l\sin\theta = 1.5 \times \sin60° = 1.3\mathrm{m}$

c. 池宽 B

$$B = \dfrac{Q}{v_0 h_1} = \dfrac{0.18}{0.02 \times 1.3} = 6.92\mathrm{m}，取 7\mathrm{m}$$

d. 斜板装置的纵向长度 L（沿水流方向）

斜板间隔数

$$N = B/P = 7.0/0.1 = 70 个$$

斜板装置纵长

$$L = \dfrac{A'_f}{(N+1)l} = \dfrac{1200}{(70+1) \times 1.5} = 11.23\mathrm{m}，取 11.5\mathrm{m}$$

e. 复核颗粒沉降所需斜板长度 L'

$$L' = \dfrac{P\tan\theta}{u_0}v_0 = \dfrac{0.1 \times \tan60°}{0.0004} \times 0.02 = 8.66\mathrm{m}$$

现斜板装置纵长 L 采用 11.5m > 8.66m，故满足要求。

f. 沉淀池高度 H

超高采用	0.3m
斜板高	1.3m
斜板与排泥槽上口	1.45m
排泥槽高	0.95m
池子总高	4.0m

g. 排泥

采用穿孔排泥管排泥，管径 200mm。

斜板沉淀池布置示意见图 3-31。

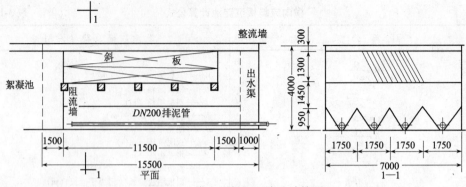

图 3-31 横向流斜板沉淀池计算图

3.2.4 辐流式沉淀池

辐流式沉淀池呈圆形或正方形,直径或边长不宜小于16m,最大可达100m,池径与水深比宜采用6~12,池周水深1.5~3.0m,底坡0.05~0.10。在进水口周围应设置整流板,其开孔面积为过水断面面积的6%~20%。水从辐流式沉淀池的中心管进入,由于径深比较大,水流呈辐射状向周边流动,沉淀后的水由四周的集水槽排出。水呈辐射状流动,水流断面逐渐增大,而流速逐渐减小。排泥方法有静水压力排泥或机械排泥。当池径或边长小于20m时,可采用多斗静水压力排泥。当采用机械排泥,池径小于20m时,一般用中心传动的刮泥机,其驱动装置设在池子中心走道板上;池径大于20m时,一般用周边传动的刮泥机,其驱动装置设在桁架的外缘。刮泥机桁架的一侧装有刮渣板,可将浮渣刮入设于池边的浮渣箱。

辐流式沉淀池一般用于大、中型水厂高浊度水的预沉池。当原水最高含砂量为20kg/m³左右时,可采用自然沉淀方式;当原水含砂区最高为100kg/m³时,可采用混凝沉淀方式。自然沉淀时,表面负荷为0.07~0.08m²/(h·m²),总停留时间为4.5~13.5h,排泥浓度150~250kg/m³,出水浊度小于1000NTU。混凝沉淀时,表面负荷为0.4~0.5m²/(h·m²),总停留时间2~6h,排泥浓度300~400kg/m³,出水浊度100~500NTU。辐流式沉淀池的直径一般为50~100m,池周边水深常采用2.4~2.7m,池底坡向中心,坡度不小于5%,池中心水深多为4~7m。沉淀池超高0.5~0.8m,刮泥机转速15~50min/周,外缘线速度3.5~6m/min。

按进、出水的布置方式,辐流式沉淀池可分为中心进水周边出水(图3-32)、周边进水中心出水(图3-33)、周边进水周边出水(图3-34)三种。

辐流式沉淀物的设计计算,要确定池的面积、直径、深度、容积、进出水装置、排泥设施等。

辐流式沉淀池的沉淀面积可按浑液面沉速计算和浓缩池计算两种方法。浑液面沉速法为根据静水沉淀时浑液面的自然沉速方法确定。而辐流式沉淀池处理高浊度水时,在池子的深度上进行的是浓缩过程。因此可按浓缩池的原理设计沉淀池的面积。

浓缩池内按泥渣浓度分,依次为清水区、等浓度区、变浓度区和压缩区。按沉速可分为:等速沉降区、过渡区、压缩沉降区三个区。用于处理高浊水的辐流式沉淀池的池体结构与连续式重力浓缩池一样,在运行时,其在池子的底部排出有一定浓度的泥渣,而在池子上部分离出有一定要求的水质和水量。

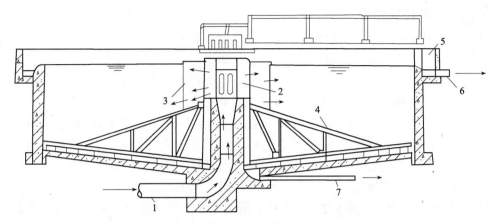

图 3-32 中心进水的辐流式沉淀池
1—进水管；2—中心管；3—穿孔挡板；4—刮泥机；5—出水槽；6—出水管；7—排泥管

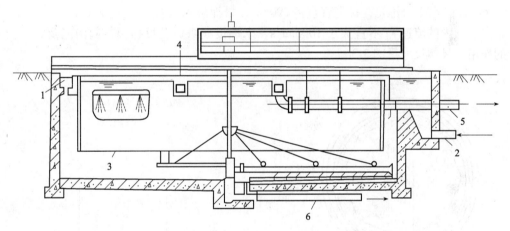

图 3-33 周边进水中心出水的辐流式沉淀池
1—进水槽；2—进水管；3—挡板；4—出水槽；5—出水管；6—排泥管

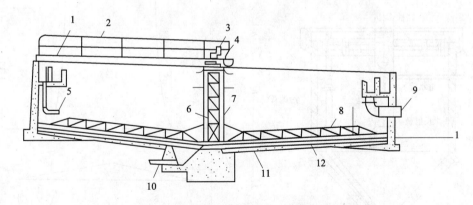

图 3-34 周边进水周边出水的辐流式沉淀池
1—过桥；2—栏杆；3—传动装置；4—转盘；5—进水下降管；
6—中心支架；7—传动器罩；8—桁架式耙架；9—出水管；
10—排泥管；11—刮泥板；12—可调节的橡皮刮板

3.2.5 竖流式沉淀池

水流方向与颗粒沉淀方向相反，其截留速度与水流上升速度相等。经过絮凝反应的颗粒具有絮凝性，上升的小颗粒和下沉的大颗粒之间相互接触、碰撞而进一步凝聚，使粒径增大，沉速加快。另一方面，沉速等于水流上升速度的颗粒将在池中形成一悬浮层，对上升的小颗粒起拦截和过滤作用，因而沉淀效率比平流式沉淀池更高。

竖流式沉淀池多为圆形或方形，直径或边长为 4~7m。一般不大于 10m。沉淀池上部为圆筒形的沉淀区，下部为截头圆锥状的污泥斗，二层之间为缓冲层。竖流式沉淀池中心管内的流速对悬浮物的去除有很大的影响，无反射板时，中心管内流速应不大于 30mm/s；为保证水流自下而上作垂直运动，要求径深比不得大于3。

图 3-35 为圆形竖流式沉淀池。水由中心管的下端，经反射板拦阻向四周均布于池中整个水平断面上，然后缓缓向上流动。沉速超过上升流速的颗粒则向下沉降到污泥斗中，澄清水由池四周采用平顶堰或三角形锯齿堰的集水槽收集。沉淀池贮泥斗倾角为 45°~60°，静水压力排泥，排泥管直径 200mm，排泥静水压力为 1.5~2.0m。

中心管内的流速 v_0 不宜大于 100mm/s，末端设喇叭口及反射板，起消能及折水流向上的作用。具体尺寸见图 3-36。

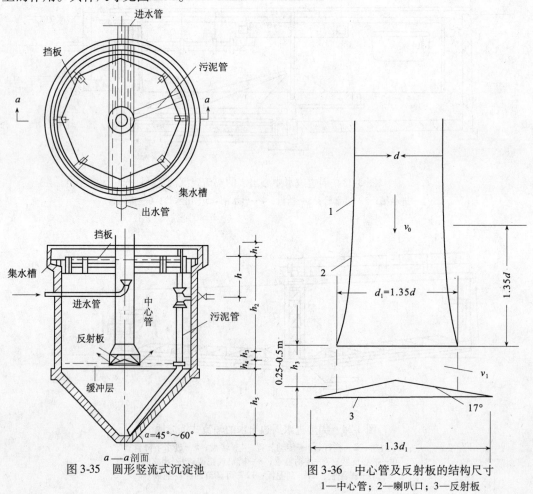

图 3-35　圆形竖流式沉淀池

图 3-36　中心管及反射板的结构尺寸
1—中心管；2—喇叭口；3—反射板

3.3 澄清池

3.3.1 澄清池特点

以上所讨论的絮凝和沉淀属于两个单元过程：水中脱稳杂质通过碰撞结合成相当大的絮凝体，然后，在沉淀池内下沉。澄清池则将两个过程综合于一个构筑物中完成，主要依靠活性泥渣层达到澄清目的。当脱稳杂质随水流与泥渣层接触时，便被泥渣层阻留下来，使水获得澄清。这种把泥渣层作为接触介质的过程，实际上也是絮凝过程，一般称为接触絮凝。在絮凝的同时，杂质从水中分离出来，清水在澄清池上部被收集。

泥渣层的形成方法，通常是在澄清池开始运转时，在原水中加入较多的凝聚剂，并适当降低负荷，经过一定时间运转后，逐步形成。当原水浊度低时，为加速泥渣层的形成，也可人工投加粘土。

从泥渣充分利用的角度而言，平流式沉淀池单纯为了颗粒的沉降，池底沉泥还具有相当的接触絮凝活性未被利用。澄清池则充分利用了活性泥渣的絮凝作用。澄清池的排泥措施，能不断排除多余的陈旧泥渣，其排泥量相当于新形成的活性泥渣量。故泥渣层始终处于新陈代谢状态中，泥渣层始终保持接触絮凝的活性。

3.3.2 澄清池分类

澄清池形式很多，基本上可分为两大类：泥渣悬浮型澄清池和泥渣循环型澄清池。

1. 泥渣悬浮型澄清池

泥渣悬浮型澄清池又称泥渣过滤型澄清池。它的工作情况是加药后的原水由下而上通过悬浮状态的泥渣层时，使水中脱稳杂质与高浓度的泥渣颗粒碰撞凝聚并被泥渣层拦截下来。这种作用类似过滤作用。浑水通过悬浮层即获得澄清。由于悬浮层拦截了进水中的杂质，悬浮泥渣颗粒变大，沉速提高。处于上升水流中的悬浮层亦似泥渣颗粒拥挤沉淀。上升水流使颗粒所受到的阻力恰好与其在水中的重力相等，处于动力平衡状态。上升流速即等于悬浮泥渣的拥挤沉速。拥挤沉速与泥渣层体积浓度有关，按下式计算：

$$u' = u(1 - C_V)^n \tag{3-27}$$

式中　u'——拥挤沉速，等于澄清池上升流速，mm/s；

　　　u——沉渣颗粒自由沉速，mm/s；

　　　C_V——沉渣体积浓度；

　　　n——指数。

从上式可知，当上升流速变动时，悬浮层能自动地按拥挤沉淀水力学规律改变其体积浓度，即上升流速愈大，体积浓度愈小、悬浮层厚度愈大。当上升流速接近颗粒自由沉速时，体积浓度接近于零，悬浮层消失。当上升流速一定时，悬浮层浓度和厚度一定，悬浮层表面位置不变。为保持在一定上升流速下悬浮层浓度和厚度不变，增加的新鲜泥渣量（即被拦截的杂质量）必须等于排除的陈旧泥渣量，保持动态平衡。

泥渣悬浮型澄清池常用的有悬浮澄清池和脉冲澄清池两种。

(1) 悬浮澄清池

悬浮澄清池是应用较早的一种澄清池。图3-37表示悬浮澄清池剖面和工艺流程。主要由进水系统、悬浮层、清水层、出水系统和排泥系统组成。

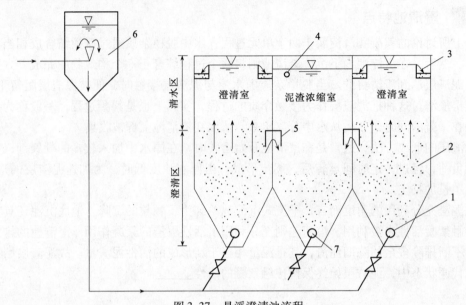

图3-37 悬浮澄清池流程
1—穿孔配水管；2—泥渣悬浮层；3—穿孔集水槽；
4—强制出水管；5—排泥管口；6—气水分离器；7—排泥管

投加混凝剂的原水经气水分离器6从池底部的穿孔配水管1高速喷出，水自下而上通过泥渣悬浮层2后，水中杂质被泥渣层截留，清水从穿孔集水槽3流出。悬浮层中不断增加的泥渣，在自行扩散和强制出水管4的作用下，由排泥窗口5进入泥渣浓缩室，经浓缩后定期排除。强制出水管收集泥渣浓缩室内的上清液，并在排泥窗口两侧造成水位差，以便澄清室内的泥渣流入浓缩室。气水分离器的作用是使水中空气分离出去，以免进入澄清室后扰动悬浮层。

悬浮泥渣层是澄清池净水效果好坏的关键。其形成过程是：加入混凝剂的原水进入澄清池锥底部位，进行混合反应形成矾花。矾花同时受到重力和上升水流的浮托作用，当这两个力达到平衡时，矾花就处于悬浮状态。随着原水不断通过，悬浮的泥渣颗粒逐渐积累，当浓度和高度达到一定程度后，即形成了悬浮泥渣层。当原水浊度较低时，可在澄清池进口加入泥浆，同时多加混凝剂和减少进水流量，就能较快形成悬浮层。

为使悬浮层工作稳定，一是原水池外排气；二是利用池锥底的扩散作用，使水流上冲的能量得以消除。因此，要求配水管至顶部水面的扩散角不大于30°，池子每格宽度在3m以内。

悬浮澄清池处理效果受水量、水质和水温等变化影响较大。一般用于中小型水厂。为提高悬浮澄清池的效率，有的在澄清池内增设斜管。

1) 悬浮澄清池的设计要点与参数：

① 池数不少于2个，单池面积不宜超过150m²。矩形池每格池宽一般为3m左右。单层式池高一般不小于4m，双层式池高一般不大于7m。

② 混凝剂的加入量应与澄清池出水量的变化相适应。原水与混凝剂应在空气分离器前完成混合，当原水浑浊度超过 3000mg/L 时，在进入配水系统前的混合时间不得超过 3min。

③ 对高浊度水可增设排渣孔；低浊度水要有污泥回流设备（将泥渣室积泥回流至空气分离器中），一般使原水浑浊度增至 200～300NTU 后，可间歇回流，在半小时内将悬浮层浓度提高到不低于 $2kg/m^3$。无回流设备时可增大投药量。

④ 每池设一个空气分离器（见图3-38），或一组池共用一个。水的停留时间不小于 45s；进水管流速不大于 0.75m/s。格网设在进水管出口下缘附近，格网孔径不大于 10×10mm；分离器内向下流速不大于 0.05m/s；出水管流速为 0.4～0.6m/s；分离器内的水位高度按穿孔配水管的水头损失确定，一般采用高出澄清池水面 0.5～0.6m；分离器内水深不小于 1m；进水管口上缘应低于澄清池内水位 0.1m；分离器底在澄清池内水面下的距离不小于 0.5m。

⑤ 采用穿孔管配水，孔口流速为 1.5～2.0m/s，孔眼直径为 20～25mm，孔距不大于 0.5m，孔向下与水平成 45°，交错排列。采用喷嘴配水（切线旋流）时喷嘴流速为 1.25～1.75m/s。

⑥ 悬浮层高度。当用于混凝澄清时，一般为 2.0～2.5m；当用于石灰软化时，不小于 1.5m。悬浮层直壁高度不得小于 0.6m，水在悬浮层里的停留时间不小于 20～30min。水通过每米高悬浮层的水头损失为 5～8cm（上限通用于浑浊度高的原水）。池子底部为锥形或锯齿形（用于方池），底部斜边与水平夹角一般为 50°～60°。

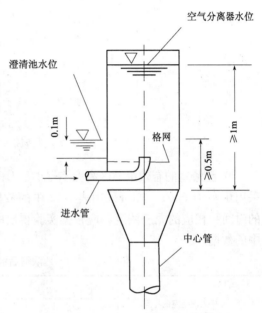

图 3-38 空气分离器

⑦ 清水区高度为 1.5～2.0m，其上层流速可用表 3-11 数值。但单层池的清水上升流速则为 0.9～1.0m（冬季低温，低浊度的应降低 20%～30%）。当超负荷运转时，其上升流速的每次增加值应不超过 0.1mm。总负荷量不宜超过设计负荷的 20%。

悬浮澄清池上升流速度及悬浮层浓度　　　　表3-11

原水悬浮物含量 （kg/m^3）	清水区上升流速 （mm/s）	悬浮层平均浓度 （kg/m^3）	泥渣浓缩室上升流速 （mm/s）
0.1～1.0	0.8～1.0	2.0～5.0	0.3～0.4
1.0～3.0	0.9～1.0	5.0～11	0.3～0.4
3.0～5.0	0.8～0.9	11～12	0.4～0.6
5.0～10.0	0.7～0.8	12～18	0.5～0.6

⑧ 排渣筒（孔）下部应设导流筒或采取其他相应措施，以提高容积利用率，导流筒高度为 0.5～0.8m，每个排渣筒或孔的作用范围不超过 3m。上部排渣孔口或排渣筒口应加导流板和进口罩（原水浑浊度小于 $3kg/m^3$ 时不加罩）（图3-39）。排渣口处流速为

20~40m/h，排渣筒进口及筒内流速为20m/h。

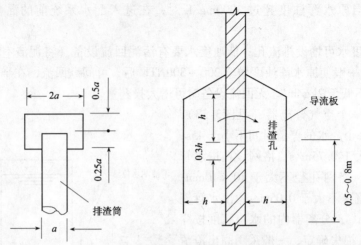

图3-39 排渣筒进口罩和排渣孔导流板

⑨ 泥渣室的有效浓缩区高度不得小于1.0~1.5m。双层池泥渣浓缩室内的上升流速一般采用0.4~0.6m/s，亦可采用表3-12中的数据；单层池时可采用0.6~0.8m/s，泥渣浓缩的时间和相应的泥渣浓度，应根据实验得出的泥渣浓缩曲线确定，无此资料时可用表3-12中的数据。

浓缩后的泥渣浓度　　　　　　　　　　　　　表3-12

排入泥渣室的泥渣浓度（kg/m³）	泥渣浓缩时间（h）				
	2	3	4	6	20~30
	浓缩后的泥渣浓度（kg/m³）				
2~5	—	—	—	200	400
5~11	—	—	—	200	400
11~12	190	210	220	250	400
15	200	220	230	270	400
20	210	230	240	300	—
25	20	260	290	330	—
30	240	280	300	350	—

⑩ 按原水最大浑浊度设计，排泥周期为4~8h，排出泥渣含水率为90%~95%，排泥一般采用穿孔管，两侧做成坡形槽（斜壁与水平夹角不小于45°），管距为1~2m、管径不小于150mm，出口流速为1~2m/s，排泥管孔径不小于20mm，孔距不大于30cm，孔口流速不小于2.5m/s，排泥时间为10~20min。

⑪ 强制出水穿孔管，管内流速不大于0.5mm/s，对于双层式应设于泥渣室的上部；对于单层式应根据最大强制出水量时的水头损失确定，一般可设在水面下0.3mm左右，距离泥渣室的设计泥面应不小于1.5m，孔口流速不小于1.5m/s，孔径不小于20mm，孔眼一般朝上布置：单层池的强制出水量占设计水量的20%~30%，悬浮层平均浓度根据原水悬浮物含量按表3-13采用；双层池的强制出水量占设计水量的25%~45%，运转时可根据原水浊度和上升流速来调节。

⑫ 位于底部的泥渣浓缩室应设置人孔，室顶应设排气竖管，其直径和数量见表3-13。

排 气 竖 管　　　　　　　　表 3-13

澄清池面积（m²）	10以下	10~20	20~25
排气竖管数量及直径（mm）	1×38	1×50	2×50

⑬ 澄清室与泥渣室应设置观察孔、取样管和放空管。

⑭ 用淹没孔集水（或三角堰口）槽集水时，槽距不大于2m（矩形池）；池子直径在4m以内的圆形池用环形槽，大于4m时兼用辐射槽。当直径为6m时，用4~6条辐射槽；直径为6~10m时，用6~8条辐射槽。穿孔槽孔眼流速为0.6~0.7m/s，孔径为20~30mm。

2）悬浮澄清池的计算

① 已知条件

设计水量 $Q=150\text{m}^3/\text{h}$，原水最大悬浮物含量 $M_0=1800\text{mg/L}$。设计选用圆形单层悬浮澄清池。

② 设计计算（澄清池计算简图见3-40）

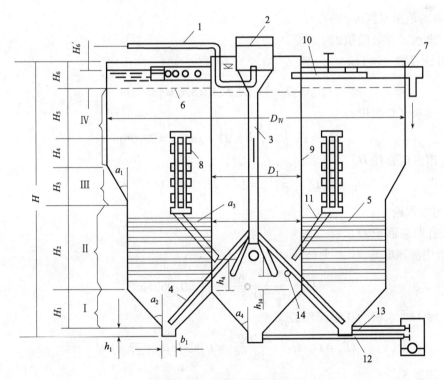

图 3-40　澄清池计算简图

1—进水管；2—空气分离器；3—中心管；
4—配水支管；5—缝隙隔板；6—出水水栅；7—出水渠；8—排渣筒；9—泥渣浓缩室；
10—渣室出水管；11—排渣管；12—排泥总管；13—放空管；14—底阀连接管

a. 计算水量 Q_0，设计两座澄清池，则每座设计水量，

$$Q_0 = \frac{Q}{2} = \frac{150}{2} = 75\text{m}^3/\text{h}$$

其中经澄清池流入集水渠的水量占90%，即

$$Q_1 = 0.9Q_0 = 0.9 \times 75 = 67.5 \text{m}^3/\text{h}$$

另有10%流入泥渣浓缩室（然后一部分经泥渣室出水管汇入集水渠），即

$$Q_2 = 0.1Q_0 = 0.1 \times 75 = 7.5 \text{m}^3/\text{h}$$

b. 泥渣浓缩室直径 D_1

Ⅰ. 泥渣室横断面积 Ω_1

泥渣室内上升流速取 $v_1 = 0.4$mm/s，则

$$\Omega_1 = \frac{Q_2}{v_1} = \frac{7.5}{0.4 \times 3.6} = 5.21 \text{m}^2$$

Ⅱ. 泥渣浓缩室直径 D_1

$$D_1 = \sqrt{\frac{4\Omega_1}{\pi}} = \sqrt{\frac{4 \times 5.21}{3.14}} = 2.58 \text{m}$$

c. 澄清池出水区 $D_\text{Ⅳ}$ 的直径

Ⅰ. 出水区有效面积 $\Omega'_\text{Ⅳ}$

上升速度取 $v_4 = 1$mm/s，即

$$\Omega'_\text{Ⅳ} = Q_1/v_1 = 67.5/1 \times 3.6 = 18.75 \text{m}^2$$

Ⅱ. 出水区总面积 $\Omega_\text{Ⅳ}$

$$\Omega_\text{Ⅳ} = \Omega_1 + \Omega'_\text{Ⅳ} = 5.21 + 18.75 = 23.96 \text{m}^2$$

Ⅲ. 出水区直径 $D_\text{Ⅳ}$

$$D_\text{Ⅳ} = (4\Omega'_\text{Ⅳ}/\pi)^{1/2} = (4 \times 23.96/3.14)^{1/2} = 5.52 \text{m}$$

d. 出水水栅

Ⅰ. 孔眼总面积 Ω_0

孔眼中流速取 $v_0 = 0.3$m/s，即

$$\Omega_0 = \frac{\Omega_1}{v_0} = \frac{67.5}{0.3 \times 3600} = 0.0625 \text{m}^2$$

Ⅱ. 每1m² 水栅的孔眼面积 Ω'_0

$$\Omega'_0 = \Omega_0/\Omega_\text{Ⅳ} = \frac{0.0625}{18.75} = 0.00333 \text{m}^2 = 33.3 \text{cm}^2$$

Ⅲ. 孔距 S

采用孔距 $S_0 = 100$mm（一般为 50~175mm）

Ⅳ. 每1m² 水栅的孔眼数

$$(1000/100)^2 = 100 \text{ 个}$$

Ⅴ. 孔眼直径 d_0

$$d_0 = \sqrt{\frac{4\Omega'_0}{100\pi}} = \sqrt{\frac{4 \times 33.3}{100 \times 3.14}} = 0.65 \text{cm} = 6.5 \text{mm}（一般为 5~15mm）$$

e. 澄清池出水区总高度 H_{IV}

Ⅰ. 出水水栅至排泥筒上部窗孔的距离 H_5
$$H_5 = 0.5 + 6S_0 = 0.5 + 6 \times 0.1 = 1.1 \text{m}$$

Ⅱ. 排泥筒上部窗孔至出水区下界之距离 H_4
一般为 $0.7 \sim 1.0$m，取 $H_4 = 0.7$m

Ⅲ. 出水区总高度 H_{IV}
$$H_{IV} = H_4 + H_5 = 0.7 + 1.1 = 1.8 \text{m}$$

f. 澄清池中部区Ⅲ的直径 D_{III}

Ⅰ. 中部区有限面积 Ω'_{III}
上升流速 v 采用 2mm/s，即
$$\Omega'_{III} = \frac{Q_0}{v} = \frac{75}{2 \times 3.6} = 10.42 \text{m}^2$$

Ⅱ. 中部区总面积 Ω_{III}
$$\Omega_{III} = \Omega'_{III} + \Omega_1 = 10.42 + 5.21 = 15.63 \text{m}^2$$

Ⅲ. 中部区直径 D_{III}
$$D_{III} = (4\Omega'_{III}/\pi)^{1/2} = (4 \times 15.63/3.14)^{1/2} = 4.46 \text{m}$$

g. 澄清池配水支管

Ⅰ. 配水支管
不少于 4 条，一般为 $4 \sim 8$ 条，采用 $n_4 = 4$ 条

Ⅱ. 每条配水支管的流量 q
$$q = \frac{Q_0}{n_4} = \frac{75}{4} = 18.75 \text{m}^3/\text{h} = 0.0052 \text{m}^3/\text{s}$$

Ⅲ. 配水支管管径 d_4
支管内流速一般为 $0.5 \sim 0.6$m/s，取 $v_4 = 0.5$m/s
$$d_4 = \sqrt{\frac{4q}{v_4 \pi}} = \sqrt{\frac{4 \times 0.0052}{0.5 \times 3.14}} = 0.115 \text{m} = 115 \text{mm}$$

Ⅳ. 配水支管喷嘴直径 d_5
喷嘴出口流速采用 $v_5 = 1.5$m/s，即
$$d_5 = \sqrt{\frac{4q}{v_5 \pi}} = \sqrt{\frac{4 \times 0.0052}{1.5 \times 3.14}} = 0.066 \text{m} = 66 \text{mm}$$

Ⅴ. 配水支管喷嘴间距 S（$S \leq 3$m）
$$S = 2\pi[D_1/2 + (D_{III} - D_1)/4]/n_4 = (D_{III} + D_1)\pi/(2n_4)$$
$$= [4.46 + 2.58] \times 3.14/8$$
$$= 2.76 \text{m}$$

h. 进水管直径 d_1

管中流速采用 $v_1 = 0.6\text{m/s}$（一般为 $0.5 \sim 0.6\text{m/s}$）

$$d_1 = \sqrt{\frac{4Q_0}{\pi v_1}} = \sqrt{\frac{4 \times 75}{3600 \times 0.6 \times 3.14}} = 0.210\text{m} = 210\text{mm}$$

采用 $d_1 = 200\text{mm}$

i. 中心管直径 d_3

为便于连接配水支管（$d_4 = 125\text{mm}$），采用 $d_3 = 250\text{mm}$，此时管中流速为：

$$v_3 = \frac{4Q_0}{\pi d_3^2} = \frac{4 \times 75}{3.14 \times 0.25^2 \times 3600} = 0.42\text{m/s}$$

j. 空气分离器

Ⅰ. 分离器直径 D_2

分离器内水面下降速度，取 $v_2 = 0.05\text{m/s}$，则

$$D_2 = \sqrt{\frac{4Q_0}{\pi v_2}} = \sqrt{\frac{4 \times 75}{3.14 \times 0.05 \times 3600}} = 0.73\text{m}$$

Ⅱ. 分离器高度 h_2

$$h_2 = 2.55\text{m}$$

分离器内进水管出口下缘处设置孔眼为 $10\text{mm} \times 10\text{mm}$ 的格网一道。

k. 澄清池进水区Ⅰ下部的尺寸

Ⅰ. 宽度 b_1

$$b_1 = 3.5d_4 = 3.5 \times 0.125 = 0.44\text{m}$$

Ⅱ. 高度 h_1

$$h_1 = 2d_4 = 2 \times 0.125 = 0.25\text{m}$$

l. 澄清池底部锥形进水区Ⅰ的高度 H_1

底部池壁与铅垂线的夹角，取 $a_1 = 35°$，则

$$H_1 = (D_\text{Ⅲ} - D_1 - 2b_1)/4\tan\frac{a_1}{2} = \frac{4.46 - 2.58 - 2 \times 0.44}{4\tan17.5°} = 0.79\text{m}$$

m. 澄清池中部锥形过渡区Ⅲ的高度，中部锥壁与铅垂线的夹角，取 $a_2 = 50°$，则

$$H_3 = (D_\text{Ⅳ} - D_\text{Ⅲ})/2\tan\frac{a_2}{2} = \frac{5.52 - 4.46}{2\tan25°} = \frac{1.06}{2 \times 0.466} = 1.14\text{m}$$

n. 澄清池中下部Ⅱ的高度 H_2

$$H_2 = (3.6 - 1.3H_3)D_\text{Ⅲ}/4 = (3.6 - 1.3 \times 1.14) \times 4.46/4 = 2.36\text{m}$$

o. 排渣筒

Ⅰ. 排渣筒数目

它与排水管的数目相同，即 $n_4 = 4$

Ⅱ. 排渣筒直径 d_8

筒内流速采用 $v_8 = 10\text{mm/s}$

即 $d_8 = \sqrt{\dfrac{4Q_2}{n_4 \pi v_8}} = \sqrt{\dfrac{4 \times 7.5}{4 \times 3.14 \times 10 \times 3.6}} = 0.257\text{m}$，取 250mm

Ⅲ．排渣筒直径 d_{11}

管内流速采用 $v_{11} = 20\text{mm/s}$

即 $d_{11} = \sqrt{\dfrac{4Q_2}{n_4 \pi v_{11}}} = \sqrt{\dfrac{4 \times 7.5}{4 \times 3.14 \times 20 \times 3.6}} = 0.18\text{m}$，取 175mm

Ⅳ．排渣管高度（上、下进泥窗孔的间距）h_8

$$h_8 = 0.5 + 0.15 M_0 + 0.5 S = 0.5 + 0.15 \times 1.8 + 0.5 \times 2.76 = 2.15\text{m}$$

Ⅴ．进泥窗孔尺寸

窗孔宽度采用　　　　　$b_8 = 0.5 d_8 = 0.5 \times 250 = 125\text{mm}$

窗孔高度采用　　　　　　　　$h_8' = 100\text{mm}$

Ⅵ．每个排泥筒上的窗孔总面积 f

窗口处流速采用 $v_8' = 2\text{mm/s}$，则

$$f = \dfrac{Q_2}{4 v_8'} = \dfrac{7.5}{4 \times 2 \times 3.6} = 0.26\text{m}^2$$

Ⅶ．每个排泥筒上的窗孔数 n_8

$$n_8 = \dfrac{f}{b_8 h_8'} + 4 = \dfrac{0.26}{0.125 \times 0.1} + 4 = 24.8，取 24 个$$

Ⅷ．每个排泥筒上窗孔的列数 N_1

$$N_1 = \dfrac{n_8}{4} = \dfrac{24}{4} = 6$$

p. 排渣管的设置高度 h_4

排渣管伸入泥渣浓缩室的位置，即排渣管在泥渣室圆锥部分以上的距离为：

$$h_4 = 0.5 + 0.16 D_1 = 0.5 + 0.16 \times 2.58 = 0.9\text{m}$$

此时，排渣管的倾角 $a_3 > 20°$

q. 集水槽

采用槽壁开孔进水

Ⅰ．槽的有效断面积 ω

槽中流速采用 $v_7 = 0.6\text{m/s}$，则

$$\omega = \dfrac{Q_0}{v_7} = \dfrac{75}{0.6 \times 3600} = 0.035\text{m}^2$$

Ⅱ．槽的尺寸

槽的宽度采用　　　　　　　　$b_7 = 0.3\text{m}$；

槽内有效水深度采用 0.11m

槽中孔眼轴线上的水头采用 0.1m

槽的超高采用 0.09m

则槽的总高度　　　　$h_7 = 0.11 + 0.1 + 0.09 = 0.3\text{m}$

集水槽置于出水水栅上 0.1m 高处，槽顶至池顶之距取 0.15m

r. 澄清池出水水栅以上的高度 H_6

$$H_6 = h_7 + 0.1 + 0.15 = 0.3 + 0.25 = 0.55 \text{m}$$

出水水栅以上的水深为

$$H_6' = 0.1 + 0.11 + 0.1 = 0.31 \text{m}$$

s. 澄清池总高度 H

$$\begin{aligned} H &= H_1 + H_2 + H_3 + H_4 + H_5 + H_6 + h_1 \\ &= 0.79 + 2.36 + 1.14 + 0.7 + 1.1 + 0.55 + 0.25 = 6.89 \text{m} \end{aligned}$$

（2）脉冲澄清池

脉冲澄清池是悬浮澄清池的发展。构造见图3-41。它的特点是利用脉冲间歇配水，使澄清池内的上升流速发生周期性的变化，从而引起悬浮层不断产生周期性的收缩和膨胀，这样不仅利于微絮凝颗粒与活性泥渣进行接触凝聚，还可使悬浮层浓度分布均匀，并防止颗粒在池底沉积。

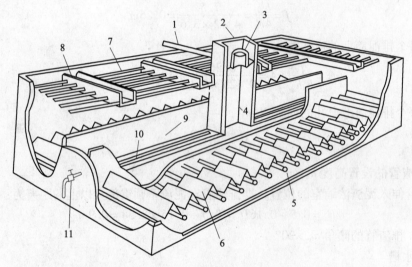

图3-41　采用钟罩脉冲发生器的脉冲澄清池透视图
1—原水进水管；2—进水室；3—钟罩脉冲发生器；4—落水井；5—穿孔排水管；
6—稳流板；7—穿孔集水管；8—集水槽；9—泥渣浓缩室；10—穿孔排泥管；11—排泥闸门

脉冲发生器有多种形式，以下仅介绍真空泵脉冲发生器和钟罩式脉冲发生器两种。

1）真空泵脉冲发生器的澄清池

图3-42为真空泵脉冲发生器的澄清池剖面图。上部为进水室和脉冲发生器，下部为澄清池池体。

加混凝剂的原水由进水管4进入进水室1。由于真空泵2造成的真空而使进水室内水位上升，这是充水过程。当水面达到进水室的最高水位时，进气阀3自动开启，使进水室与大气连通。这时进水室内水位迅速下降，向澄清池放水，这是放水过程。当水位下降到最低水位时，进气阀3又自动关闭，真空泵则自动启动，再次使进水室造成真空，进水室内的水位又上升，如此反复进行脉冲工作，从而使悬浮层产生周期性的膨胀和收缩。

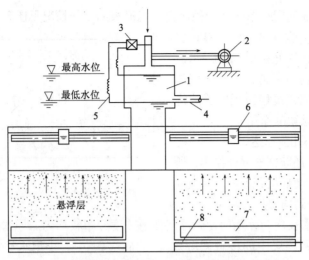

图 3-42 采用真空泵脉冲发生器的澄清池的剖面图
1—进水室；2—真空泵；3—进气阀；4—进水管；5—水位电极；6—集水槽；7—稳流板；8—配水管

2）钟罩式脉冲发生器的澄清池

图 3-43 所示为钟罩式脉冲发生器。

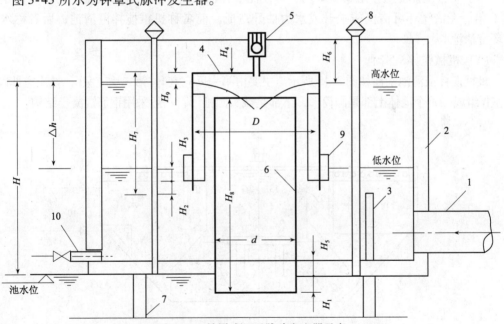

图 3-43 钟罩式虹吸脉冲发生器示意
1—进水管；2—进水室；3—挡板；4—钟罩；5—泄气管；
6—中央管；7—落水井；8—排气管；9—虹吸破坏管；10—放空管

原水进入进水室，室内水位逐步上升，钟罩内空气通过逸气管逐渐被排挤出去。当水位超过中央管顶时，有部分原水溢入中央管，出于溢流带气作用，将聚集在钟罩顶部的空气逐渐带走，形成真空，发生虹吸。进水室的水迅速通过钟罩、中央管，进入配水系统。当水位下降至虹吸破坏管口（即低水位）时，因空气进入破坏虹吸，这时进水室水位重新上升，如此进行周期性反复循环。排气管的作用是当落水井水位变化时，井中空气得以进出。

脉冲澄清池底部的配水系统采用稳流板，稳流板的工作情况见图 3-44，加过药剂的浑水通过穿孔管，从与垂线成 45°方向布置的小孔喷出，水流在池底折而向上。水流在稳流板下的空间剧烈翻腾，形成良好的混合条件。最后水流通过稳流板的缝隙进入悬浮层，进行接触絮凝作用。

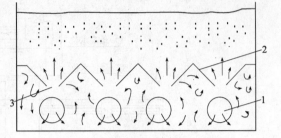

图 3-44　稳流板工作情况示意
1—穿孔配水管；2—稳流板；3—配水缝隙

穿孔配水管的小孔流速达 3~4m/s，除起均匀配水作用下，还起剧烈混合作用，所产生的射流还可防止池底沉积泥渣。水流通过板间缝隙时再度达到均匀分配的目的。

脉冲澄清池布水较均匀，从而使悬浮层泥渣浓度分布较均匀。原水在稳流板下混合充分，使杂质颗粒在悬浮层中的接触絮凝效果提高。大、中、小型水厂均适用，可建成圆形、矩形或方形的。但脉冲澄清池构造比悬浮池稍复杂，水头损失较大，特别是钟罩式发生器，对进水流量、水质、水温变化的适应性也较差。

2．泥渣循环型澄清池

为了充分发挥泥渣接触絮凝作用，可使泥渣在池内循环流动。回流量约为设计流量的 3~5 倍。泥渣循环可借机械抽升或水力抽升造成。前者称机械搅拌澄清池；后者称水力循环澄清池。

（1）机械搅拌澄清池

机械搅拌澄清池剖面如图 3-45 所示。主要由第一反应室Ⅰ、第二反应室Ⅱ、导流室Ⅲ和分离室Ⅳ组成。整个池体上部是圆筒形，下部是截头圆锥形，一般采用钢筋混凝土结构。

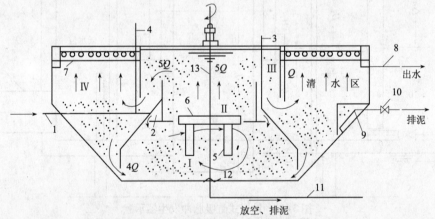

图 3-45　机械搅拌澄清池剖面示意图
1—进水管；2—三角配水槽；3—透气管；4—投药管；5—搅拌叶片；6—提升叶轮；7—集水槽；
8—出水管；9—泥渣浓缩室；10—排泥罩；11—放空管；12—排泥罩；13—搅拌轴；
Ⅰ—第一反应室；Ⅱ—第二反应室；Ⅲ—导流室；Ⅳ—分离室

机械搅拌澄清池对水量、水质变化的适应性较强，处理效果较稳定，一般适用于进水浊度在 5000mg/L 以下，短时间内允许达到 5000~10000mg/L。但需要机械搅拌设备，维修麻烦。机械搅拌澄清池国家有标准图集 S717~S744，单池出水量为 20~430m³/h。

原水由进水管1通过环状三角配水槽2下面的缝隙流入第一反应室Ⅰ，三角槽顶装有透气管3，以排除积聚在三角槽中原水中的空气。投药管4将混凝剂加入进水管、三角配水槽等处，也可加在水泵吸水管内。具体加药点应根据实际运行效果确定。

搅拌叶片5和提升叶轮6安装在同一竖向转轴上，前者位于第一反应室，后者位于第一和第二反应室的分隔处。搅拌叶片5使第一反应室内的水体与进水迅速混合反应，泥渣随水流处于悬浮和环流状态。提升叶轮6类似水泵叶轮，将第一反应室的泥渣回流水提升到第二反应室，继续进行混凝反应，结成更大的颗粒。提升回流流量约为澄清池进水流量的3~5倍，图中表示提升回流流量为进水流量的4倍。

第二反应室和导流室内设有导流板，用以消除水流的旋转，使水流平稳地经导流室Ⅲ流入分离室Ⅳ。分离室中下部为泥渣层，上部为清水层，由于断面突然扩大，水流流速降低，泥渣在此下沉，清水向上经集水槽7流至出水管8。

下沉的泥渣沿锥底的回流缝再进入第一反应室，重新参加混凝，一部分泥渣则排入泥渣浓缩室9进行浓缩，至适当浓度后经排泥管排除。澄清池底部设放空管，以备放空检修之用。当泥渣浓缩室排泥还不能消除泥渣上浮时，也可用放空管排泥。放空管进口处设有排泥罩12，使池底积泥沿罩的四周排除，以使排泥彻底。

机械搅拌澄清池对水量、水质变化的适应性较强，处理效果较稳定，一般适用于进水浊度在5000mg/L以下，短时间内允许达到5000~10000mg/L。但需要机械搅拌设备，维修麻烦。

1) 机械搅拌澄清池的设计参数

机械搅拌澄清池是将混合、絮凝和分离三种工艺过程综合在一起的净水设备，各部分相互牵制和影响，设计计算工作常需反复调整。其主要设计参数和内容如下。

① 清水区上升流速一般采用0.8~1.1mm/s，清水层深度为1.5~2.0m；

② 水在澄清池内总停留时间为1.2~1.5h；

③ 进水管流速一般在1.0m/s左右。进水管进入环形配水槽后两侧环流配水，故三角配水槽断面按设计流量的一半确定。配水槽和缝隙的流速均采用0.4m/s左右；

④ 第二絮凝室的停留时间，按提升流量（即设计流量的3~5倍）计算时为0.5~1.0min。第二絮凝室和导流室流速为40~60mm/s。第一絮凝室、第二絮凝室（包括导流室）和分离室的容积比一般控制在2∶1∶7左右；

⑤ 集水槽用于汇集清水，布置应力求避免产生某一局部上升流速过高或过低现象。在直径较小的澄清池中，可以沿池壁建造环形槽；当直径较大时，可在分离室内加设辐射形集水槽。辐射槽条数大致如下：池径小于6m时可用4~6条，池径大于6m时可用6~8条。环形槽和辐射槽的槽壁开孔，孔径可为20~30mm，孔口流速一般为0.5~0.6m/s。集水槽的设计流量应考虑1.2~1.5的超载系数，以适应以后流量的增加。

穿孔集水槽按如下方法计算：

a. 孔口总面积。根据澄清池设计流量和预定的孔口上的水头，按水力学的孔口出流公式，求出所需孔口总面积：

$$\Sigma f = \frac{\beta Q}{\mu \sqrt{2gh}} \tag{3-28}$$

式中　Σf——孔口总面积，m^2；

β——超载系数;

μ——流量系数(其值随孔眼直径与槽壁厚度的比值而变化,对薄壁孔口,可采用 0.62);

Q——澄清池设计流量,即环形槽和辐射槽穿孔集水流量,m³/s;

g——重力加速度,m/s²;

h——孔口上的水头,m。

当孔口直径确定后,即知孔口面积 f,则孔口总数 n 可由下式求出:

$$n = \frac{\sum f}{f} \tag{3-29}$$

或按孔口流速计算孔口面积和孔口上作用水头。

b. 穿孔集水槽的宽度和高度。假定穿孔集水槽的起端水流截面为正方形,亦即槽宽度等于水深,则穿孔集水槽的宽度可由下式给出:

$$B = 0.9 Q^{0.4} \tag{3-30}$$

式中 Q——穿孔集水槽的流量,m³/s;

B——穿孔集水槽的高度,m。

穿孔集水槽的总高度,除了上述起端水深以外,还应加上槽壁孔口出水的自由跌落高度(可取 7~8cm),以及集水槽的槽壁外孔口以上应有的水深和保护高度。

⑥ 泥渣浓缩室的容积一般为澄清池容积的 1%~4%,根据池的大小设 1~4 个泥渣浓缩室。当原水浊度较高时,应选用较大容积。

⑦ 机械搅拌澄清池中的搅拌设备采用变速驱动,可随进水水质和水量的变化来调整回流量。叶轮提升回流流量一般为进水流量的 3~5 倍。叶轮直径可为第二反应室内径的 0.7~0.8 倍。叶轮外缘的线速度为 0.5~1.5m/s,搅拌桨的外缘线速度为 0.3~1.0m/s。

除调整转速可改变提升量外,还可调整叶轮的高低。因此,机械搅拌澄清池适应性强,处理效果稳定,运行管理也比较方便。

2) 机械搅拌澄清池穿孔集水槽的设计

已知机械澄清池设计流量为 400m³/h,澄清池平面尺寸见图 3-46,试设计穿孔集水槽。

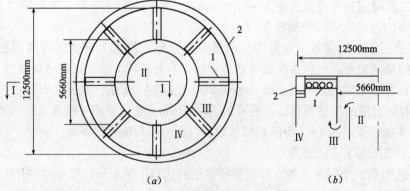

图 3-46 机械搅拌澄清池平剖面图

(a) 平面图;(b) Ⅰ—Ⅰ 剖面图

1—辐射集水槽;2—环形集水槽

Ⅱ—第二絮凝池;Ⅲ—导流室;Ⅳ—分离室

设计计算步骤如下:

① 孔口布置。澄清池设计流量 $Q = 400 \times 1.05/3600 = 0.1167 \text{m}^3/\text{s}$

采用 8 条辐射槽,每条辐射槽与澄清池上环形集水槽相连接。每条辐射槽两侧和环形槽内侧均匀开孔。

设孔口中心线上的水头为 $h = 0.05\text{m}$,所需孔口总面积 Σf 按公式计算:

$$\Sigma f = \frac{\beta Q}{\mu \sqrt{2gh}} = \frac{1.2 \times 0.1167}{0.62 \sqrt{2 \times 9.81 \times 0.05}} = 0.228 \text{m}^2 = 2280 \text{cm}^2$$

选用孔口直径为 25mm,单孔面积为

$$f = \frac{\pi 2.5^2}{4} = 4.91 \text{cm}^2$$

孔口总数 n 按公式计算:

$$n = \frac{\Sigma f}{f} = \frac{2280}{4.91} = 464 \text{ 个}$$

8 条辐射集水槽的开孔部分总长度为

$$2 \times 8 \left(\frac{12.5 - 5.66}{2} - 0.38 \right) = 48.64 \text{m}$$

式中假定环形集水槽所占的宽度为 0.38m。

靠池壁的环形槽开孔部分长度为:

$$\pi(12.5 - 2 \times 0.38) - 8 \times 0.32 = 34.31 \text{m}$$

式中假定辐射槽所占宽度为 0.32m。

穿孔集水槽(包括辐射槽和环形槽)的开孔部分总长度 L 为:

$$L = 48.64 + 34.31 = 82.95 \text{m}$$

孔口间距 x 应为

$$x = L/n = \frac{82.95}{464} = 0.179 \text{m}$$

② 计算集水槽断面尺寸。集水槽沿程的流量逐渐增大,应按槽的下游出口处最大流量计算集水槽的断面尺寸,每条辐射集水槽的开孔数为:

$$\frac{48.64}{8 \times 0.179} = 34 \text{ 个}$$

孔口流速为

$$v = \frac{\beta Q}{\Sigma f} = \frac{1.2 \times 0.1167}{0.228} = 0.61 \text{m/s}$$

每槽的计算流量等于

$$q = 0.61 \times 4.91 \times 10^{-4} \times 34 = 0.0102 \text{m}^3/\text{s}$$

辐射集水槽的宽度 B 按公式计算:

$$B = 0.9 \times 0.0102^{0.4} = 0.14 \text{m}$$

为施工方便取槽宽 $B = 0.20\text{m}$。考虑到槽外超高 0.1m,孔上水头 0.05m 和槽内跌落水头 0.08m,槽内水深 0.15m,则穿孔集水槽的总高度为 0.38m。

环形集水槽内水流从两个方向汇流至出口。槽内流量按 $\frac{\beta Q}{2} = \frac{1.2 \times 0.1167}{2} = 0.07 \text{m}^3/\text{s}$ 计。得环形槽宽度为

$$B = 0.9 \times 0.07^{0.4} = 0.31 \text{m}$$

环形槽起端水深 $H_0 = B = 0.31\text{m}$。考虑到辐射槽水流进入环形槽时应自由跌水，跌落高度取 0.08m，即辐射槽底应高于环形槽起端水面 0.08m。同时考虑环形槽顶与辐射槽顶相平，则环形槽总高度为

$$H = 0.31 + 0.08 + 0.38 = 0.77\text{m}$$

环形槽孔口与辐射槽孔口完全相平。

3) 机械搅拌澄清池池体部分的计算

① 已知条件

设计水量（包括水厂耗水）　　　$Q = 5000\text{m}^3/\text{d} = 208\text{m}^3/\text{h} = 57.9\text{L/s}$。

泥渣回流量按 3 倍设计流量计。

第二絮凝室提升流量　　　$Q_提 = 4Q = 4 \times 57.9 = 231.6\text{L/s} = 0.232\text{m}^3/\text{s}$

水的总停留时间　　　$t_总 = 1.2\text{h}$

第二絮凝室及导流室内流速　　　$v_1 = 50\text{mm/s}$（以 $Q_提$ 计）

第二絮凝室内水的停留时间：　　　$t = 0.6\text{min}$

分离室上升流速　　　$v_2 = 1\text{mm/s}$

原水平均浑浊度　　　$c = 100\text{NTU}$

出水浑浊度　　　$M = 5\text{NTU}$

② 设计计算

a. 池的直径（图 3-47）

$$\omega_1 = \frac{Q_提}{v_1} = \frac{0.232}{0.05} = 4.64\text{m}^2$$

Ⅰ. 第二絮凝室面积

直径　　$D_1 = \sqrt{\dfrac{4\omega_1}{\pi}} = \sqrt{\dfrac{4 \times 4.64}{3.14}} = 2.43\text{m}$，取 2.5m

壁厚取为 0.05m，则第二絮凝室外径为：

$$D_1' = D_1 + 0.05 \times 2 = 2.5 + 0.1 = 2.6\text{m}$$

Ⅱ. 导流室

面积采取　　$\omega_2 = \omega_1 = 4.64\text{m}^2$

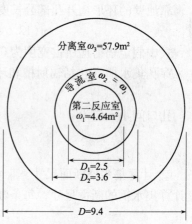

图 3-47　机械搅拌澄清池平面分区

导流室内导流板（12 块）所占面积为：$A_1 = 0.3\text{m}^2$

导流室和第二絮凝室的总面积为：

$$\Omega_1 = \frac{\pi}{4}(D_1')^2 + \omega_2 + A_1 = 0.785 \times 2.6^2 + 4.64 + 0.3 = 10.25\text{m}^2$$

直径　　$D_2 = \sqrt{\dfrac{4\Omega_1}{\pi}} = \sqrt{\dfrac{4 \times 10.25}{3.14}} = 3.6\text{m}$

壁厚取为 0.05m，则导流室外径为：

$$D_2' = D_2 + 0.05 \times 2 = 3.6 + 0.1 = 3.7\text{m}$$

Ⅲ. 分离室面积 ω_3

$$\omega_3 = \frac{Q}{v_2} = \frac{0.0579}{0.001} = 57.9\text{m}^2$$

Ⅳ. 第二絮凝室、导流室和分离室的总面积 Ω_2

$$\Omega_2 = \omega_3 + \frac{\pi}{4}(D_2')^2 = 57.9 + 0.785 \times 3.7^2$$
$$= 68.65 \text{m}^2$$

Ⅴ. 澄清池直径 D

$$D = \sqrt{\frac{4\Omega_2}{\pi}} = \sqrt{\frac{4 \times 68.65}{3.14}} = 9.4 \text{m}$$

b. 池的深度（图 3-48）

Ⅰ. 池的容积 V

有效容积　　$V' = Qt_{总} = 208 \times 1.2 = 249.6 \text{m}^3$

池内结构所占体积假定为　　$V_0 = 14 \text{m}^3$

则池的设计容积

$$V = V' + V_0 = 249.6 + 14 = 263.6 \text{m}^3$$

Ⅱ. 池直壁部分的体积 W_1

池的超高取　　$H_0 = 0.3 \text{m}$

直壁部分的水深取　　$H_1 = 2.6 \text{m}$

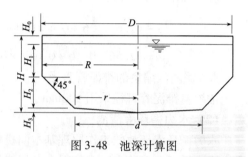

图 3-48　池深计算图

$$W_1 = \frac{\pi}{4} D_2^2 H_1 = 0.785 \times 9.4^2 \times 2.6 = 178.5 \text{m}^3$$

Ⅲ. 池斜壁部分所占体积 W_2

$$W_2 = V - W_1 = 263.6 - 178.5 = 85.1 \text{m}^3$$

Ⅳ. 池斜壁部分的高度 H_2

由圆台体积公式　　$W_2 = (R^2 + Rr + r^2)\frac{\pi}{3} H_2$

式中　R——澄清池的半径，m，为 4.7m；

　　　r——澄清池底部的半径。

$r = R - H_2$ 代入上式得

$$H_2^3 - 3RH_2^2 + 3R^2 H_2 - \frac{3}{\pi} W_2 = 0$$

$$H_2^3 - 3 \times 4.7 H_2^2 + 3 \times 4.7^2 H_2 - \frac{3}{3.14} \times 85.1 = 0$$

所以　　　　　　　　　　$H_2 = 1.8 \text{m}$

Ⅴ. 池底部的高度 H_3

池底部直径　　$d = D - 2H_2 = 9.4 - 2 \times 1.8 = 5.8 \text{m}$；

池底坡度取 5%，则深度 $H_3 = \frac{d}{2} \times 0.05 = \frac{5.8}{2} \times 0.05 = 0.145 \text{m}$，取 $H_3 = 0.15$

Ⅵ. 澄清池总高度 H

$$H = H_0 + H_1 + H_2 + H_3 = 0.3 + 2.6 + 1.8 + 0.15 = 4.85 \text{m}$$

c. 泥渣浓缩室

Ⅰ. 浓缩室容积 V_4

浓缩时间取　　　　　　$t_{浓} = 15 \text{min} = 0.25 \text{h}$

浓缩室泥渣平均浓度取 $\delta = 2500\text{mg/L}$

$$V_4 = \frac{Q(c-M)t_{\text{浓}}}{\delta} = \frac{208 \times (100-5) \times 0.25}{2500} = 1.98\text{m}^3$$

浓缩斗采用一个，形状为正四棱台体，其尺寸采用

上底为 $1.6\text{m} \times 1.6\text{m}$

下底为 $0.4\text{m} \times 0.4\text{m}$

棱台高 1.8m

故实际浓缩室体积为：

$$V_4' = [1.6 \times 1.6 + 0.4 \times 0.4 + \sqrt{(1.6 \times 1.6) \times (0.4 \times 0.4)}] \times \frac{1.8}{3}$$

$$= (2.56 + 0.16 + 0.64) \times 0.6 = 2.02\text{m}^3$$

Ⅱ．泥渣浓缩室的排泥管直径

浓缩室排泥管直径采用 100mm

（2）水力循环澄清池

水力循环澄清池的工作原理基本同机械搅拌澄清池，属于泥渣循环型澄清池，不同处是在水力循环澄清池中，水的混合及泥渣的循环回流不是依靠机械进行搅拌和提升，而是利用水射器的作用，即利用进水管中水流的动力来完成的，所以其最大特点是没有转动部件。

水力循环澄清池主要由进水水射器（喷嘴、喉管等）、絮凝室、分离室、排泥系统、出水系统等部分组成。其加药点视与泵房的距离可设在水泵吸水管或压水管上，也可设在靠近喷嘴的进水管上。图 3-49 为水力循环澄清池的示意图。加混凝剂的原水从进水管 1 和喷嘴 2 高速喷入喉管 3，使喉管的喇叭口四周形成真空，吸入大量泥渣，回流的泥渣量控制在进水量的 3 倍左右，所以通过喉管的流量是 4 倍的进水流量。泥渣和原水迅速混合，然后在面积逐渐扩大的第一反应室 4 和第二反应室 5 中完成混凝反应。水流离开第二反应室后，进入分离室 6，因面积突然扩大，上升流速降低，泥渣下沉。一部分泥渣进入泥渣浓缩室 11 定期排除。大部分泥渣又被吸入喉管重新循环。清水向上从集水槽 7 流走。

水力循环澄清池适用于中小型水厂（水量一般在 $50 \sim 400\text{m}^3/\text{h}$ 之间）、进水悬浮物含量一般应小于 2000mg/L。高程上很适宜与无阀滤池配套使用。

1）水力循环澄清池的主要设计参数如下：

① 总停留时间 $1 \sim 1.5\text{h}$。第一絮凝室和第二絮凝室的停留时间分别为 $15 \sim 30\text{s}$ 和 $80 \sim 100\text{s}$。

② 喷嘴流速采用 $6 \sim 9\text{m/s}$，喉管流速 $2 \sim 3\text{m/s}$。喷嘴直径和喉管直径之比为 $1:3 \sim$

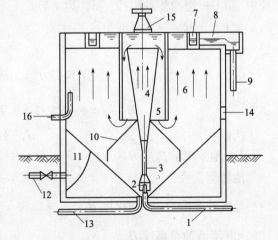

图 3-49 水力循环澄清池示意图

1—进水管；2—喷嘴；3—喉管；4—第一反应室；
5—第二反应室；6—分离室；7—环形集水槽；
8—出水槽；9—出水管；10—伞形板（用于大池）；
11—泥渣浓缩室；12—排泥管；13—放空管；
14—观察室；15—喷嘴与喉管距离调节装置；16—取样管

1:4，两者截面积之比为 1/12~1/13。喷嘴水头损失，一般为 3~4m。

③ 泥渣回流量一般为进水量的 2~4 倍，原水浓度高时取下限，反之取上限。

④ 第一絮凝室出口流速一般采用 50~80mm/s；第二絮凝室进口流速一般采用 40~50mm/s。

⑤ 清水区上升流速采用 0.7~1.0mm/s，处理低温低浊水时，上升流速取小值。

⑥ 清水区高度为 2~3m，超高 0.3m。喷嘴离池底不大于 0.6m，以免积泥。

⑦ 澄清池直径较大时，第一反应室的下部应设倾角为 45°的伞形罩，罩底离池底 0.2~0.3m，以防止短流并有利于泥渣回流。

⑧ 池中心应设有可以调节喷嘴和喉管进口处间距的设施，一般为喷嘴直径的 1~2 倍。以此控制回流量，适应原水水质变化。

⑨ 池底倾斜角度一般为 45°，池底直径以不大于 1.5m 为宜，池底设放空管。

⑩ 排泥耗水量一般按 5% 考虑。为减少排泥耗水量，当单池处理水量小于 150m³/h 小时，可设一个排泥斗，水量较大时可设两个排泥斗。当水量小于 100m³/h 时，可由池底放空管直接排泥。

⑪ 分离区可装设斜板，以提高出水效果和降低药耗。

⑫ 池径较大时，宜在絮凝筒下部设置伞形罩，以避免第二絮凝室出水的回流短路。

关于各种产水量的水力循环澄清池及其管道的参考尺寸（图 3-50），列于表 3-14 和表 3-15，以供参考。

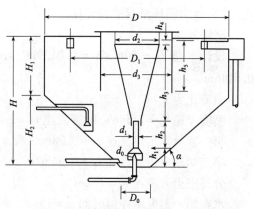

图 3-50　水力循环澄清池部位尺寸符号

水力循环澄清池参考尺寸　　　　　　　表 3-14

流量/(m³/h)	d_0/mm	d_1/mm	d_2	d_3	D_0	D_1	D	h_1
50	50	180	1.10	1.175	0.70	3.30	4.50	0.40
75	60	220	1.36	2.15	0.90	4.25	5.50	0.45
100	70	250	1.60	2.50	1.00	4.66	6.40	0.45
150	85	300	1.95	3.10	1.00	5.70	7.80	0.48
200	100	350	2.23	3.52	1.20	6.55	9.00	0.55
300	120	420	2.75	4.35	1.50	8.10	11.00	0.60
400	140	500	3.30	5.00	1.50	9.30	12.70	0.60
流量/(m³/h)	h_2	h_3	h_4	h_5	H_1	H_2	H	α
50	1.30	3.00	0.5	3.00	3.40	1.90	5.30	45°
75	1.40	3.25	0.5	3.00	3.40	2.30	5.70	45°
100	1.50	3.50	0.5	3.00	3.40	2.70	6.10	45°
150	1.60	3.95	0.5	3.00	3.30	3.40	6.70	45°
200	1.65	3.75	0.5	3.00	3.37	3.28	6.65	40°
300	1.65	4.20	0.5	2.95	3.20	4.00	7.20	40°
400	1.70	4.80	0.5	2.95	3.20	4.70	7.90	40°

注：除流量、d_0、d_1 外，单位为 m。

水力循环澄清池管道直径参考尺寸　　　　　表 3-15

流量（m³/h）	进水管	出水管	排泥管	放空管	溢流管
50	100	100	—	150	100
75	150	150	—	150	150
100	150	150	100	150	150
150	200	200	100	150	200
200	250	250	100	150	250
300	300	300	150	200	300
400	300	300	150	200	300

2) 水力循环澄清池的计算

已知条件

设计水量 $Q = 50\text{m}^3/\text{h} = 0.0139\text{m}^3/\text{s}$，自用水量计 5%，则 $Q_0 = 0.0139 \times 1.05 = 0.0146\text{m}^3/\text{s}$

回流比为 1：4

喷嘴流速 $v_0 = 7.5\text{m/s}$，喉管流速 $v_1 = 3.3\text{m/s}$

第一絮凝室出口流速 $v_2 = 0.08\text{m/s}$

第二絮凝室进口流速 $v_3 = 0.04\text{m/s}$

分离室上升流速 $v_4 = 1.2\text{m/s}$

水在第一絮凝室停留时间 $t_1 = 15\text{s}$

水力循环澄清池的工艺计算简图见图 3-51

设计计算

① 喷嘴（图 3-52）

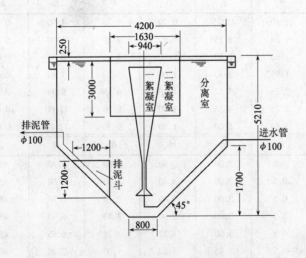

图 3-51　水力循环澄清池剖面

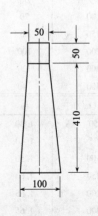

图 3-52　喷嘴

喷嘴直径 $d_0 = \sqrt{\dfrac{4Q_0}{\pi v_0}} = \sqrt{\dfrac{4 \times 0.0146}{3.14 \times 7.5}}$
$= 0.0498\text{m}$

采用 $d_0 = 50\text{mm}$

喷嘴管长采用 460mm，其底部直径为 100mm

喷嘴与喉管的距离，试运行时可在 5~10cm 间调节，视出水水质而定。

② 喉管（图 3-53）

喉管的提升量　　$Q_提 = 4Q_0 = 4 \times 52.56 \approx 210\text{m}^3/\text{h} = 0.0583\text{m}^3/\text{s}$

喉管直径　　　　$d_1 = \sqrt{\dfrac{4Q_提}{\pi v_1}} = \sqrt{\dfrac{4 \times 0.0583}{3.14 \times 3.3}} = 0.15\text{m}$

喉管长度取　　　$l_2 = 6d_1 = 6 \times 150 = 900\text{mm}$

喇叭口斜边采用 45°倾角，高度取 150mm，则喇叭口直径为 $d_2 = 450\text{mm}$

③ 第一絮凝室（图 3-54）

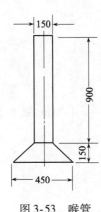

图 3-53　喉管

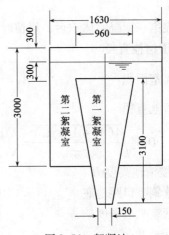

图 3-54　絮凝池

上口面积　　$A_1 = \dfrac{Q_提}{v_2} = \dfrac{0.0583}{0.08} = 0.73\text{m}^2$

上口直径　　$d_3 = \sqrt{\dfrac{4A_1}{\pi}} = \sqrt{\dfrac{4 \times 0.73}{3.14}} = 0.96\text{m}$

设第一絮凝室高度为 h_2，则其容积为：

$$V_1 = \dfrac{\pi h_2}{12}(d_1^2 + d_3^2 + d_1 d_3)$$

水在第一絮凝室停留时间取 $t_1 = 15\text{s}$

因为　　$t_1 = \dfrac{V_1}{Q_提} = \dfrac{\pi h_2 (d_1^2 + d_3^2 + d_1 d_3)}{12 Q_提}$

$h_2 = \dfrac{12 Q_提 \cdot t_1}{\pi (d_1^2 + d_3^2 + d_1 d_3)}$

$= \dfrac{12 \times 15 \times 0.0583}{3.14 \times (0.15^2 + 0.96^2 + 0.15 \times 0.96)} = 3.07\text{m}$

取 $h_2 = 3.1\text{m}$

④ 第二絮凝室（图3-54）

进口断面 $A_2 = \dfrac{Q_{提}}{v_3} = \dfrac{0.0583}{0.04} = 1.46\text{m}^2$

第二絮凝室直径（包括第一絮凝室）

$$d_4 = \sqrt{\dfrac{4(A_1 + A_2)}{\pi}} = \sqrt{\dfrac{4(0.73 + 1.46)}{3.14}} = 1.67\text{m}$$

第二絮凝室高度取 $h_3 = 3\text{m}$（包括超高 0.3m）

第二絮凝室体积（包括第一絮凝室的部分体积）

$$V_2 = \dfrac{\pi d_4^2}{4}(h_3 - 0.3) = \dfrac{3.14 \times 1.67^2}{4}(3 - 0.3) = 5.91\text{m}^3$$

停留时间

$$t_2 = \dfrac{V_2}{Q_{提}} = \dfrac{5.91}{0.0583} = 101\text{s}$$

扣除第一絮凝室体积后，停留时间约为 $t_2 = 90\text{s}$

⑤ 澄清池直径

分离室面积 $A_3 = \dfrac{Q_0}{v_4} = \dfrac{0.0146}{0.0012} = 12.17\text{m}^2$

澄清池直径

$$D = \sqrt{\dfrac{4(A_1 + A_2 + A_3)}{\pi}} = \sqrt{\dfrac{4 \times (0.73 + 1.46 + 12.17)}{3.14}} = 4.28\text{m}，取 4.2\text{m}。$$

⑥ 澄清池高度 H

喉管喇叭口距池底	0.51m
喉管喇叭口高度	0.15m
喉管长度	0.90m
第一絮凝室高度	3.10m
第一絮凝室顶水深	0.30m
超高	0.3m
所以池体总高度为	$H = 5.26\text{m}$

⑦ 坡角

池底直径采用 $D' = 0.8\text{m}$

池底坡角采用 $\alpha = 45°$

$$H_1 = \dfrac{(D - D')}{2} = \dfrac{4.2 - 0.8}{2} = 1.7\text{m}$$

池子直壁部分高度 $H_2 = H - H_1 = 5.26 - 1.7 = 3.56\text{m}$

⑧ 澄清池总体积及停留时间

直壁部分体积 $V_3 = \dfrac{\pi}{4}D^2 H_2 = \dfrac{3.14}{4} \times 4.2^2 \times 3.56 = 49.32\text{m}^3$

锥体部分体积 $V_4 = \dfrac{\pi}{12}H_1(D^2 + D'^2 + DD')$

$$= \frac{\pi}{12} \times 1.7 \times (4.2^2 + 0.8^2 + 4.2 \times 0.8)$$
$$= 9.63 \mathrm{m}^3$$

池的总体积 $V = V_3 + V_4 = 49.32 + 9.63 = 58.95 \mathrm{m}^3$

由此，可粗略计算总停留时间为：
$$t = \frac{V}{Q_0} = \frac{58.95}{50} = 1.12 \mathrm{h}$$

水在池内的实际历时 t'

分离区停留时间
$$t_3 = \frac{h_3 - 0.3}{v_4} = \frac{2.7}{0.0012} = 2250 \mathrm{s} = 37.5 \mathrm{min}$$
$$t = t_1 + t_2 + t_3 = 15 + 90 + 2250 = 2355 \mathrm{s} \approx 40 \mathrm{min}$$

⑨ 排泥设施

泥渣室容积按澄清池总容积1%计，即
$$V_{泥} = 0.01V = 0.01 \times 58.95 \approx 0.59 \mathrm{m}^3$$

设置一个排泥斗，形状采用倒立正四棱锥体，其锥底边长和锥高均为 Z，则其体积为：
$$V_{泥} = \frac{1}{3} Z Z^2 = \frac{1}{3} Z^3$$

所以
$$Z = \sqrt[3]{3 V_{泥}} = \sqrt[3]{3 \times 0.59} = 1.21 \mathrm{m}$$

排泥历时取 $t_4 = 30\mathrm{s}$，排泥管中流速取 $v_5 = 3\mathrm{m/s}$

排泥流量
$$q_0 = \frac{V_{泥}}{t_4} = \frac{0.59}{30} = 0.0197 \mathrm{m}^3/\mathrm{s}$$

排泥管直径
$$d_5 = \sqrt{\frac{4 q_0}{\pi v_5}} = \sqrt{\frac{4 \times 0.0197}{3.14 \times 3}} = 0.09 \mathrm{m}$$

取 $d_5 = 100 \mathrm{mm}$。

泥渣循环型澄清池中大量高浓度的回流泥渣与加过混凝剂的原水中杂质颗粒具有更多的接触碰撞机会，且因回流泥渣与杂质粒径相差较大，故絮凝效果好。在机械搅拌澄清池中，泥渣回流量还可按要求进行调整控制，加之泥渣回流量大、浓度高，故对原水的水量、水质和水温的变化适应性较强，但需要一套机械设备并增加维修工作，结构较复杂。水力循环澄清池结构简单，无需机械设备，但较难控制回流量。故处理效果较机械加速澄清池差，耗药量较大，对原水水量、水质和水温的变化适应性较差。又因池子直径和高度有一定比例，当水量大时，势必池子直径和高度都要增加，以至和其他构筑物在标高配合上发生困难。因此，水力循环澄清池一般适用于中小型水厂。

3.4 气浮

本节所述仅为压力溶气气浮法中的部分回流溶气工艺，至于其他类型的气浮法（如分散空气气浮法、电解凝聚气浮法、全部溶气的压力溶气气浮法、全自动内循环射流气浮法等），由于一般不适用于城镇给水，故不作介绍。

3.4.1 气浮工艺特点及适用条件

气浮与絮粒进行重力自然沉降的沉淀、澄清工艺不同,它是依靠微气泡,使其粘附于絮粒上,从而实现絮粒强制性上浮,达到固、液分离的一种工艺。由于气泡的重度远小于水,浮力很大,因此,能促使絮粒迅速上浮,因而提高了固、液分离速度。

(1) 气浮具有下列特点:

1) 由于它是依靠无数微气泡去粘附絮粒,因此对絮粒的重度及大小要求不高。一般情况下,能减少絮凝时间及节约混凝剂量。

2) 由于带气絮粒与水的分离速度快,因此,单位面积的产水量高,池子容积及占地面积减少,造价降低。

3) 由于气泡捕捉絮粒的机率很高,一般不存在"跑矾花"现象,因此,出水水质较好。有利于后续处理中滤池冲洗周期的延长、冲洗耗水量的节约。

4) 排泥方便,耗水量小;泥渣含水率低,为泥渣的进一步处置,创造了有利条件。

5) 池子深度浅,池体构造简单,可随时开、停,而不影响出水水质,管理方便。

6) 需要一套供气、溶气、释气设备,日常运行的电耗有所增加。

(2) 适用条件

由于气浮是依靠气泡来托起絮粒的,絮粒越多、越重,所需气泡量越多,故气浮一般不宜用于高浊度原水的处理,而较适用于:

1) 低浊度原水(一般原水常年浊度在100NTU以下)。

2) 含藻类及有机杂质较多的原水。

3) 低温度水,包括因冬季水温较低而用沉淀、澄清处理效果不好的原水。

4) 水源受到污染,色度高、溶解氧低的原水。

3.4.2 气浮工艺流程

气浮工艺流程见图3-55。

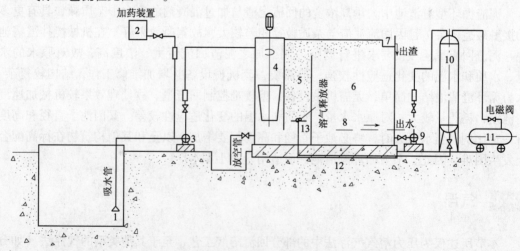

图3-55 气浮工艺流程示意

1—原水取水口;2—絮凝剂投加设备;3—原水泵;4—絮凝池;5—气体接触室;6—气浮分离室;7—排渣槽;8—集水管;9—回流水泵;10—压力溶气罐;11—空气压缩机;12—溶气水管;13—溶气释放器

原水经投加絮凝剂后，由原水泵3提升进入絮凝池4。经絮凝后的水自池底部进入气浮池接触室5，并与溶气释放器13释出的含微气泡水相遇，絮粒与气泡粘附后，即在气浮分离室6进行渣、水分离。浮渣布于池面，定期刮（溢）入排渣槽7；清水由集水管8引出，进入后续处理构筑物。其中部分清水，则经回流水泵9加压，进入压力溶气罐10；与此同时，空气压缩机11亦将压缩空气压入压力溶气罐，在溶气罐内完成溶气过程，并由溶气水管12将溶气水输往溶气释放器13，供气浮用。

3.4.3 气浮池的形式

气浮池的布置形式较多，根据原水水质特点及与前、后构筑物衔接等条件，已建成了多种形式的气浮池，其中不仅有平流与竖流式的布置、方形与圆形的布置，同时还出现了气浮与絮凝、气浮与沉淀、气浮与过滤相结合的形式。

1. 平流式气浮池

平流式气浮池是目前采用较多的一种形式。

平流式气浮池的特点是池深浅（有效水深约2m左右），造价低，管理方便。但与后续滤池在高度上不易匹配。

(1) 某水厂5000m^3/d气浮池采用了此种形式。主要设计数据：

1) 采用孔室旋流絮凝，絮凝池分为10格，每格1.54m×1.54m，孔口流速由1.0m/s逐步递减至0.15m/s，总水头损失约为0.5m，停留时间为15min。

2) 气浮池接触室上升流速采用21mm/s，分离区分离速度采用2.0mm/s。

3) 回流比为10%，溶气罐压力为0.31MPa，气浮池停留时间为17min。

4) 溶气释放器采用TS-Ⅱ型，共28只，分二排交错布置。

5) 刮渣采用桥式刮渣机，行车速度5.1m/min，刮渣方向与出水方向相反，为逆向刮渣。出水渠中的堰为测定流量而设，在生产设施中可以省去。

根据对平流式气浮池的运行观察及测定表明，在分离区内，由于气泡粘附絮粒的上浮速率很快，因此，在池面以下1m处的水质已接近于底部出流的水质。为了节省这部分多余的容积，可以设计成接触室局部加深的浅型气浮池。

(2) 某厂的10000m^3/d气浮池采用了浅型形式。工艺布置示意见图3-56。主要设计数据：

1) 采用往复式折板絮凝，折板分为三种规格，共六条。为使往复式流向改变为上下流向，增设絮凝过渡段。水流速度从0.5m/s降至0.2m/s；絮凝总停留时间为10min，水头损失约0.40m。

2) 气浮接触区的水流上升流速采用20mm/s，分离区的分离速度采用2.0mm/s。

3) 回流比采用10%，溶气罐压力为0.32MPa，气浮池停留时间为12min。

4) 溶气释放器采用TS-E型28只，再加TJ-B型8只。

5) 刮渣采用桥式刮渣机，刮渣为顺向刮除。

6) 气浮池水深为1.4m，其局部深度为2.7m。

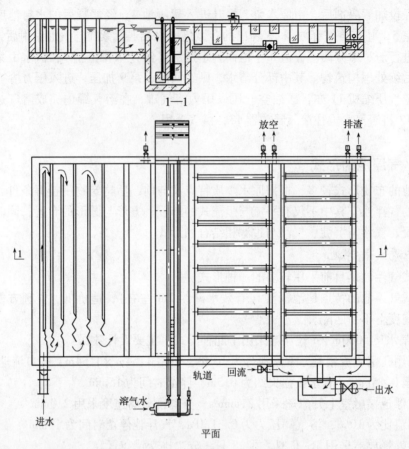

图 3-56　某厂浅型气浮池工艺布置示意

2. 竖流式气浮池

（1）竖流式气浮池的特点：

1）该种池型高度较大，水流基本上是纵向的。接触室在池的中心部位，水流向四周扩散，水流条件比平流式的单侧出流要好，在高程上也容易与后续滤池相配合。

2）该种池型的分离区水深过大（分离区停留时间过长），浪费了一部分水池容积。因此，为弥补这一缺陷，出现了与絮凝相结合的竖流式气浮池。

（2）图 3-57 为某水厂的 3000m^3/d 气浮池，采用该种形式布置。该池主要设计数据：

1）絮凝形式采用孔室旋流反应。整体池形为正方形，下部以井字形划分为面积相等的九格，外缘八格为孔室，中间一格为气浮池的接触室。池上部的四周为气浮分离室。

2）絮凝池的总停留时间为 22.6min。

3）孔室絮凝的孔口流速由 1.14m/s 逐次降至 0.05m/s。

4）接触室的上升流速为 20mm/s，分离区的分离速度为 1.9mm/s，分离室停留时间为 12min。

5）溶气罐压力为 0.36MPa，回流比为 10%。

6）刮渣机采用桥式，单向刮除。

7）释放器采用 TS-Ⅱ型 16 只。

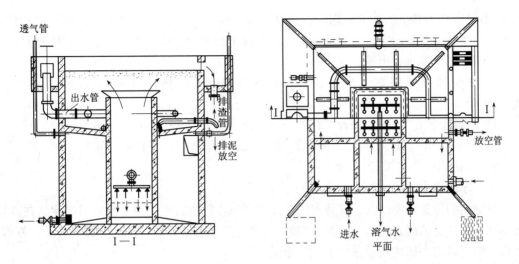

图 3-57 某水厂 3000m³/d 气浮池

3. 与沉淀相结合的气浮池

(1) 特点：气浮池适宜于浊度较低、水中悬浮杂质较轻的原水，但不少地区在一年内往往会出现一段时间的浊度偏高。为使气浮池适应这种变化，可以考虑将一部分或大部分较重的颗粒先通过沉淀予以去除，然后将另一部分轻飘而尚未沉淀的颗粒，通过气浮处理去除。这样既能提高出水水质，又能充分发挥两种处理方法的各自特长，提高综合净水效果。

(2) 某厂 1000m³/d 净水站采用沉淀与气浮相结合的池型。其工艺布置示意见图 3-58。设计主要数据：

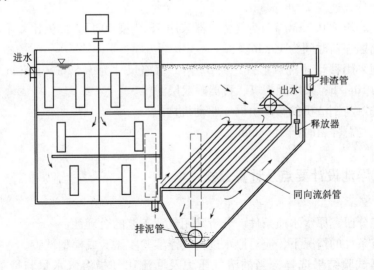

图 3-58 某净水站沉淀、气浮池布置示意

1) 加过混凝剂的原水经上、中、下三格搅拌絮凝，并通过斜管与直壁所组成的导流区，进入同向流斜管沉淀（为提高沉淀效果，此处用斜管而不用斜板。斜管倾角 45°，管

长1.41m），在斜管上的泥渣依靠水流的推力及其自重沉入底部的泥斗中。尚不能沉淀去除的絮粒继续随水流向上，遇到溶气释放器所释出的微气泡后，即形成带气絮粒而上浮至池面，清水则由集水管出流。

2）絮凝部分采用立式机械搅拌，共分三级，桨板转速为8~10r/min；絮凝时间12.6min。

3）气浮池深度0.7m，表面负荷率$10m^3/(h \cdot m^2)$，停留时间4.2min。

4）斜管体积$2.2m^3$，斜管内流速7.42mm/s，斜管部分的停留时间8.4min。

5）全池总停留时间25.2min。

4. 与过滤相结合的气浮池

气浮池的池深无需过大，其分离区下部的容积往往可另作利用（特别当气浮池在高程上不易与后续滤池配套时），为此，出现了气浮与过滤相结合的气浮池形式。武汉、苏州、无锡等某些自来水厂均先后采用了此种形式。

图3-59为某水厂$15000m^3/d$气浮、移动罩滤池工艺布置示意。该池的主要设计数据：

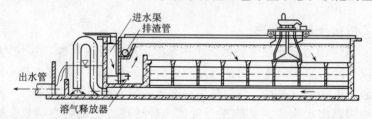

图3-59 某水厂气浮、移动罩滤池工艺布置示意

（1）采用孔室旋流絮凝，共七格。再经配水渠进入气浮，停留时间19min。

（2）气浮分离速度2.0mm/s。

（3）溶气罐压力0.35MPa，溶气释放器采用TS-V型20只，回流比采用5%~10%。

（4）分离区停留时间为10min。

（5）滤池采用移动冲洗罩形式，共32格，每格尺寸为1.52m×1.52m，滤速（包括回流水量）为10m/h；采用无烟煤、石英砂双层滤料。

（6）冲洗罩与刮渣机的移动由同一驱动机构执行。

（7）构筑物总停留时间为38min。

3.4.4 气浮池设计要点及计算公式

1. 设计要点

（1）要充分研究原水水质条件，分析采用气浮工艺的合理性。

（2）在有条件的情况下，应对原水进行气浮实验室试验或模型试验。

（3）根据试验结果选择恰当的溶气压力及回流比（指溶气水量与待处理水量之比值）。通常溶气压力采用0.2~0.4MPa，回流比取5%~10%。

（4）根据试验选定的絮凝剂种类及其投加量和完成絮凝的时间及难易程度，确定絮凝的形式和絮凝时间。通常絮凝时间取10~20min。

（5）为避免打碎絮粒，絮凝池宜与气浮池连建。进入气浮接触室的水流尽可能分布均匀，流速一般控制在 0.1m/s 左右。

（6）接触室应为气泡与絮粒提供良好的接触条件，其宽度还应考虑安装和检修的要求。水流上升流速一般取 10~20mm/s，水流在室内的停留时间不宜小于60s。

（7）接触室内的溶气释放器，需根据确定的回流水量、溶气压力及各种型号释放器的作用范围确定合适的型号与数量，并力求布置均匀。

（8）气浮分离室应根据带气絮粒上浮分离的难易程度确定水流（向下）流速，一般取 1.5~2.5mm/s，即分离室表面负荷率取 5.4~9.0m³/(h·m²)。

（9）气浮池的有效水深一般取 2.0~2.5m，池中水流停留时间一般为 15~30min。

（10）气浮池的长宽比无严格要求，一般以单格宽度不超过 10m，池长不超过 15m 为宜。

（11）气浮池排渣，一般采用刮渣机定期排除。集渣槽可设置在池的一端、两端或径向。刮渣机的行车速度宜控制在 5m/min 以内。

（12）气浮池集水应力求均匀，一般采用穿孔集水管，集水管内的最大流速宜控制在 0.5m/s 左右。

（13）压力溶气罐一般采用阶梯环为填料，填料层高度通常采用 1.0~1.5m。罐直径一般根据过水截面负荷率 100~200m³/(h·m²) 选取，罐高度在 2.5~3.5m 之间。

2. 计算公式

计算公式　　　　　　　　　　　　　　　表 3-16

公　　式	计算符号及数据说明
1. 加压溶气水量 Q_p： 　　$Q_p = R'Q$ （m³/h） 2. 气浮所需空气量 Q_g： 　　$Q_g = Q_g a \phi$ （L/h） 3. 空压机所需额定气量 Q'_g： 　　$Q'_g = \dfrac{Q_g}{60 \times 1000} \varphi$ （m³/min） 4. 接触室平面面积 A_c： 　　$A_c = \dfrac{Q + Q_p}{3600 v_c}$ （m²） 5. 分离室平面面积 A_s： 　　$A_s = \dfrac{Q + Q_p}{3600 v_s}$ （m²） 6. 池水深 H： 　　$H = v_s t$ （m） 7. 压力溶气罐直径 D： 　　$D = \sqrt{\dfrac{4 Q_p}{\pi I}}$ （m） 8. 压力溶气罐高度 Z： 　　$Z = 2Z_1 + Z_2 + Z_3 + Z_4$ （m） 9. 溶气释放器个数 n： 　　$n = \dfrac{Q_p}{q}$	Q——气浮池设计产水量（m³/h） R'——选定溶气压力下的回流比（%） a——选定溶气压力下的释气量（L/m³） ϕ——水温校正系数，取 1.1~1.3（生产中最低水温与试验时水温相差大者取高值） φ——安全与空压机效率系数，一般取 1.2~1.5 v_c——选定的接触室水流上升平均速度（m/s） v_s——选定的分离室水流向下平均速度（m/s） t——分离室中水流停留时间（s） I——单位罐截面的过流能力 [m³/(h·m²)]，对填料罐一般选用 100~200m³/(h·m²) Z_1——罐顶，底的封头高度（m） Z_2——布水区高度（m），一般取 0.2~0.3m Z_3——贮水区高度（m），一般取 1.2~1.4m Z_4——填料层高度，当采用阶梯环时，可取 1.0~1.3m q——选定溶气压力下，单个释放器的出流量（m³/h）

3. 计算示例

（1）已知条件

某厂取河水为水源，常年浊度在 70NTU 左右，最低约 15NTU，最高在 180NTU 左右。夏、秋季水中藻类含量较高，冬季最低水温 5℃。通过试验与方案比较，拟采用部分回流的平流式气浮池。该池的设计水量为 5000m³/d。

1）试验数据：对原水进行气浮试验得知：在水温 20℃溶气压力为 0.25MPa 时，采用 TS 型溶气释放器，其释气量为 40mL/L。当回流比为 10% 时，出水浊度可降至 4NTU 左右，除藻率在 80% 以上。

2）基本设计数据的确定：

① 絮凝时间采用 20min。

② 回流比取 10%。

③ 接触室上升流速采用 20mm/s。

④ 气浮分离速度采用 2mm/s。

⑤ 溶气罐过流密度取 150m³/（h·m²）。

⑥ 溶气罐压力定为 0.25MPa。

⑦ 气浮池分离室停留时间为 16min。

⑧ 池型布置见图 3-60。

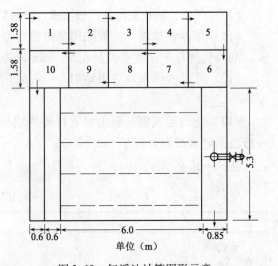

图 3-60 气浮池计算图形示意

（2）设计计算：

1）絮凝池：采用网格絮凝池

2）气浮池：

① 加压溶气水水量：

$$Q_p = R'Q = 10\% \times 5000/24 = 20.8 \text{m}^3/\text{h}$$

同时根据所需压力为 0.25MPa，选取 IS65-50-160A 型号水泵一台，为安全计，增设一台备用。

② 气浮所需空气量：

$$Q_g = Q_p \alpha \phi = 20.8 \times 40 \times 1.2 = 1000 \text{L/h}$$

③ 空气压缩机所需额定气量

$$Q'_g = \frac{Q_g}{60 \times 1000} \varphi = \frac{1000}{60 \times 1000} \times 1.4 = 0.023 \text{m}^3/\text{min}$$

故选用 Z-0.025/6 型空压机一台，为安全计，增设一台备用。

④ 压力溶气罐直径：

$$D = \sqrt{\frac{4Q_p}{\pi I}} = \sqrt{\frac{4 \times 20.8}{\pi \times 150}} = 0.42\text{m}$$

选用标准填料罐，TR-4 型溶气罐一只。

⑤ 气浮接触室尺寸：

接触室平面面积：$A_c = \dfrac{Q + Q_p}{v_c} = \dfrac{5000/24 + 20.8}{20 \times 0.001 \times 3600} = 3.18\text{m}^2$

接触室宽度选用 $b_c = 0.6$m，则接触室长度（即气浮池宽度）：

$$B = \frac{A_c}{b_c} = \frac{3.18}{0.6} = 5.3\text{m}$$

接触室出口处的堰上流速以不超过接触室上升流速为宜，故堰上水位 $H_2 = b_c = 0.60\text{m}$。

⑥ 气浮分离室尺寸

分离室平面面积： $A_s = \dfrac{Q + Q_p}{v_s} = \dfrac{208 + 20.8}{2 \times 0.001 \times 3600} = 31.8\text{m}^2$

分离室长度： $L_s = \dfrac{A_s}{B} = \dfrac{31.8}{5.3} = 6.0\text{m}$

⑦ 气浮池水深：

$$H = v_s t/1000 = 2 \times 16 \times 60/1000 = 1.92\text{m}$$

⑧ 气浮池的容积：

$$W = (A_c + A_s)H = (3.18 + 31.8) \times 1.92 = 67.2\text{m}^3$$

总停留时间： $T = \dfrac{60 \times W}{Q + Q_p} = \dfrac{60 \times 67.2}{208 + 20.8} = 17.6\text{min}$

接触室气、水接触时间：

$$t_c = \frac{H - H_2}{v_c} = \frac{1.92 - 0.60}{0.02} = \frac{1.32}{0.02} = 66\text{s}(> 60\text{s})$$

⑨ 气浮池集水管：集水管采用穿孔管，沿池长方向均布四根（管间距1.33m），每根管的集水量 $q = \dfrac{Q + Q_p}{4} = 57.2\text{m}^3/\text{h}$，选用管直径 $D = 200\text{mm}$，管中最大流速为0.51m/s。

如允许气浮池与后续滤池有0.3m的水位落差（即允许穿孔集水管孔眼有近于0.3m的水头损失），则集水孔口的流速 $v_0 = \mu\sqrt{2gh} = 0.97\sqrt{2 \times 9.81 \times 0.3} = 2.35\text{m/s}$，每根集水管的孔口总面积 $\omega = \dfrac{q}{\zeta v_0} = \dfrac{57.2}{3600 \times 0.64 \times 2.35} = 0.0106\text{m}^2$，式中 ξ 为孔口收缩系数，取0.64。

设孔口直径为15mm，则每孔面积 $\omega_0 = 0.000177\text{m}^2$。

孔口数： $n = \dfrac{\omega}{\omega_0} = \dfrac{0.0106}{0.000177} = 60$ 只

气浮池长为6.0m，穿孔管有效长度 L 取5.7m，则孔距 $l = \dfrac{L}{n} = \dfrac{5.7}{60} = 0.095\text{m}$。

⑩ 释放器的选型：根据选定的溶气压力0.25MPa及回流溶气水量20.8m³/h，选用TV-Ⅱ型释放器，这时该释放器的出流量为2.32m³/h，则释放器的个数 $N = \dfrac{20.8}{2.32} \approx 9$ 只，采用单行布置，释放器间距 $= \dfrac{5.3}{9} = 0.59\text{m}$。

⑪ 集渣槽设于气浮池进入端，采用桥式刮渣机逆向刮渣，刮渣机选用TQ-5型。

第4章 过 滤

4.1 过滤概述

4.1.1 过滤的概述

在常规水处理过程中,过滤一般是指以石英砂、无烟煤等粒状滤料层截留水中悬浮杂质,去除水中细小悬浮物、细菌、病毒等物质从而使水获得澄清的工艺过程。滤池通常置于沉淀池或澄清池之后。滤池进水浊度一般在10NTU以下。过滤一般是给水处理最终工序,因此过滤出水浊度必须达到饮用水标准。当原水浊度较低(一般在100NTU以下),且水质较好时,也可采用原水直接过滤。过滤的功效,不仅在于进一步降低水的浊度,而且水中有机物、细菌乃至病毒等将随水的浊度降低而被部分去除。至于残留于滤后水中的细菌、病毒等在失去浑浊物的保护或依附时,在滤后消毒过程中也将容易被杀灭,这就为滤后消毒创造了良好条件。在饮用水的净化工艺中,有时沉淀池或澄清池可省略,但过滤是不可缺少的,它是保证饮用水卫生安全的重要措施。

滤池有多种形式。以石英砂作为滤料的普通快滤池使用历史最久。在此基础上,人们从不同的工艺角度发展了其他型式快滤池。为充分发挥滤料层截留杂质能力,出现了滤料粒径循水流方向减小或不变的过滤层,例如,双层、多层及均质滤料滤池,上向流和双向流滤池等。为了减少滤池阀门,出现了虹吸滤池、无阀滤池、移动罩冲洗滤池以及其他水力自动冲洗滤池等。在冲洗方式上,有单纯水冲洗和气水反冲洗两种。各种形式滤池,过滤原理基本一样,基本工作过程也相同,即过滤和冲洗交错进行。兹以普通快滤池为例(图4-1),介绍快滤池工作过程。

过滤 过滤时,开启进水支管2与清水支管3的阀门。关闭冲洗水支管4阀门与排水阀5。浑水就经进水总管1、支管2从浑水渠6进入滤池。经过滤料层7、承托层8后,出配水系统的配水支管9汇集起来再经配水系统干管渠10、清水支管3、清水总管12流往清水池。浑水流经滤料层时,水中杂质即被截留。随着滤层中杂质截留量的逐渐增加,滤料层中水头损失也相应增加。一般当水头损失增至一定程度以致滤池产水量减少,或由于滤过水质不符合要求时,滤池便须停止过滤进行冲洗。

冲洗 冲洗时,关闭进水支管2与清水支管3阀门。开启排水阀5与冲洗水支管4阀门。冲洗水即由冲洗水总管11、支管4,经配水系统的干管、支管及支管上的许多孔眼流出,由下而上穿过承托层及滤料层,均匀地分布于整个滤池平面上。滤料层在由下而上均匀分布的水流中处于悬浮状态,滤料得到清洗。冲洗废水流入冲洗排水槽13,再经浑水渠6、排水管和废水渠14进入下水道或收集起来进行污泥处理。冲洗一直进行到滤料基本洗干净为止。冲洗结束后,过滤重新开始。从过滤开始到冲洗结束的一段时间称为快滤池工作周期。从过滤开始至过滤结束称为过滤周期。

快滤池的产水量决定于滤速（以 m/h 计）。滤速相当于滤池负荷。滤池负荷以单位时间，单位过滤面积上的过滤水量计，单位为 $m^3/(m^2 \cdot h)$。按设计规范，单层砂滤池的滤速约 8~10m/h，双层滤料滤速约 10~14m/h，多层滤料滤速一般可用 18~20m/h。工作周期也直接影响滤池产水量。因为工作周期长短涉及滤池实际工作时间和冲洗水量的消耗。周期过短，滤池日产水量减少。一般工作周期为 12~24h。

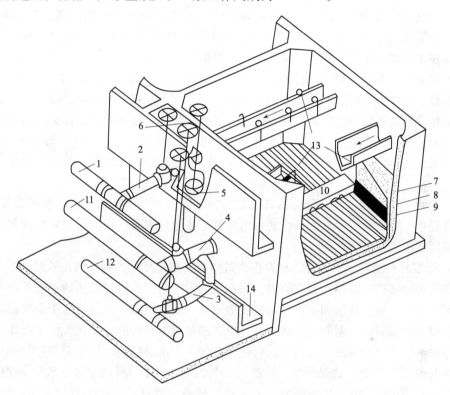

图 4-1　普通快滤池构造剖视图（箭头表示冲洗水流方向）

1—进水总管；2—进水支管；3—清水支管；4—冲洗水支管；5—排水阀；6—浑水渠；
7—滤料层；8—承托层；9—配水支管；10—配水干管；11—冲洗水总管；12—清水总管；
13—冲洗排水槽；14—废水渠

4.1.2 过滤技术进展

过滤技术是传统的水处理技术，是产生高质量出水的关键，在原水给水、微污染水的深度处理以及污水回用中都得到普遍应用。随着水资源严重短缺，水源污染严重和对水质要求的提高，对传统水处理工艺中的过滤技术提出了更高要求。近几十年来国内外积极探索对传统滤池的优化革新，主要以实现沿水流方向增加穿透深度的"理想滤层"为指导思想，实践中有开发新型滤料，采用均粒度或反粒度多层滤料滤池，或工艺上改变水流方向等多方面的革新措施；其次改善滤池的有效冲洗，在水反冲洗的前提下，增加表面辅助冲洗和气水反冲洗等操作方式；此外将过滤由间歇操作转变为连续处理过程以及向精密过滤的拓展都推动了过滤技术不断发展，出现了许多新型过滤设备，拓展了应用领域。

水处理过程中，早期的石英砂、无烟煤等天然滤料被广泛选用，但由于其比表面积小、孔隙率小，截污能力受到限制。20世纪70年代以来，国内外开始新型人工滤料的研究，主要是采用均匀滤料和新型材料，先后出现了陶粒滤料、泡沫塑料滤料和纤维滤料等。

(1) 陶粒 最早在原苏联开发应用，是用黏土或类似材料经适当处理后，高温焙烧制成，由于外表粗糙多棱角，内部及表面孔洞很多，作为滤料具有孔隙率高，比表面积大，相对密度轻等优点，我国在20世纪70年代中期开始研究并逐步得到应用。陶粒滤料的缺点是机械强度较差，多次冲洗易破碎而损耗，价格偏高。

(2) 瓷砂 以优质高岭土为原料，掺和一定的成孔剂、粘合剂和发泡剂，经过炼泥、陈腐、成型、干燥，经高温烧结而成的一种球形均质滤料，瓷砂一般为粒径1.5~2.5mm的圆形颗粒，颗粒表面粗糙坚硬，外观白色，呈麻点状，内部多微孔，作为滤料不仅孔隙率高，比表面积大，密度小，易清洗而且具有耐腐蚀、抗冲击、抗氧化、硬度大等优点，使用寿命长，可达10~20年。瓷砂滤料过滤效果好且反冲洗容易，省时、省水、管理方便。

(3) 轻质泡沫塑料球粒 球粒具有孔隙均匀、密度小、水头损失低、易搬运等优点，在过滤过程中，可避免发生反冲洗后的水力分级造成滤料表层悬浮颗粒聚集的现象，从而使整个滤层都能发生截污作用。

(4) 纤维材料滤料 采用纤维材料作为过滤材料的出发点是鉴于其比砂或其他实体颗粒材料具有大得多的比表面积和空隙率，在不增加过滤阻力的同时能使滤料粒径达到几十微米甚至几微米，极大地增加了滤料的比表面积和表面自由能，增加了水中杂质颗粒与滤料的接触机会和滤料的吸附能力，从而具有更大的截污和纳污能力。此外由于纤维材料是一种弹性材料，在其构成的滤层内沿滤层深度方向由于水的静压作用空隙率逐渐减小，更符合"理想滤层"概念，这是纤维滤料的另一个优点。纤维材料用于除去水中杂质已有几十年历史，从20世纪80年代初期始，陆续有了低卷曲纤维椭球过滤材料、实心纤维球、中心结扎纤维球、卷缩纤维中心结扎纤维球、棒状纤维和彗星式纤维过滤材料等出现。图4-2所示为几种典型的纤维滤料示意图。实心纤维球可通过改变实心体的密度而改善滤床特性；中心结扎纤维球有弹性，密实度由中心向周边递减，孔隙率可达90%以上；卷缩纤维中心结扎纤维球的特点是弹性好、耐机械变形。纤维球滤料实践表明与砂滤池相比滤速显著提高，采用相同滤速，过滤周期延长，可有效除去$0.5~1.0\mu m$级的微小悬浮物。缺点是价格较贵。反冲洗纤维不易散开等有待解决。彗星式纤维过滤材料是一种新型的不对称构型过滤材料。综合技术指标较好，值得进一步深入研究。

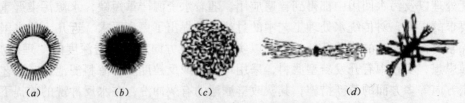

图4-2 几种典型纤维滤料示意图
(a) 实心纤维球；(b) 中心结扎纤维球；
(c) 卷缩纤维中心结扎纤维球；(d) 彗星式纤维材料构型

(5) 其他过滤材料

1) 滤料表面的改型处理　为强化滤料的去污能力，增强滤池的处理能力，采取一些强化措施，对滤料表面进行改型处理，比如将二氧化锰涂渍到石英砂滤料表面，改变石英砂的表面吸附能力，可对水中有机污染物如硝基化合物，三卤甲烷等消毒副产物进行强化去除，对一些臭味有机物的去除能力甚至超过臭氧对他们的氧化作用。再比如在石英砂滤料表面培养附着一层超薄生物膜，使保持传统快滤池过滤能力的同时，可以去除原水中的微量有机物。

2) 专用滤料　除常用滤料外还有为去除水中某种杂质的专用滤料，如为去除地下水的铁，采用锰砂作滤料；为了去除水中的臭味和游离性余氯等采用活性炭作滤料。

4.2　过滤基本原理

为说明过滤原理，以简化的球形滤料的单层砂滤池为例，设滤料粒径为 0.5~1.2mm，滤层厚度一般为 700mm。经反冲洗水力分选后，滤料粒径自上而下大致按由细到粗依次排列，称滤料的水力分级，滤层中孔隙尺寸也因此由上而下逐渐增大。设表层细砂粒径为 0.5mm，以球体计，滤料颗粒之间的孔隙尺寸约 $80\mu m$。但是，进入滤池的悬浮物颗粒尺寸大部分小于 $30\mu m$，仍然能被滤层截留下来，而且在滤层深处（孔隙大于 $80\mu m$）也会被截留，说明过滤显然不是机械筛滤作用的结果。通常认为过滤主要是悬浮颗粒与滤料颗粒之间粘附作用的结果。

水流中的悬浮颗粒能够粘附于滤料颗粒表面上，涉及两方面问题。首先，被水流挟带的颗粒如何与滤料颗粒表面接近或接触，这就涉及颗粒脱离水流流线而向滤料颗粒表面靠近的迁移机理；第二，当颗粒与滤粒表面接触或接近时，依靠哪些力的作用使得他们粘附于滤粒表面上，这就涉及粘附机理。

(1) 颗粒迁移

在过滤过程中，滤层孔隙中的水流一般属层流状态。被水流挟带的颗粒将随着水流流线运动。它之所以会脱离流线而与滤粒表面接近，完全是一种物理—力学作用。一般认为由以下几种作用引起：拦截、沉淀、惯性、扩散和水动力作用等。图 4-3 为上述几种迁移机理的示意图。

1) 拦截　颗粒尺寸较大时，处于流线中的颗粒会直接碰到滤料表面产生拦截作用。
2) 沉淀　颗粒沉速较大时会在重力作用下脱离流线，产生沉淀作用。
3) 惯性　颗粒具有较大惯性时也可以脱离流线与滤料表面接触。
4) 扩散　颗粒较小、布朗运动较剧烈时会扩散至滤粒表面。
5) 水动力　在滤粒表面附近存在速度梯度，非球体颗粒由于在速度梯度作用下，产生转动而脱离流线与颗粒表面接触。

对于上述迁移机理，目前只能定性描述，其相对作用大小尚无法定量估算。虽然也有某些数学模式，但还不能解决实际问题。可能几种机理同时存在，也可能只有其中某些机理起作用。例如，进入滤池的凝聚颗粒尺寸一般较大，扩散作用几乎无足轻重。这些迁移机理所受影响因素较复杂，如滤料尺寸、形状、滤速、水温、水中颗粒尺寸、形状和密度等。

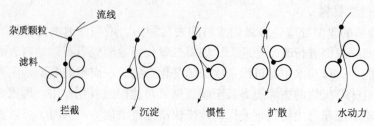

图 4-3 颗粒迁移机理示意

(2) 颗粒粘附

颗粒粘附作用是一种物理化学作用。当水中杂质颗粒迁移到滤料表面上时，则在范德华引力和静电力相互作用下，以及某些化学键和某些特殊的化学吸附力下，被粘附于滤料颗粒表面上，或者粘附在滤粒表面上原先粘附的颗粒上。此外，絮凝颗粒的架桥作用也会存在。粘附过程与澄清池中的泥渣所起的粘附作用基本类似，不同的是滤料为固定介质，排列紧密，效果更好。因此，粘附作用主要决定于滤料和水中颗粒的表面物理化学性质。未经脱稳的悬浮物颗粒，过滤效果很差，这就是证明。不过，在过滤过程中，特别是过滤后期，当滤层中孔隙尺寸逐渐减小时，表层滤料的筛滤作用也不能完全排除，但这种现象并不希望发生。

(3) 滤层内杂质分布规律

过滤时，滤料与颗粒粘附同时，还存在由于孔隙中水流剪力作用而导致颗粒从滤料表面上脱落趋势。粘附力和水流剪力相对大小，决定了颗粒粘附和脱落的程度。图 4-4 为颗粒粘附力和平均水流剪力示意图。图中 F_{a1} 表示颗粒 1 与滤料表面的粘附力；F_{a2} 表示颗粒 2 与颗粒 1 之间的粘附力；F_{s1} 表示颗粒 1 所受到的平均水流剪力；F_{s2} 表示颗粒 2 所受到的平均水流剪力；F_1、F_2 和 F_3 均表示合力。过滤初期，滤料较干净，孔隙率较大，孔隙流速较小，水流剪力 F_{s1} 较小，因而粘附作用占优势。随着过滤时间的延长，滤层中杂质逐渐增多，孔隙率逐渐减小，水流剪力逐渐增大，脱落作用增强以至最后粘附上的颗粒（如图 4-4 中颗粒 3）将首先脱落下来，或者被水流挟带的后续颗粒不再有粘附现象。于是，悬浮颗粒便向下层推移，下层滤料截留作用逐渐得到发挥。

但是当下层滤料截留悬浮颗粒作用远未得到充分发挥时，过滤就得停止。这是因为，滤料经反冲洗后，滤层因膨胀而分层，表层滤料粒径最小，粘附比表面积最大，截留悬浮颗粒量最多，而孔隙尺寸又最小，因此，过滤到一定时间后，表层滤料间孔隙将逐渐被堵塞。严重时，甚至产生筛滤作用而形成泥膜，使过滤阻力剧增。其结果是：在一定过滤水头下滤速减小；或在一定滤速下水头损失达到极限值；或者因滤层表面受力不均匀而使泥膜产生裂缝时，大量水流将自裂缝中流出，以致悬浮杂质穿过滤层而使出水水质恶化。当上述两种情况之一出现时，过滤将被迫停止。当过滤周期结束后，滤层中所截留的悬浮颗粒量在滤层深度方向变化很大，见图 4-5 中曲线。图中滤层含污量系指单位体积滤层中所截留的杂质量。在一个过滤周期内，如果按整个滤层计，单位体积滤料中的平均含污量称为"滤层含污能力"，单位仍以 g/cm^3 或 kg/m^3 计。图 4-5 中曲线与坐标轴所包围的面积除以滤层总厚度即滤层含污能力。在滤层厚度一定下，此面积愈大，滤层含污能力愈大。很显然，如果悬浮颗粒量在滤层深度方向变化愈大，表明下层滤料截污作用愈小，就整个滤层而言，提高滤层含污能力可相应延长过滤周期。

（4）提高过滤效率的途径

由于循水流方向滤料粒径上细下粗造成杂质分布严重不均，为了提高滤层含污能力，便出现了双层滤料、三层滤料或混合滤料及均质滤料等滤层组成，见图4-6。

双层滤料组成：上层采用密度较小、粒径较大的轻质滤料（如无烟煤，密度约$1.5g/cm^3$，粒径$0.8 \sim 1.8mm$），下层采用密度较大、粒径较小的重质滤料（如石英砂，密度$2.65g/cm^3$，粒径$0.5 \sim 1.2mm$）。由于两种滤料密度差，在一定反冲洗强度下，反冲后轻质滤料仍在上层，重质滤料位于下层，见图4-6（a）。虽然每层滤料粒径仍由上而下递增，但就整个滤层而言，上层平均粒径总是大于下层平均粒径。实践证明，双层滤料含污能力较单层滤料约高1倍以上。在相同滤速下，过滤周期增长；在相同过滤周期下，滤速可提高。图4-5中曲线2（双层滤料）与坐标轴所包围的面积大于曲线1（单层滤料），表明在滤层厚度相同、滤速相同下，双层滤料含污能力大于单层滤料，间接表明双层滤料过滤周期更长。

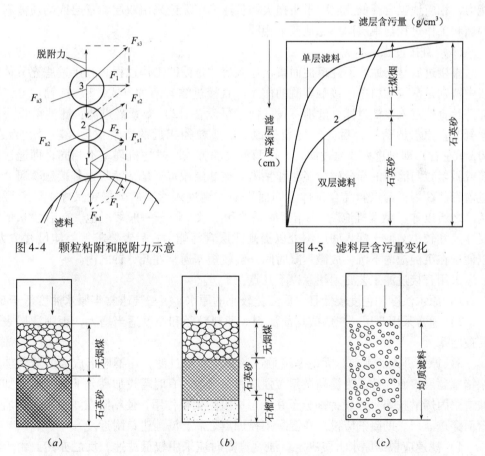

图4-4 颗粒粘附和脱附力示意　　图4-5 滤料层含污量变化

图4-6 几种滤料组成示意

三层滤料组成：上层为大粒径、小密度的轻质滤料（如无烟煤），中层为中等粒径、中等密度的滤料（如石英砂），下层为小粒径、大密度的重质滤料（如石榴石），见图4-6

(b)，具体尺寸见表4-1。各层滤料平均粒径由上而下递减。如果三种滤料经反冲洗后在整个滤层中适当混杂，即滤层的每一横断面上均有煤、砂、重质矿石三种滤料存在，则称"混合滤料"。尽管称之为混合滤料，但绝非三种滤料在整个滤层内完全均匀地混合在一起，上层仍以煤粒为主，掺有少量砂、石；中层仍以砂粒为主，掺有少量煤、石；下层仍以重质矿石为主，掺有少量砂、煤。平均粒径仍由上而下递减，否则就完全失去三层或混合滤料的优点。这种滤料组成不仅含污能力大，且因下层重质滤料粒径很小，对保证滤后水质有很大作用。

均质滤料组成：均质滤料并非指滤料粒径完全相同，滤料粒径仍存在一定程度的差别（差别比一般单层级配滤料小），而是指沿整个滤层深度方向的任一横断面上，滤料组成和平均粒径均匀一致［图4-6（c）］。要做到这一点，必要的条件是反冲洗时滤料层不能膨胀。当前应用较多的气水反冲滤池大多属于均质滤料滤池。这种均质滤料层的含污能力显然也大于上细下粗的级配滤层。

总之，滤层组成的改变，是为了改善单层级配滤料层中杂质分布状况，提高滤层含污能力，相应地也会降低滤层中水头损失增长速率。无论采用双层、三层或均质滤料，滤池构造和工作过程与单层滤料滤池基本相同。

(5) 直接过滤

直接过滤是指原水不经沉淀而直接进入滤池过滤的工作过程。直接过滤充分体现了滤层中特别是深层滤料中的接触絮凝的作用。直接过滤有两种方式：1）接触过滤：原水经加药后直接进入滤池过滤，滤前不设任何絮凝设备。2）微絮凝过滤：滤池前设一简易微絮凝池，原水加药混合后先经微絮凝池，形成粒径相近的微絮粒后（粒径大致在40~60μm左右）即刻进入滤池过滤。上述两种过滤方式，过滤机理基本相同，即通过脱稳颗粒或微絮粒与滤料的充分碰撞接触和粘附，被滤层截留下来，滤料也是接触絮凝介质。不过前者往往因投药点和混合条件不同而不易控制进入滤层的微絮粒尺寸，后者可加以控制。之所以称"微絮凝池"，系指絮凝条件和要求不同于一般絮凝池。前者要求形成的絮凝体尺寸较小，便于深入滤层深处以提高滤层含污能力；后者要求絮凝体尺寸愈大愈好，以便于在沉淀池内下沉。故微絮凝时间一般较短，通常在几分钟之内。

采用直接过滤工艺必须注意以下几点：

1）原水浊度和色度较低且水质变化较小的原水。一般要求常年原水浊度低于50NTU。

2）通常采用双层、三层或均质滤料。滤料粒径和厚度适当增大，否则滤层表面孔隙易被堵塞。

3）原水进入滤池前，无论是接触过滤或微絮凝过滤，均不应形成大的絮凝体以免很快堵塞滤层表面孔隙。为提高微絮粒强度和粘附力，有时需投加高分子助凝剂（如活化硅酸或聚丙烯酰胺等）以发挥高分子在滤层中吸附架桥作用，使粘附在滤料上的杂质不易脱落而穿透滤层。助凝剂应投加在混凝剂投加点之后，滤池进口附近。

4）滤速应根据原水水质决定。浊度偏高时应采用较低滤速，反之亦然。由于滤前无混凝沉淀起缓冲作用，设计滤速应偏于安全。原水浊度通常在50NTU以上时，滤速一般在5m/h左右。

直接过滤工艺简单，混凝剂用量省。在处理湖泊、水库等低浊度原水方面已有较多应用，也适宜于处理低温低浊水。

4.3 滤料和承托层

4.3.1 滤料

滤料层是由滤料堆积而成具有一定厚度的床层，是滤池中最重要的组成部分，它提供了悬浮物接触絮凝的表面和纳污空间，是设备因素中最重要的参数。根据所用滤料构成的滤床层数不同分为单层滤料和多层滤料，多层滤料较多的使用双层，也有用3层甚至更多。

给水处理所用的滤料，必须符合以下要求：

① 具有足够的机械强度，以防冲洗时滤料产生磨损和破碎现象；
② 具有足够的化学稳定性和耐腐蚀性，以免滤料与水产生化学反应而恶化水质；
③ 具有一定的颗粒级配和适当的空隙率；
④ 应尽量就地取材，货源充足、价廉。

石英砂是使用最广泛的滤料。在双层和多层滤料中，常用的还有无烟煤、石榴石、钛铁矿、磁铁矿、金钢砂等。在轻质滤料中，有聚苯乙烯及陶粒等。

1. 滤料性质参数

（1）单个滤料颗粒

由天然材料制成的滤料颗粒的形状通常是不规则的，对单颗粒可用体积当量直径 d_e 和形状系数 ϕ 两个参数来描述，这样单颗粒的体积、表面积和比表面积分别为

$$\text{体积} \qquad V = \frac{\pi}{6} d_e^3 \qquad (4\text{-}1)$$

$$\text{表面积} \qquad A_\varphi = \frac{\pi d_e^2}{\phi} \qquad (4\text{-}2)$$

$$\text{比表面积} \qquad a = \frac{6}{\phi d_e} \qquad (4\text{-}3)$$

（2）滤料颗粒群

构成滤层的众多颗粒的颗粒群中，各单颗粒的尺寸不可能完全一样，有一定的粒度分布，通常用筛分分析的方法进行描述，有分布函数和频率函数，如图4-7和图4-8所示分布函数只表示小于对应尺寸 d_{pi} 的颗粒占全部试样的质量分率。

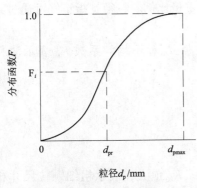

图4-7 颗粒分布函数

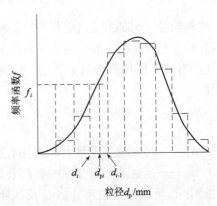

图4-8 频率函数曲线

定义
$$\bar{f}_i = \frac{x_i}{d_{i-1} - d_i} \tag{4-4}$$

式中 d_{i-1}，d_i——相邻两号筛孔直径，mm；

x_i——介于 d_{i-1}，d_i 粒径范围内颗粒的质量分率；

$\bar{f}_i$——粒径处于 $d_{i-1} \sim d_i$ 范围内颗粒的平均分布密度。

在图 4-8 中表示为一个个矩形，每一个矩形的面积就代表该粒径范围内颗粒的质量分率。若两相邻筛孔直径无限接近，则矩形数目无限增多，而每个矩形无限缩小并趋近于一条直线，将各直线顶点相连可得到一条光滑曲线称为频率函数曲线，曲线上任一点的纵坐标表示粒径为 d_{pi} 的颗粒的频率函数。近似处理时，取平均粒径，$d_{pi} = \frac{1}{2}(d_{x-1} + d_x)$，连接各 $(d_{pi}, \bar{f}_i)$ 点，得频率函数曲线。

(3) 滤料粒径级配

颗粒分布函数也是给水处理中常常提到的级配曲线，通常以折线表示，如图 4-9 所示。级配曲线描述了各种粒度的颗粒间的比例关系，但在使用时并不十分方便，特别对给水处理工程的设计工作，由于滤砂还没有，级配曲线也不存在，所以为简便起见，常希望用某个或某几个滤料粒径级配值来代替级配曲线。

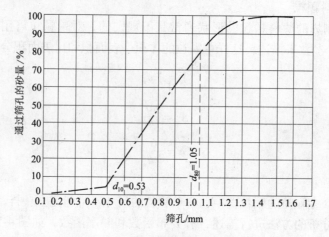

图 4-9 级配曲线

滤料粒径级配是指滤料中各种粒径颗粒所占的重量比例。粒径是指正好可通过某一筛孔的孔径。粒径级配一般采用以下两种表示方法：

1) 有效粒径和不均匀系数法：以滤料有效粒径 d_{10} 和不均匀系数 K_{80} 表示滤料粒径级配。

$$K_{80} = \frac{d_{80}}{d_{10}} \tag{4-5}$$

式中 d_{10}——通过滤料重量 10% 的筛孔孔径；

d_{80}——通过滤料重量 80% 的筛孔孔径。

其中 d_{10} 反映细颗粒尺寸；d_{80} 反映粗颗粒尺寸。K_{80} 愈大，表示粗细颗粒尺寸相差愈大，颗粒愈不均匀，这对过滤和冲洗都很不利。因为 K_{80} 较大时，过滤时滤层含污能力减小；反冲洗时，为满足粗颗粒膨胀要求，细颗粒可能被冲出滤池，若为满足细颗粒膨胀要求，粗颗粒将得不到很好清洗。如果 K_{80} 愈接近于 1，滤料愈均匀，过滤和反冲洗效果愈好，但滤料价格提高。

2）最大粒径、最小粒径和不均匀系数法：采用最大粒径 d_{max}、最小粒径 d_{min} 和不均匀系数 K_{80} 来控制滤料粒径分布，这是我国规范中所采用的滤料粒径级配法，见表 4-1。严格地说，表中 K_{80} 有一个数值幅度，即上、下限值。因为在 d_{max} 和 d_{min} 已定条件下，从理论上说，如果 K_{80} 趋近于 1，则 d_{10} 和 d_{80} 将有一系列不同选择。整个滤层的滤料粒径可以趋近于 d_{min}，也可趋近于 d_{max}，这在滤层厚度、滤速和反冲洗强度一定条件下，对过滤和反冲洗都将带来不可预期的影响。

滤料级配及滤速 表 4-1

类别	滤料组成			滤速 (m/h)	强制滤速 (m/h)
	粒径 (mm)	不均匀系数 K_{80}	厚度 (mm)		
单层石英砂滤料	$d_{max} = 1.2$ $d_{min} = 0.5$	< 2.0	700	8～10	10～14
双层滤料	无烟煤 $d_{max} = 1.8$ $d_{min} = 0.8$	< 2.0	300～400	10～14	14～18
	石英砂 $d_{max} = 1.2$ $d_{min} = 0.5$	< 2.0	400		
三层滤料	无烟煤 $d_{max} = 1.6$ $d_{min} = 0.8$	< 1.7	450	18～20	20～25
	石英砂 $d_{max} = 0.8$ $d_{min} = 0.5$	< 1.5	230		
	重质矿石 $d_{max} = 0.5$ $d_{min} = 0.25$	< 1.7	70		

注：滤料密度为：石英砂 2.60～2.65g/cm³；无烟煤 1.40～1.60g/cm³；重质矿石 4.7～5.0g/cm³。

（4）滤层的平均粒径

考察水流过滤层的阻力损失也是水处理工程的重要内容，由于固体颗粒尺寸较小，流体在颗粒层内的流动极其缓慢，流动阻力主要由颗粒层内固体表面积的大小决定，所以在许多计算水流阻力的经验式中，都定义了以比表面积相等为准则的滤层的平均直径 d_m 为

$$d_m = \frac{1}{\sum \frac{x_i}{d_{px}}} \tag{4-6}$$

式中　d_{px}——d_{i-1}，d_i 的算术平均值；

x_i——介于 d_{i-1}, d_i 粒径范围内颗粒的质量分数。

(5) 滤料孔隙率的测定

取一定量的滤料,在 105℃ 下烘干称重,并用相对密度瓶测出密度,然后放入过滤筒中,用清水过滤一段时间后,量出滤层体积,按下式可求出滤料孔隙率 m：

$$m = 1 - \frac{G}{\rho V} \tag{4-7}$$

式中 G——烘干的砂重,g;

ρ——砂子密度,g/cm³;

V——滤层体积,cm³。

滤料层孔隙率与滤料颗粒形状、均匀程度以及压实程度等有关。均匀粒径和不规则形状的滤料,孔隙率大。

一般对均匀球形颗粒作最松排列时的孔隙率为 0.48,作最紧密排列时的孔隙率为 0.26。实际应用中滤料可能是非球形的,可能是非均匀的,所组成的滤层的孔隙率可能会超越 0.26 ~ 0.48。一般非球形颗粒组成的床层孔隙率大于球形颗粒,非均匀颗粒的床层孔隙率小于均匀颗粒。实际上,由于过滤过程中滤层的空隙不断附着悬浮固体,孔隙率是一个不断变化的参数,会逐渐变小,而且还会受到各种因素的影响而发生变化,比如设备受到振动,孔隙率会变小;反冲洗过程中冲洗阀门开启快慢的差异也会产生孔隙率的变化,最困难的是这种影响的重现性很差,相同条件下所得的孔隙率未必相同。正是这一难以确定的床层孔隙率对水在滤层中的流动阻力却有极大影响,因此在设计时,应尽可能预计实际滤层孔隙率和可能的波动范围。常用的石英砂滤料的孔隙率约为 0.4 ~ 0.5,无烟煤滤料的孔隙率约为 0.5 ~ 0.6。

(6) 滤层的比表面积

滤层的处理功能很大程度体现在它所能提供的附着表面,所以床层的比表面积是一个重要参数。如果忽略因滤料颗粒相互接触而使裸露的颗粒表面减少,则滤层的比表面积 α_B 与颗粒的比表面积 α 之间的如下关系：

$$\alpha_B = \alpha(1 - m) \tag{4-8}$$

可见滤料的比表面积和滤料空隙率是影响滤层比表面积的两个因素。对滤料的比表面积,从定义知道,比表面积与粒径和球形度有关,粒径越小,比表面积越大,球形度越小,与球形偏差越大,比表面积越大。

(7) 滤料形状

滤料颗粒形状影响滤层中水头损失和滤层孔隙率。迄今还没有一种满意的方法可以确定不规则形状颗粒的形状系数。各种方法只能反映颗粒大致形状。这里仅介绍颗粒球度概念。球度系数 ϕ 定义为：

$$\phi = \frac{\text{同体积球体表面积}}{\text{颗粒实际表面积}}$$

表 4-2 列出几种不同形状颗粒的球度系数。图 4-10 为相应的形状示意。

根据实际测定滤料形状对过滤和反冲洗水力学特性的影响得出,天然砂滤料的球度系数一般宜采用 0.75 ~ 0.80。

滤料颗粒球形度及空隙率 表 4-2

序 号	形 状 描 述	球 度 系 数 φ	孔 隙 率 m
1	圆球形	1.0	0.38
2	圆形	0.98	0.38
3	已磨蚀的	0.94	0.39
4	带锐角的	0.81	0.40
5	有角的	0.78	0.43

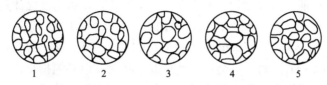

图 4-10 滤料颗粒形状示意

2. 滤料的级配

（1）单层滤料粒度分布

单层滤料在滤池运行过程中沿滤池深度方向的粒径分布是变化的。当选用一种滤料新装入滤池时，尽管滤料客观上存在一定的级配关系，但由于装填时是随机、均匀的，可以认为整个滤层内滤料的级配是一样的，沿滤层厚度方向滤料颗粒间隙大小分布也相同，所以单层滤料也称均质滤层。均质滤层的一个突出特点是沿滤层厚度方向滤层具有相同的容纳悬浮颗粒的能力。但当滤池进行反冲洗后，由于水力分级作用，原来的均质滤层就变成了分级滤层。在反冲洗时，向上流动的水流速度足以把滤层托起来，使砂粒处于悬浮的流化状态。处于流化状态的砂粒，会产生水力分级现象，即自动地重新按小颗粒在上，大颗粒在下的顺序排列。冲洗完毕后，滤层虽然恢复到原来的厚度，但大颗粒的滤料在下，沉降速度又快，所以水力分级作用被保留下来，也就是说，在下一次过滤开始的时候，沿滤层厚度方向滤料是按从小到大的顺序排列的。当然实际上由于颗粒间的种种干扰，滤料粒度沿滤层厚度方向的分布并不完全与理论预期的相符，但大致上仍满足从小到大的排列顺序，与均质滤层相对称为分组滤料的滤层。

分组滤料的滤层可能在以下两个方面对过滤不利：一方面由于分级作用，滤料颗粒从小到大的顺序排列，滤料颗粒间隙所形成的孔隙也将从上到下按从小到大的顺序排列。另一方面研究表明，悬浮固体的截留量沿滤层厚度方向是呈指数关系递减的，也就是说，孔隙最小的滤层顶部容纳的悬浮固体数量最大，其后果是滤层顶部迅速被悬浮固体堵塞，流体流动阻力损失（水头损失）迅速上升，当过滤的水头损失达到设计值时，过滤阶段停止，从整个滤层来讲，下部滤层截留悬浮固体的能力并没有发挥出来，对整个过滤过程是不利的。

快滤池通过加大滤料粒径，提高滤速以发挥深层滤层的过滤能力，但反冲洗后的水力分级作用，使得上部滤层特别是表层的孔隙小，容易堵塞，过滤周期缩短，下层滤料不能发挥作用是它的主要不足，为此人们提出了用双层、多层滤料的过滤模式。

（2）双层及多层滤料级配

在选择双层或多层滤料级配时，有两个问题值得讨论：一是如何预示不同种类滤料的相互混杂程度；二是滤料混杂对过滤有何影响。

以煤—砂双层滤料为例。铺设滤料时，粒径小、密度大的砂粒位于滤层下部；粒径大、密度小的煤粒位于滤层上部。但在反冲洗以后，就有可能出现3种情况：一是分层正常，即上层为煤，下层为砂；二是煤砂相互混杂，可能部分混杂（在煤—砂交界面上），也可能完全混杂；三是煤、砂分层颠倒，即上层为砂，下层为煤。这3种情况的出现，主要决定于煤、砂的密度差、粒径差及煤和砂的粒径级配、滤料形状、水温及反冲洗强度等因素。许多人曾对滤料混杂作了研究。但提出的各种理论都存在缺陷，都不能准确预示实际滤料混杂状况。目前仍然根据相邻两滤料层之间粒径之比和密度之比的经验数据来确定双层滤料级配。在煤—砂交界面上，粒径之比是 $1.8/0.5=3.6$，而在水中的密度之比为 $(2.65-1)/(1.4-1)=4.13$ 或 $(2.65-1)/(1.6-1)=2.75$。这样的粒径级配，在反冲洗强度为 $13\sim16L/(s\cdot m^2)$ 时，不会产生严重混杂状况。但必须指出，根据经验所确定的粒径和密度之比，并不能在任何水温或反冲洗强度下都能保持分层正常。因此，在反冲洗操作中必须十分小心。必要时，应通过实验来制订反冲洗操作要求。至于三层滤料是否混杂，可参照上述原则。

滤料混杂对过滤影响如何，有两种不同观点：一种意见认为，煤—砂交界面上适度混杂可避免交界面上积聚过多杂质而使水头损失增加较快，故适度混杂是有益的；另一种意见认为煤—砂交界面不应有混杂现象。因为煤层起截留大量杂质作用，砂层则起精滤作用，而界面分层清晰，起始水头损失将较小。实际上，煤—砂交界面上不同程度的混杂是很难避免的。生产经验表明，煤—砂交界面混杂厚度在5cm左右，对过滤结果并无影响。

另外，选用无烟煤时，应注意煤粒流失问题。这是生产上经常出现的问题。煤粒流失原因较多，如粒径级配和密度选用不当以及冲洗操作不当等。此外，煤的机械强度不够，经多次反冲后破碎，也是煤粒流失原因之一。

关于多层滤料混杂对过滤效果的影响，同样存在不同看法。一般认为要尽量避免滤料混杂，或者在相邻两层界面处可容许少量混杂。另一种意见认为，不仅在相邻两层界面处混杂，甚至3种滤料可在整个滤层内适度混杂，平均滤料粒径仍自上而下逐渐减少。这种滤层结构的优点是：从整体上说，滤层孔隙尺寸由上而下是均匀递减的，不存在界限分明的分界面。这种滤料既增加滤层含污能力且滤后水质较好，又可减缓水头损失增长速度，但起始水头损失较大。

4.3.2 承托层

承托层的作用，主要是防止滤料从配水系统中流失，同时对均布冲洗水也有一定作用。单层或双层滤料滤池采用大阻力配水系统时，承托层采用天然卵石或砾石，其粒径和厚度见表4-3。

快滤池大阻力配水系统承托层粒径和厚度表　　　　　表4-3

层次（自上而下）	粒径（mm）	厚度（mm）
1	2~4	100
2	4~8	100
3	8~16	100
4	16~32	本层顶面高度至少应高出配水系统孔眼100

三层滤料滤池，由于下层滤料粒径小而重度大，承托层必须与之相适应。即上层应采用重质矿石，以免反冲洗时承托层移动。见表4-4。

三层滤料滤池承托层材料、粒径与厚度 表4-4

层 次（自上而下）	材 料	粒 径（mm）	厚 度（mm）
1	重质矿石（如石榴石、磁铁矿等）	0.5~1.0	50
2	重质矿石（如石榴石、磁铁矿等）	1~2	50
3	重质矿石（如石榴石、磁铁矿等）	2~4	50
4	重质矿石（如石榴石、磁铁矿等）	4~8	50
5	砾石	8~16	100
6	砾石	16~32	本层顶面高度至少应高出配水系统孔眼100mm

为了防止反冲洗时承托层移动，有时采用"粗-细-粗"砾石分层方式。上层粗砾石用以防止中层细砾石在反冲洗过程中向上移动；中层细砾石用以防止砂滤料流失；下层粗砾石则用以支撑中层细砾石。对于采用中小阻力配水系统，承托层可以不设，或者适当铺设一些粗砂或细砾石，视配水系统配水孔眼数量、尺寸而定。

4.4 滤池冲洗

冲洗目的是清除滤层中所截留的污物，使滤池恢复过滤能力。滤池冲洗效果的好坏是影响滤池运行的一个关键因素，但各种滤池的冲洗方法，包括一些辅助方法在内，并不能使滤层恢复到100%的清洁程度，通常滤料表面都会残留悬浮固体的现象，即使是运行管理很严格的滤池，在经过一段时间后，通常约2~10年，就需要翻修一次，取出滤料，彻底清除表面的积泥，补充部分新的滤料。反冲洗水配水越不均匀，配水均匀程度越差，翻修周期越短。

4.4.1 滤池冲洗形式

冲洗滤层的方法应该结合滤层的设计来选择，因此也常常影响滤池的整体构造。常用的冲洗方法有下面3种形式。

1. 高速水流反冲洗

高速水冲洗是滤池最常用的冲洗方法，该技术已沿用多年，国内外许多学者都对这一技术的机理作了较深入的分析探讨，认为高速水冲洗过程中，沉积在滤料颗粒表面的悬浮固体受到冲洗水流所产生的剪力和滤料颗粒之间的碰撞、摩擦的综合作用而剥离。使悬浮固体颗粒剥离的力与冲洗强度密切相关，但冲洗强度又不能太大，要受到冲洗时承托层不翻动，滤层膨胀率$e \leqslant 50\%$的限制，因此冲洗水剥离滤料表面所沉积的悬浮固体的能力有限，因此在每次过滤过程中，至少有一部分悬浮固体附着在滤料表面不能被冲洗水剥离，这部分悬浮固体于是长期被保留了来，会形成滤料积泥，更为严重的是，滤料积泥日积月累，会逐渐在滤层中产生泥球，进而发展成泥毯，最后导致整个滤层板结，使滤池丧失过滤能力。所以单纯应用冲洗水的效果并不理想,特别是中、小阻力配水系统的滤池更显突出。

冲洗效果决定于冲洗流速。冲洗流速过小,滤层孔隙中水流剪力小;冲洗流速过大,滤层膨胀度过大,滤层孔隙中水流剪力也会降低,且由于滤料颗粒过于离散,碰撞摩擦机率也减小。故冲洗流速过大或过小,冲洗效果均会降低。反冲洗的冲洗效果一般是通过控制滤床的膨胀率进行的,国外推荐的最佳膨胀率为20%~30%,我国使用值可参考表4-5。

冲洗强度、膨胀度和冲洗时间　　　　　　表4-5

序　号	滤　　层	冲洗强度(L/s·m²)	膨　胀　度(%)	冲洗时间(min)
1	石英砂滤料	12~15	45	7~5
2	双层滤料	13~16	50	8~6
3	三层滤料	16~17	55	7~5

注:1. 设计水温按20℃计,水温每增减1℃,冲洗强度相应增减1%;
　　2. 由于全年水温、水质有变化,应考虑有适当调整冲洗强度的可能;
　　3. 选择冲洗强度应考虑所用混凝剂品种的因素;
　　4. 无阀滤池冲洗时间可采用低限;
　　5. 膨胀度数值仅作设计计算用。

(1) 冲洗强度、滤层膨胀度和冲洗时间

1) 冲洗强度

单位表面积滤层所通过的冲洗流量称为冲洗强度,以L/(s·m²)计;或者换算为冲洗流速,以cm/s计,1cm/s=10L/(s·m²)。

2) 滤层膨胀度

反冲洗时,滤层膨胀后所增加的厚度与膨胀前厚度之比称为滤层膨胀度。滤层膨胀度和冲洗强度在滤料颗粒大小及水温一定时,两者成直线关系,即冲洗强度越大,滤层膨胀度也就越大。

3) 冲洗时间

当冲洗强度及滤层膨胀度都满足要求。但反冲洗时间不足时,一方面颗粒没有足够的碰撞摩擦时间,难以去除滤料表面杂质;同时冲洗废水因来不及排除而导致污泥重返滤层,长期下去,滤层表面将形成泥膜。因此,应保证足够的冲沉时间,一般可参照表4-5选用,也可视冲洗废水的允许浊度确定。

(2) 冲洗强度的确定和非均匀滤料膨胀度的计算

1) 冲洗强度的确定

对于非均匀滤料,在一定冲洗流速下,粒径小的滤料膨胀度大,粒径大的滤料膨胀度小。因此,要同时满足粗、细滤料膨胀度要求是不可能的。鉴于上层滤料截留污物较多,宜尽量满足上层滤料膨胀度要求,即膨胀度不宜过大。实践证明,下层粒径最大的滤料,也必须达到最小流态化程度,即刚刚开始膨胀,才能获得较好的冲洗效果。因此,设计或操作中,可以最粗滤料刚开始膨胀作为确定冲洗强度的依据。如果由此而导致上层细滤料膨胀度过大甚至引起滤料流失,滤料级配应加以调整。

考虑到其他影响因素,设计冲洗强度可按下式确定:

$$q = 10kv_{mf} \tag{4-9}$$

式中　q——冲洗强度,L/(s·m²),即指单位面积滤层所通过的冲洗流量;

　　　v_{mf}——最大粒径滤料的最小流态化流速,cm/s;

k——安全系数。

式中 k 值主要决定滤料粒径均匀程度，一般取 $k = 1.1 \sim 1.3$。滤料粒径不均匀程度较大者，k 值宜取低限，否则冲洗强度过大引起上层细滤料膨胀度过大甚至被冲出滤池；反之则取高限。按我国所用滤料规格，通常取 $k = 1.3$。式中 v_{mf} 可通过实验确定，亦可通过计算确定。例如，在 20℃ 水温下，粒径为 1.2mm、密度为 $2.65 g/cm^3$ 的石英砂，求得 $v_{mf} = 1.0 \sim 1.2 cm/s$。

式（4-9）适用于单层砂滤料。对于双层或三层滤料，尚应考虑各层滤料的清洗效果及滤料混杂等问题，情况较为复杂。对单层砂滤料而言，表 4-5 中数值基本上符合式（4-9）所计算的数值。但应注意，如果滤料级配与规范所订的相差较大，则应通过计算并参考类似情况下的生产经验确定。这一点往往易被忽视，因而也往往造成冲洗效果不良。

2）非均匀滤料的膨胀度计算

对于非均匀滤料，为计算整个滤层冲洗时总的膨胀度，可将滤层分成若干层，每层按均匀滤料考虑。各层膨胀度之和即为整个滤层膨胀度。

设第 i 层滤料重量与整个滤层的滤料总重量之比为 p_i，则膨胀前 i 滤层厚 $l_0 = p_i L_0$；膨胀后的厚度为 $l_i = p_i L_0 (1 + e_i)$，经运算可得整个滤层膨胀度为：

$$e = \left[\sum_{i=1}^{n} p_i (1 + e_i) - 1 \right] \times 100\% \qquad (4-10)$$

式中 n——滤料分层数；

e_i——第 i 层滤料膨胀度。

滤料分层的简单方法是取相邻两筛的筛孔孔径之平均值作为该层滤料计算粒径。分层数愈多，计算精确度愈高。

膨胀度决定于反冲洗强度；或者由滤层膨胀度反求冲洗强度。在表 4-5 所规定的单层砂滤料冲洗强度下，砂层膨胀度通常小于 45%，约在 35% 左右（20℃ 水温下）。

2. 气水反冲洗

气水反冲洗的特点是采用高气冲强度的压缩空气擦洗砂滤层，用低水冲强度的滤后水对滤料进行表面扫洗和漂洗，从而减少了大量的反冲洗用水。同时气水冲强度比滤池的高速水洗强度降低，使水冲洗系统和设备的尺寸减小。有关试验表明，气水同时反冲洗比单纯水反冲洗的耗水量减少 60% 左右，滤料的截污量可提高一倍，过滤周期可延长 70% 左右。同时，冲洗时滤层不一定需要膨胀或仅有轻微膨胀，冲洗结束后，滤层不产生或不明显产生上细下粗分层现象，即保持原来滤层结构，从而提高滤层含污能力。但气、水反冲洗需增加气冲设备（鼓风机或空气压缩机和储气罐），池子结构及冲洗操作也较复杂。国外采用气、水反冲比较普遍，我国近年来气水反冲也日益增多。

气、水反冲效果在于：利用上升空气气泡的振动可有效地将附着于滤料表面污物擦洗下来使之悬浮于水中，然后再用水反冲把污物排出池外。因为气泡能有效地使滤料表面污物破碎、脱落，故水冲强度可降低，即可采用所谓"低速反冲"。气、水反冲操作方式有以下几种：

(1) 先用空气反冲，然后再用水反冲。

(2) 先用气—水同时反冲，然后再用水反冲。

(3) 先用空气反冲，然后用气—水同时反冲，最后再用水反冲。

冲洗程序、冲洗强度及冲洗时间的选用，需根据滤料种类、密度、粒径级配及水质水温等因素确定，也与滤池构造形式有关。一般气冲强度（包括单独气冲和气—水同时反冲时的气冲强度）在 $10\sim20\text{L}/(\text{s}\cdot\text{m}^2)$ 之间。水冲强度根据操作方式而异：气—水同时反冲时，水冲强度一般在 $3\sim4\text{L}/(\text{s}\cdot\text{m}^2)$ 之间；单独水冲时，有的采用低速反冲，反冲强度在 $4\sim6\text{L}/(\text{s}\cdot\text{m}^2)$ 之间，有的采用较高冲洗强度，约 $6\sim10\text{L}/(\text{s}\cdot\text{m}^2)$。采用较高冲洗强度者往往属第一种操作方式。反冲时间与操作方式也有关。总的反冲时间一般在 $6\sim10\text{min}$ 之内。例如，某水厂的 V 型滤池，采用均质滤料（$d_{10}=0.94\text{mm}$，$d_{60}=1.34$，$k_{60}=1.42$），其冲洗程序、强度和时间如下（第 3 种冲洗方式）：

气冲强度约 $15\text{L}/(\text{s}\cdot\text{m}^2)$，冲洗时间约 4min；气—水同时反冲时，气冲强度不变，水冲强度约 $4\text{L}/(\text{s}\cdot\text{m}^2)$，冲洗时间约 4min；最后水冲（漂洗）强度仍为 $4\text{L}/(\text{s}\cdot\text{m}^2)$ 左右，漂洗时间约 2min。总的反冲时间约为 10min 左右。

3. 反冲洗加表面冲洗

在反复过滤和反冲洗过程中，在滤层表面往往会生成有滤料颗粒、悬浮固体和黏性物质结成的泥球。尤其在处理含藻类等有机质较多的原水时，更容易产生。表面冲洗的目的就在于防止产生泥球。表面冲洗从滤池上部，用喷射水流向下，利用喷嘴所提供的射流冲刷作用对滤料进行清洗，由于表面冲洗水流所产生的速度梯度比反冲洗大，所以对滤料表面沉积的悬浮固体所产生的剥离作用也大得多，有效地破坏或防止泥球产生。

表面冲洗设备有固定式和旋转式两种形式。如图 4-11 所示。

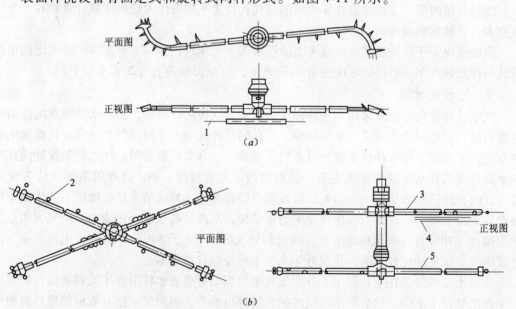

图 4-11 表面冲洗设备
(a) 单臂搅动面；(b) 双臂搅动面
1—滤料表面；2—喷嘴橡皮帽；3—滤料表面上的臂；4—滤料面；5—沙粒无烟界面

4.4.2 配水系统

配水系统的作用在于使冲洗水在整个滤池面积上均匀分布。配水均匀性对冲洗效果影响很大。配水不均匀，部分滤层膨胀不足，而部分滤层膨胀过甚，甚至会招致局部承托层发生移动，造成漏砂现象。

通常采用的配水系统有"大阻力配水系统"和"小阻力配水系统"两种。

1. 大阻力配水系统

大阻力配水系统是指配水孔眼的水头损失大而系统内不同出水位置的沿程水头损失所占相对密度相对减少，系统内任意位置的冲洗强度近于相等，使配水系统配水相对均匀。这种配水系统工作可靠且应用较广，它是主要的配水形式。

快滤池中常用的是"穿孔管大阻力配水系统"，见图4-12。中间是一根干管或干渠，干管两侧接出若干根相互平行的支管。支管下方开两排小孔，与中心线成45°角交错排列，见图4-13。冲洗时，水流自干管起端进入后流入各支管，由支管孔口流出再经承托层和滤料层流入排水槽。

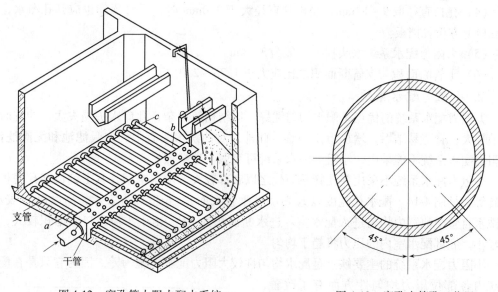

图4-12 穿孔管大阻力配水系统　　图4-13 穿孔支管孔口位置

为使大阻力配水系统均匀性符合要求（一般在95%以上），配水系统构造尺寸应满足下式：

$$\left(\frac{f}{\omega_0}\right)^2 + \left(\frac{f}{n\omega_a}\right)^2 \leq 0.29 \quad (4\text{-}11)$$

式中　f——配水系统孔口总面积，m^2；
　　　ω_0——干管截面积，m^2；
　　　ω_a——支管截面积，m^2；
　　　n——支管根数。

由式（4-11）可以看出，配水均匀性只与配水系统构造尺寸有关，而与冲洗强度和滤池面积无关。但滤池面积也不宜过大，否则，影响布水均匀性的其他因素，如承托层的铺设及冲洗废水的排除等不均匀程度也将对冲洗效果产生影响。单池面积一般不宜大于100m²。

配水系统不仅是为了均布冲洗水，同时也是过滤时的集水系统。由于冲洗流速远大于过滤流速，当冲洗布水均匀时，过滤时集水均匀性自无问题。

根据（4-11）要求和生产实践经验，大阻力配水系统设计要求如下：

（1）干管起端流速取1.0~1.5m/s，支管起端流速取1.5~2.0m/s，孔口流速取5~6m/s。

（2）孔口总面积与滤池面积之比称"开孔比"，其值可按下式计算：

$$\alpha = \frac{q}{1000v} \times 100\% \tag{4-12}$$

式中　α——配水系统开孔比，%；
　　　q——滤池的反冲洗强度，L/(s·m²)；
　　　v——孔口流速，m/s。

对普通快滤池，若取$v=6$m/s，$q=12\sim15$L/(s·m²) 则$\alpha=0.2\%\sim0.25\%$。

（3）支管中心间距约0.2~0.3m，支管长度与直径之比一般不大于60。

（4）孔口直径取9~12mm。当干管直径大于300mm时，干管顶部也应开孔布水，并在孔口上方设置挡板。

（5）大阻力配水系统水头损失一般为3~4m。

（6）干管断面积与支管断面积之比应大于1.75~2.0。

2. 小阻力配水系统

大阻力配水系统的优点是配水均匀性好，但结构较复杂；孔口水头损失大，冲洗时动力消耗大；管道易结垢，增加检修困难。此外，对冲洗水头有限的虹吸滤池和无阀滤池，大阻力配水系统不能采用，小阻力配水系统可克服上述缺点。

小阻力配水系统不采用穿孔管系而代之以底部较大的配水空间，其上铺设穿孔滤板或滤砖等，见图4-14。配水孔宽度以B表示（垂直纸面），长度以L表示，高度以H表示。冲洗水自整个池宽内均匀进入配水室。进水断面积为BH。由于水流进口断面积较大，流速较小，底部配水室内的压力将趋于均匀。

小阻力配水系统的主要缺点是配水均匀性较大阻力配水系统为差。因为它只是在配水系统内各部位压力均匀性方面有了改善，而对其他影响因素，却不像大阻力配水系统那样具有以巨大孔口阻力加以控制的能力。例如，配水室内压力稍有不均匀、滤层阻力稍不均匀、滤板上孔口尺寸稍有差别或部分滤板稍受堵塞，配水均匀程度都会敏感地反映出来。所以，滤池面积较大者，不宜采用小阻力配水系统。

当滤池面积、配水室宽度和高度已定时，小阻力配水系统配水均匀性取决于开孔比α。开孔比α值大，孔口阻力小，配

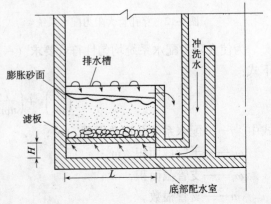

图4-14　穿孔支管孔口位置

水均匀性差。

配水室高度 H 增大,有利于均匀配水,但滤池造价增加,一般在 0.4m 左右较合适。

小阻力配水系统的型式和材料多种多样,这里仅简单介绍三种。

(1) 钢筋混凝土穿孔滤板:在钢筋混凝土板上开圆孔或条形缝隙,或安装长柄滤头,见图 4-15 ~ 图 4-17。板上铺设一层或两层尼龙网。板上开孔比和尼龙网孔眼尺寸不尽一致,视滤料粒径、滤池面积等具体情况决定。图 4-15 所示滤板尺寸 980mm × 980mm × 100mm,每块板孔口数 168 个。板面开孔比为 11.8%,板底为 1.32%。板上铺设尼龙网一层,网眼规格可为 30 ~ 50 目。这种配水系统造价较低,孔口不易堵塞,配水均匀性较好,强度高,耐腐蚀。但必须注意尼龙网接缝应搭接好,且沿滤池壁四周应压牢,以免尼龙网被拉开。尼龙网上可适当铺设一层卵石。

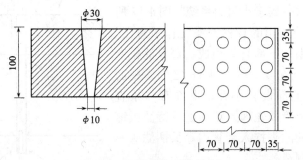

图 4-15 钢筋混凝土穿孔滤板

(2) 穿孔滤砖:由钢筋混凝土或陶瓷制成。规格有大有小。例如,图 4-16 所示的滤砖尺寸为 600mm × 280mm × 250mm,每平方米滤池面积上铺设 6 块,开孔比为:上层 1.07%,下层 0.7%。

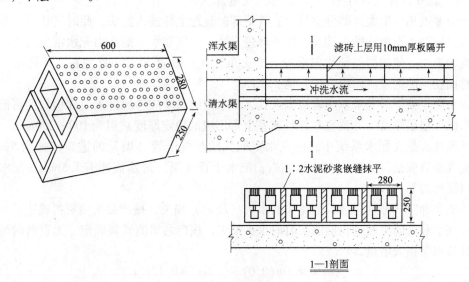

图 4-16 穿孔滤砖

滤砖构造分上下两层连成整体。铺设时,各砖的下层相互连通,起到配水渠的作用;上层各砖单独配水,用板分隔互不相通。实际上是将滤池分成像一块滤砖大小的许多小格。上层配水孔均匀布置，水流阻力基本接近，这样保证了滤池的均匀冲洗。

穿孔滤砖的上下层为整体，反冲洗水的上托力能自行平衡，不致使滤砖浮起，因此所需的承托层厚度不大，只须防止滤料落入配水孔即可，从而降低了滤池的高度。穿孔滤砖配水均匀性较好，但价格较高。

此外，小阻力配水系统还有塑料滤头、钢制格栅、铸铁制的条缝板等。选用时，应综合考虑配水均匀性、强度、耐久性、经济效果及是否易于堵塞等因素。

出于小阻力配水系统不断改进，当前在普通快滤池中的应用也日益增多。

(3) 长柄滤头：气、水反冲的配水和配气系统可采用上述大阻力系统或大阻力与小（中）阻力配水系统配合使用。近年来，配水、配气系统采用长柄滤头逐渐增多，这也属于小阻力系统。图4-17所示为气、水同时反冲所用的长柄滤头工作示意图。长柄滤头由上部滤帽和下部直管组成。每只滤帽上开有许多缝隙，缝宽在0.25~0.4mm之间，视滤料粒径决定。直管上部设有小孔，下部有一条直缝。安装前，就把套管预先埋入滤板上，待滤板铺设完毕后，再将长柄滤头拧入套管内。长柄滤头一般采用聚丙烯塑料制造。

当气、水同时反冲时，在混凝土滤板下面的空间内，上部为气，形成气垫，下部为水。气垫厚度大小与气压有关。气压愈大，气垫厚度愈大。气垫中的空气先由直管上部小孔进入滤头，气量加大

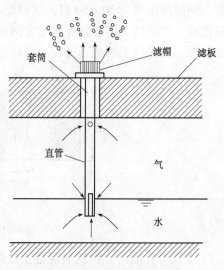

图4-17 气、水同时冲洗时长柄滤头工况示意

后，气垫厚度相应增大，部分空气由直管下部的直缝上部进入滤头，此时气垫厚度基本停止增大。反冲水则由滤柄下端及直缝下部进入滤头，气和水在滤头内充水混合后，经滤帽缝隙均匀喷出，使滤层得到均匀反冲。滤头布置数一般为50个/m²左右。开孔比（滤帽缝隙总面积与滤池过滤面积之比）为1.25%。

滤头固定板下的气水室应有检修人孔，气水室的高度应考虑进入内部检修的可能。冲洗时形成气垫层厚度（冲洗空气在气水室上部形成的稳定厚度）可为100~200mm。

长柄滤头配气配水系统中，向气水室配气的配气干管（渠）的进口流速为5m/s左右；配气支管或孔口流速为10m/s左右；配水干管（渠）进水流速为1.5m/s；配水支管或孔口流速为1~1.5m/s。

冲洗水和空气分别通过长柄滤头的水头（压力）损失，按产品实测资料确定。

冲洗水和气同时通过长柄滤头时的水头损失，按产品实测资料确定，无资料时可按下式计算其水头损失增量 Δh (Pa)：

$$\Delta h = 9810n(0.01 - 0.01v_1 + 0.12v_1^2) \tag{4-13}$$

式中　n——气、水比；

　　　v_1——滤头柄中的水流速度，m/s。

4.4.3 冲洗水的供给

供给冲洗水的方式有两种：冲洗水泵和冲洗水塔（水箱）。冲洗水泵投资省，但操作较麻烦，在冲洗的短时间内耗电量大，往往会使厂区内供电网负荷陡然骤增；冲洗水塔造价较高，但操作简单，允许在较长时间内向水塔或水箱输水，专用水泵小，耗电较均匀。如有地形或其他条件可利用的，建造冲洗水塔较好。

1. 水塔冲洗（图4-18）

水塔中的水深不宜超过3m，以免冲洗初期和末期的冲洗强度相差过大。水塔应在冲洗间歇时间内充满。水塔容积按单个滤池冲洗水量的1.5倍计算：

$$V = \frac{1.5qFt \times 60}{1000} = 0.09Ftq \quad (4-14)$$

式中 V——水塔容积，m^3；
t——冲洗历时，min；
其余符号意义同前。

水塔底高出滤池排水槽顶距离按下式计算：

$$H_0 = h_1 + h_2 + h_3 + h_4 + h_5 \quad (4-15)$$

其中

$$h_2 = \left(\frac{q}{10\alpha\mu}\right)^2 \frac{1}{2g} \quad (4-16)$$

$$h_3 = 0.022qH \quad (4-17)$$

$$h_4 = (\gamma_s - 1)(1 - m_0)l_0 \quad (4-18)$$

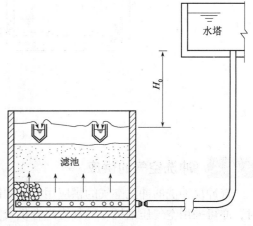

图4-18 水塔冲洗

式中 h_1——从水塔至滤池的管道中总水头损失，m；
h_2——滤池配水系统水头损失，m；
α——开孔比；$\alpha = \frac{f}{F} \times 100(\%)$；
μ——孔口流量系数；
h_3——承托层水头损失，m；
q——反冲洗强度，$L/(s \cdot m^2)$；
H——承托层厚度，m；
h_4——滤料层水头损失；
γ_s——滤料密度，石英砂为$2.65g/cm^3$；
m_0——滤层膨胀前孔隙率，石英砂为0.41；
l_0——滤层膨胀前厚度，m；
h_5——备用水头，一般取1.5~2.0m。

2. 水泵冲洗（图4-19）

水泵流量按冲洗强度和滤池面积计算。水泵扬程为：

$$H = H_0 + h_1 + h_2 + h_3 + h_4 + h_5 \quad (4-19)$$

式中 H_0——排水槽顶与清水池最低水位之差，m；

h_1——从清水池至滤池的冲洗管道中总水头损失，m；
其余符号意义同公式4-15。

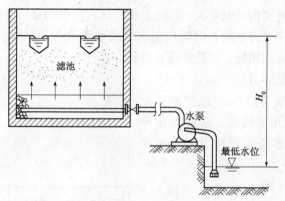

图4-19 水泵冲洗

4.4.4 冲洗空气的供应

气冲反冲洗的冲洗空气的供应用宜采用鼓风机直接供气，经技术经济分析后认为合理时，亦可采用空气压缩机—贮气罐组合供气方式。

鼓风机出口或贮气罐调压阀出口的静压应符合下列规定：

1. 大阻力配气系统或长柄滤头采用先气后水冲洗方式时：

$$H_A = h_1 + h_2 + 9810kh_3 + h_4 \tag{4-20}$$

式中 H_A——鼓风机或贮气罐调压阀出口的静压，Pa；
　　　h_1——输气管道的压力总损失，Pa；
　　　h_2——配气系统的压力损失，Pa；
　　　k——系数，$k = 1.05 \sim 1.10$；
　　　h_3——配气系统出口至空气溢出面的水深，m；
　　　h_4——富余压力，取4900Pa。

2. 长柄滤头采用气水同时冲洗方式时：

$$H_A = h_1 + h_2 + h_3 + h_4 \tag{4-21}$$

式中 h_3——气水室中的冲洗水压，Pa；
其余符号意义同前。

鼓风机或贮气罐输出的空气流量，应取单格滤池冲洗空气流量的1.05~1.10倍。

空气压缩机—贮气罐组合供气，压缩机容量和贮气罐容积的关系应按下式计算：

$$W = (0.06qFt - VP)k/t \tag{4-22}$$

式中 W——空气压缩机的容量，m^3/min；
　　　q——冲洗空气强度，$L/(s \cdot m^3)$；
　　　F——单格滤池面积，m^2；
　　　t——空气冲洗时间，min；
　　　V——贮气罐容积，m^3；
　　　P——贮气罐可调节的压力倍数（以绝对压力计）；

k——渗漏系数,1.05~1.10。

空气压缩机容量的选择,应能满足在6~8h内对全部滤池进行一次冲洗。

4.4.5 冲洗废水的排除

滤池冲洗废水由排水槽和废水渠排出。在过滤时,它们往往也是均匀分布待滤水的设备。冲洗时,废水由排水槽两侧溢入槽内,各条槽内的废水汇集到废水渠,再由废水渠末端排水竖管排入下水道,见图4-20。

1. 排水槽

为达到及时均匀地排出废水,排水槽设计必须符合以下要求:

(1) 冲洗废水应自由跌落进入排水槽。槽内水面以上一般要有7cm左右的超高,以免槽内水面和滤池水面连成一片,使冲洗均匀性受到影响。

(2) 排水槽内的废水应自由跌落进入废水渠,以免废水渠干扰排水槽出流,引起壅水现象。为此,废水渠水面应较排水槽底为低。

(3) 每单位槽长的溢入流量应相等。故施工时排水槽口应力求水平,误差限制在±2mm以内。

(4) 排水槽在平面上的总面积一般不大于滤池面积的25%。否则,冲洗时槽与槽之间水流上升速度会过快增大,以致上升水流均匀性受到影响。

(5) 槽与槽中心间距一般为1.5~2.0m。间距过大,从离开槽最远一点和最近一点流入排水槽的流线相差过远(见图4-20中的1和2两条流线),也会影响排水均匀性。

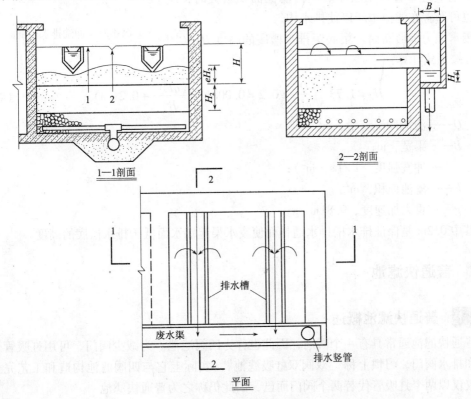

图4-20 冲洗废水的排除

（6）排水槽高度要适当。槽口太高，废水排除不净；槽口太低，会使滤料流失。冲洗时，由于两槽之间水流断面缩小，流速增高，为避免冲走滤料，滤层膨胀面应在槽底以下。据此，对于图4-20所示的排水槽断面形式而言，排水槽顶距未膨胀时滤料表面的高度为：

$$H = eH_2 + 2.5x + \delta + 0.07 \tag{4-23}$$

式中　e——冲洗时滤层膨胀度；

　　　H_2——滤料层厚度，m；

　　　x——排水槽断面模数，m；

　　　δ——排水槽底厚度，m；

　　　0.07——排水槽超高，m。

常用的排水槽断面形状除了图4-21所示外，也有矩形断面或半圆形槽底断面的。

为施工方便，排水槽底可以水平，即起端和末端断面相同；也可使起端深度等于末端深度的一半，即槽底具有一定坡度。图4-21所示排水槽断面模数 x 可由下式求得

$$x = 0.45 Q_1^{0.4} \text{ (m)} \tag{4-24}$$

式中　Q_1——排水槽出口流量，m³/s。

2. 废水渠

废水渠的布置形式视滤池面积大小而定。一般情况下沿池壁一边布置，见图4-20。当滤池面积很大时，废水渠也可布置在滤池中间以使排水均匀。

废水渠为矩形断面。渠底距排水槽底的高度 H_c（图4-20）按下式计算：

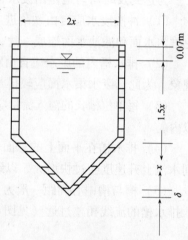

图4-21　冲洗排水槽剖面

$$H_c = 1.73 \sqrt[3]{\frac{Q^2}{gB^2}} + 0.2 = 0.0081 \sqrt[3]{\frac{(qF)^2}{B^2}} + 0.2 \text{ (m)} \tag{4-25}$$

式中　Q——滤池冲洗流量，m²/s；

　　　B——渠宽，m；

　　　q——冲洗强度，L/(s·m²)；

　　　F——滤池面积，m²；

　　　g——重力加速度，9.81m²/s。

其中0.2m是保证排水槽排水通畅而使废水渠起端水面低于排水槽底的高度。

4.5　普通快滤池

4.5.1　普通快滤池概述

普通快滤池通常具有4个阀门，因此也称为四阀滤池。为减少阀门，可用虹吸管代替进水和排水阀门，习惯上称"双阀双虹吸滤池"。实际上它与四阀滤池构造和工艺完全相同，仅仅以两个虹吸管代替两个阀门而已，因此仍称之为普通快滤池。

4.5.2 截污量沿滤层深度的变化

分析滤层中截污量沿滤层深度的变化，可以为研究过滤过程的基本规律，滤层的截污能力和影响因素等提供帮助。对单层滤池，在过滤周期结束后，通常滤层中截污量沿滤层深度的变化如图 4-22 所示，其中截污量指单位体积滤层中截留杂质的质量。从图 4-22 中可以看出悬浮颗粒量在滤层深度方向上变化很大。由于单层滤料的水力分级现象，表层滤料的粒径最小，比表面积最大，即单位体积能提供悬浮颗粒附着的面积最多，而且刚刚进入滤层的进水含悬浮颗粒的浓度也最高，显然在滤料表层截污量是最大的。由于表层滤料粒径小，滤料间隙构成的孔隙尺寸也小，过滤一段时间后，表层滤料间的孔隙将逐渐被堵塞，而易产生筛滤作用，使过滤阻力急增，导致过滤被迫停止，而滤层下部的截污能力还没有得到发挥，所以截污量沿深度方向呈如图指数变化。

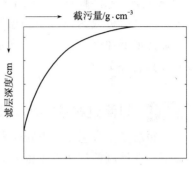

图 4-22　滤层截污量沿滤层深度变化

4.5.3 过滤过程中出水浊度的变化

过滤出水浊度大小是由沿后水水质、滤层特性和滤池运行条件所决定的，一般在过滤过程中的变化如图 4-23 所示。曲线开始部分会出现两个浊度峰值，且第二个峰值更高。随后浊度逐渐下降至一个大致稳定的区域波动，最后浊度稳步迅速上升。从过滤出水浊度—时间曲线可大致将过滤过程分成成熟期、有效过滤期。

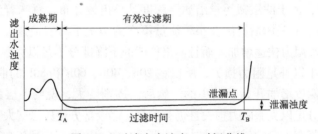

图 4-23　过滤出水浊度—时间曲线

普通快滤池的成熟期是指从过滤开始到出水浊度满足水质要求的这段时间，在图 4-23 中对应 T_A。快滤池的成熟期一般可分为以下 3 个阶段：①残余冲洗水置换阶段；②滤池进水与残余冲洗水混合和微粒稳定阶段；③滤层调理阶段。在反冲洗停止时，在整个滤层的空隙中充满着冲洗的残留水，所以从滤池开始进水过滤起，是将冲洗残留水置换的过程，由于反冲洗水是从下而上将悬浮固体颗粒冲洗下来并带走，加上滤层的截污量沿深度本身也有一个分布规律，所以冲洗残留水的浊度沿滤池深度从下而上是逐渐增大的，表现在出水浊度—时间曲线上出现第一个峰值。随后重新进入滤池的水开始滤出，由于水在滤层中不可能是理想的活塞流，所以必存在新水与残留水的混合，混合的结果使部分已迁移或附着在滤料表面的颗粒重新随滤出水排出，导致出水浊度上升，出现了第二个峰值。之后便进入完全无残留冲洗水的阶段，滤层逐步稳定，滤出水浊度逐步降低，至出水水质合格成熟期终止。

在出水浊度—时间曲线上还有一个重要的标志点即泄漏点。泄漏点是指在过滤出水浊度稳定一段时间之后又出现稳步迅速上升过程中的一点,该点称为泄漏点,对应的浊度称为泄漏浊度。悬浮颗粒在滤层中有一个穿透深度,穿透深度会随着过滤时间延长而加深,当穿透深度接近或达到整个滤层厚度时,出水浊度就会迅速上升,而泄漏的意义也就在此。显然泄漏浊度不应高于水质标准规定的合格浊度。泄漏点出现时的过滤时间为 T_B,可以看出只有在 $T_B - T_A$ 的时间内,滤出水的浊度才是合格的,这段时间称为有效过滤周期。

4.5.4 过滤过程中的水头损失

滤料层是由大量滤料颗粒堆积而成的,当水流通过时滤料颗粒对水流运动产生了很大的阻力,在滤层两端造成了很大的过滤阻力,用水柱高度表示即为过滤的水头损失。过滤阻力在设计上是决定构筑物高度的一个指标,在操作运行中是停止过滤的时间指标,所以水头损失是很重要的指标参数。

在过滤过程中,当滤层截留了大量杂质以致砂面以下某一深度处的水头损失超过该处水深时,便出现负水头现象。如图 4-24 所示为滤层深度方向上压力(水头)的分布以及该分布随时间的变化。OA 表示水流静止时滤层内压力的分布。OB 表示刚开始过滤时清洁新鲜滤层内各点的压力分布情况。由于是清洁新鲜的滤层,可认为在滤层深度方向上,滤料是均匀排布的,滤层空隙率和比表面积亦均匀分布,滤层内的孔隙可近似看成是均匀直管,流速不变的情况下,直管内的阻力损失(水头损失)与管长成正比,此时滤层内任一点压力(水头)= O 点水头 + 滤层深度 − 水头损失,所以滤层内压力分布沿滤层深度仍为线性关系,压力仍然沿滤层深度而增加,只是增加的幅度小于静止滤层,小的这部分即为克服阻力损失消耗掉的部分,OA 与 OB 线之间的距离即反映了此时滤层内水头损失的分布。随着过滤进行,由于滤层截污量沿滤层深度是呈指数分布,意味着滤层上部截污量远大于滤层下部,而上部截污后孔隙变小,流量不变的情况下真实流速加快,这些因素都将导致上层的水流流动阻力快速增加。而且如果位能的下降部分不足以克服这部分阻力损失的话,压强能也将减小以补足阻力损失,所以在 20h、40h、60h 和 80h 的曲线上都可以看到,压强的变化沿滤层深度增加开始是减小的,然后又逐渐变大,说明下层的阻力损失小于上层,位能下降的部分足以克服阻力损失且仍有剩余,多余部分使压强增大。特别是 20h、40h 和 60h 的曲线下部都有一段的斜率与清洁滤池近乎相等,说明对应段滤层的阻力几乎与清洁滤池相同,而且该段滤层随时间延长而缩短,可见过滤过程中存在一个穿透深度或者是截留悬浮固体的前锋,随过滤进行缓慢向下移动。

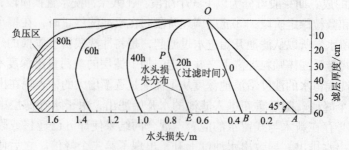

图 4-24 滤层内水头和水头损失分布

如果滤层上层阻力进一步增加，就会出现负水头现象，如80h曲线阴影部分反映的情况。显然要避免出现负水头，要么提高滤层上方的水深，要么加强控制过滤过程的水头损失。

4.5.5 普通快滤池的设计

1. 普通快滤池的设计要点

（1）设计滤速及滤池总面积计算

表4-1已给出了快滤池设计滤速的选用范围。设计滤速直接涉及过滤水质、过滤周期、滤池造价及运行管理等一系列问题。应根据具体情况综合考虑。例如，当水源水质较差，或水质尚未完全掌握，滤前处理效果难以确保时，设计滤速应选用低一些。反之，设计滤速可选用高一些。又如，从总体规划考虑，需要适当保留滤池生产潜力时，设计滤速宜选用低一些。总之，设计滤速的确定应以保证过滤水质为前提，同时考虑经济效果和运行管理，一般可参照条件相似的已有水厂运行经验确定。

强制滤速是指1个或2个滤池停产检修时，其他滤池在超过正常负荷下的滤速。在滤池面积和个数决定以后，应以强制滤速进行校核。如果强制滤速过高应适当降低设计滤速或适当增加滤池个数。强制滤速允许范围见表4-1。

滤速确定后，根据设计流量计算滤池总面积：

$$F = \frac{Q}{v} \tag{4-26}$$

式中　Q——设计流量（包括水厂自用水量），m^3/h；

　　　v——设计滤速，m/h；

　　　F——滤池总过滤面积，m^2。

（2）滤池个数及尺寸的确定

滤池个数直接涉及滤池造价、冲洗效果和运行管理等问题。个数多则冲洗效果好，运转灵活，强制滤速较低，但滤池总造价将会增加，且增加操作管理的麻烦。反之，若滤池个数过少，一旦1个滤池停产检修时，对水厂生产影响则较大。从冲洗布水均匀性上考虑，单池面积过大，冲洗效果欠佳。设计中，滤池个数应通过技术经济比较确定，并需考虑水厂内其他处理构筑物及水厂总体布局等有关问题。但在任何情况下，滤池个数不得少于2个。滤池平面可为正方形或矩形。滤池长宽比决定于管配件布置及处理构筑物总体布置。通常若干个滤池组成一个滤池组。滤池的个数应根据技术经济比较确定，无资料时，可参见表4-6采用。

滤 池 个 数　　　　　　　　　　　　　　　　　表4-6

滤池总面积（m²）	滤池个数	滤池总面积（m²）	滤池个数
小于30	2	150	4~6
30~50	3	200	5~6
100	3或4	300	6~8

单池尺寸：单个滤池面积按式（4-27）计算：

$$f = \frac{F}{N} \quad (m^2) \tag{4-27}$$

式中 F——滤池总面积（m^2）；
　　　N——滤池个数。

滤池的长宽比可参考表4-7选用。

滤 池 长 宽 比　　　　表4-7

单个滤池面积（m^2）	长：宽	单个滤池面积（m^2）	长：宽
≤30	1：1	当采用旋转式表面冲洗时	1：1～3：1
>30	1.25：1～1.5：1		

滤池深度包括：

超高：0.25～0.3m；

滤层表面以上水深：1.5～2.0m；

承托层厚度：见表4-3和表4-4。

据此，滤池总深度一般为3.0～3.5m。单层砂滤池深度一般稍小；双层和三层滤料滤池深度稍大。

（3）管廊布置

集中布置滤池的管渠、配件及阀门的场所称为管廊。管廊中的管道一般用金属材料，也可用钢筋混凝土渠道。管廊布置应力求紧凑、简捷；要留有设备及管配件安装、维修的必要空间；要有良好的防水、排水及通风、照明设备；要便于与滤池操作室联系。设计中，往往根据具体情况提出几种布置方案，经比较后决定。管廊布置有多种形式，列举以下几种供参考：

1）进水、清水、冲洗水和排水渠，全部布置于管廊内，见图4-25（a）。这样布置的优点是，渠道结构简单，施工方便，管渠集中紧凑。但管廊内管件较多，通行和检修不太方便。

2）冲洗水和清水渠布置于管廊内，进水和排水以渠道形式布置于滤池另一侧，见图4-25（b）。这种布置，可节省金属管件及阀门，管廊内管件简单，施工和检修方便。但因管渠布置在滤池两侧，因此操作管理较前者欠方便，造价稍高。

3）进水、冲洗水及清水管均采用金属管道，排水渠单独设置，见图4-25（c）。这种布置，通常用于小水厂或滤池单行排列。

4）对于较大型滤池，为节约阀门，可以虹吸管代替排水和进水支管；冲洗水管和清水管仍用阀门，称为双阀双虹吸快滤池，见图4-25（d）。虹吸管通水或断水以真空系统控制。

（4）滤池布置

1）当滤池个数少于5个时，宜用单行排列，反之可采用双行排列。

2）单个滤池面积大于$50m^2$时，可考虑设置中央集水渠。

（5）设计中注意事项

1）滤池底部应设排空管，其入口处设栅罩，池底坡度约为0.005，坡向排空管。

2）每个滤池上宜装设水头损失计或水位尺及取水样设备。

3）各种密封渠道上应设1～2人孔，以便检修。

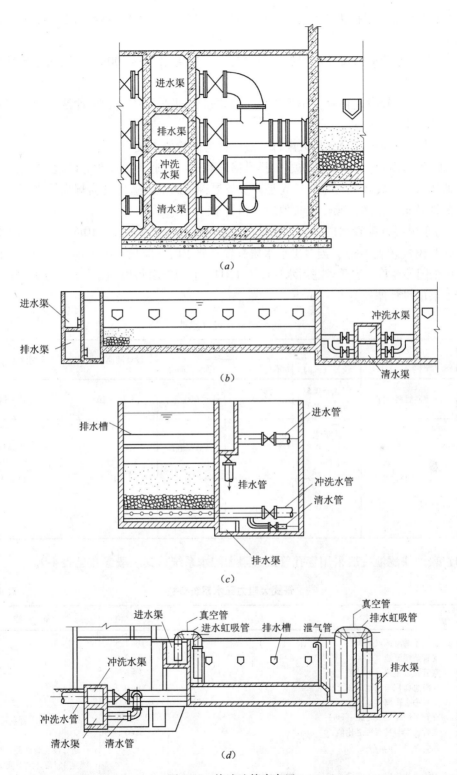

图 4-25 快滤池管廊布置

4) 滤池壁与砂层接触处应拉毛成锯齿状,以免过滤水在该处形成"短路",而影响水质。

5) 滤池清水管应设短管或留有堵板,管径一般采用75~200mm,以便滤池翻修后排放初滤水。

6) 滤池数目较少,且直径小于300mm的阀门,可采用手动,但冲洗阀门一般采用电动、液动或气动。

7) 管廊门及通道应允许最大配件通过,并考虑检修方便。

8) 滤池管廊内应有良好的防水、排水措施和适当的通风、照明等设施。

普通快滤池运转效果良好,首先是冲洗效果得到保证。适用任何规模的水厂。主要缺点是管配件及阀门较多,操作较其他滤池稍复杂。

9) 对于单层石英砂滤料滤池,饮用水的设计滤速一般采用8~10m/h,并按强制滤速10~14m/h校核(表4-8)。当对出水水质有较高要求时,应根据要求程度选用适宜设计的滤速。根据国外经验,当要求滤后水浊度为1NTU时,单层砂滤层设计滤速为4~6m/h;煤砂双层滤层的设计滤速为6~8m/h。

滤料组成及设计滤速　　　　表4-8

序号	类别	滤料组成			设计滤速(m/h)	强制滤速(m/h)
		粒径(mm)	不均匀系数	厚度(mm)		
1	石英砂滤料过滤	$d_{最小}=0.5$ $d_{最大}=1.2$	2.0	700	8~10	10~14
2	双层滤料过滤	无烟煤 $d_{最小}=0.8$ $d_{最大}=1.8$	2.0	300~400	10~14	14~18
		石英砂 $d_{最小}=0.5$ $d_{最大}=1.2$	2.0	400		

10) 普通快滤池一般采用穿孔管式大阻力配水系统,其一般参数见表4-9。

管式大阻力配水系统参数　　　　表4-9

序号	名称	数值	备注
1	干管始端流速(m/s)	1.0~1.5	
2	支管始端流速(m/s)	1.5~2.0	
3	支管孔眼流速(m/s)	3~6	
4	孔眼总面积与滤池面积之比(%)	0.20~0.25	
5	支管中心距离(m)	0.2~0.3	
6	支管下侧距池底之距(cm)	$D/2+50$	D为干管直径
7	支管长度与其直径之比值	≤60	
8	孔眼直径(mm)	9~12	孔眼分设支管两侧,与垂直线呈45°角,向下交错排列
9	干管横截面应大于支管总横截面的倍数	0.75~1.0	
10	干管直径或渠宽大于300mm时,顶部应装滤头、管嘴或把干管埋入池底		

11) 冲洗水和供给方式：用水泵时，其能力按冲洗一个滤池考虑（应有备用泵）；用高位水箱时，其有效容积应按冲洗水量的 1.5 倍计算。当滤池个数较多时，应按滤池冲洗周期计算可能需同时冲洗的滤池数，并按此计算水箱有效容积。

12) 滤池的管（槽）流速。见表 4-10。

滤池管（槽）流速 表 4-10

名　　称	流　速（m/s）	名　　称	流　速（m/s）
浑水进水管（槽）	0.8~1.2	冲洗水管（槽）	2.0~2.5
清水出水管	1.0~1.5	排水管（渠）	1.0~1.5

13) 配水系统干管末端应装有排气管，其管径见表 4-11。

配水系统干管的排气管直径 表 4-11

滤池面积/m²	排气管直径/mm
<25	40
25~50	63
50~100	75~100

2. 普通快滤池的计算

(1) 普通快滤池池体的计算

已知条件

设计水量　　　$Q = 30000 \text{m}^3/\text{d}$

滤速　　　　　$v = 8\text{m/h}$

冲洗强度　　　$q = 15\text{L}/(\text{s} \cdot \text{m}^2)$

冲洗时间　　　$t = 6\text{min} = 0.1\text{h}$

冲洗周期　　　$T = 12\text{h}$

设计计算

1) 滤池工作时间 t'

滤池 24h 连续运转，其有效工作时间为

$$t' = 24 - t(24/T) = 24 - 0.1 \times (24/12) = 23.8\text{h}$$

2) 滤池面积 F

滤池总面积　　　$F = Q/(vt') = 30000/(8 \times 23.8) = 157.6\text{m}^2$

由表 4-6，滤池个数采用 $N = 6$ 个，成双行对称布置。

每个滤池面积　　　$f = F/N = 157.6/6 = 26.3\text{m}^2$

3) 单池平面尺寸

由表 4-7，滤池长宽比采用 $L/B = 1$，则

滤池平面尺寸　　　$L = B = f^{1/2} = 26.3^{0.5} = 5.1\text{m}$

4) 校核强制滤速 v'　　　$v' = \dfrac{Nv}{N-1} = \dfrac{6 \times 8}{6-1} = 9.6\text{m/h}$

5) 滤池高度 H

采用：承托层厚度　　　$H_1 = 0.45\text{m}$

滤料层厚度　　$H_2 = 1.0\text{m}$

砂面上水深　　$H_3 = 1.70$

滤池超高　　$H_4 = 0.30\text{m}$

所以，滤池总高度为　　$H = H_1 + H_2 + H_3 + H_4 = 0.45 + 1.0 + 1.70 + 0.30 = 3.45\text{m}$

(2) 固定管式表面冲洗系统的计算

滤池的表面冲洗（分固定管式和旋转管式两种）是一种辅助冲洗措施，即当仅用反冲洗不能将滤料冲洗干净时，可同时辅以表面冲洗。它利用射流使滤料表面的污泥块分散且易于脱落，从而提高冲洗质量，并减少冲洗用水量。

1) 此法适用于下列情况：

① 用无烟煤作滤料，当反冲洗强度小，不易冲洗干净时。

② 软化工艺中的滤池。

③ 水中杂质黏度较大，易吸附在滤料表面或渗入表层滤料孔隙时。

2) 固定管式表面冲洗系统的设计参数为：

① 冲洗所需水压一般为 $2.9 \times 10^5 \sim 3.9 \times 10^5 \text{Pa}$，其中表面喷射水压力 $1.47 \times 10^5 \sim 1.96 \times 10^5 \text{Pa}$；

② 冲洗强度为 $2 \sim 4\text{L}/(\text{s} \cdot \text{m}^2)$，冲洗时间为 $4 \sim 6\text{min}$；

③ 穿孔管孔眼总面积与滤池面积之比为 $0.03\% \sim 0.05\%$；

④ 孔眼流速为 $8 \sim 10\text{m/s}$；

⑤ 孔眼与水平线的倾角一般为 $45°$，两侧间隔开孔，当装设喷嘴时，孔口亦可朝下布置；

⑥ 穿孔管中心距为 $500 \sim 1000\text{mm}$。

3) 计算例题

已知条件

表面冲洗强度　　$q' = 2.5\text{L}/(\text{s} \cdot \text{m}^2)$

滤站由两个滤池组成，每个滤池的平面尺寸为：

　　　　宽度 $b = 4\text{m}$　　长度 $L = 10\text{m}$

滤池固定管式表面冲洗系统的布置见图 4-26。

设计计算

① 滤池面积 F

$$F = bl = 4 \times 10 = 40\text{m}^2$$

② 每池表面冲洗水流量 q_1

$$q_1 = Fq' = 40 \times 2.5 = 100\text{L/s}$$

③ 输配水干管直径

每池的输配水干管直径（图 4-26），列于表 4-12。

滤池输配水干管直径　　表 4-12

管道名称	流量 (L/s)	直径 (mm)	流速 (m/s)
纵向干管	$q_1 = 100$	$d_1 = 300$	$v_1 = 1.42$
横向干管	$q_2 = q_1/2 = 50$	$d_2 = 200$	$v_2 = 1.59$
侧配水干管	$q_3 = q_2/2 = 25$	$d_3 = 150$	$v_3 = 1.42$

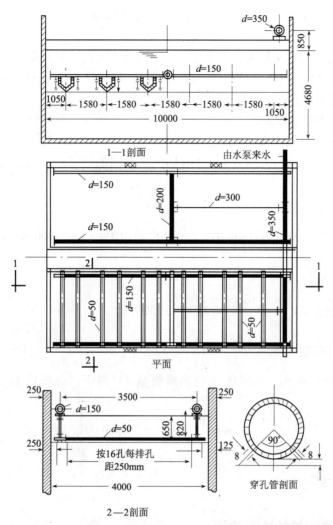

图 4-26 滤池固定管式表面冲洗系统

④ 穿孔支管

每池装设的横向配水穿孔支管数为 $n_1 = 12$ 根

穿孔支管装设在滤料表面以上 75mm 处

穿孔支管中线间距 l_0

$$l_0 = l/n_1 = 10/12 = 0.83\text{m}$$

穿孔支管长度为滤池宽度 $b = 4\text{m}$

每一穿孔支管的服务面积 F_0

$$F_0 = l_0 b = 0.83 \times 4 = 3.32\text{m}^2$$

每一穿孔支管供冲洗水量 q_0

$$q_0 = F_0 q' = 3.32 \times 2.5 = 8.30\text{L/s}$$

每一穿孔支管的计算流量 q_1（q_0 从支管两端供给）

$$q_1 = q_0/2 = 8.30/2 = 4.15\text{L/s}$$

穿孔支管直径采用 $d_4=50\text{mm}$，则流速为 $v_4=2.12\text{m/s}$

⑤ 干管始端水头 h

为克服穿孔管中的水头损失，干管始端的要求水头可按下式计算

$$h=(9v_2^2+10v_4^2)/2g=(9\times1.59^2+10\times2.12^2)/19.6=3.45\text{m}$$

式中　v_2——干管流速，m/s；

　　　v_4——穿孔支管始端流速，m/s。

⑥ 穿孔管孔眼总面积与滤池面积之比 ϕ

$$\phi=q'/(10\mu\sqrt{2gh})=2.5/(10\times0.62\times\sqrt{19.62\times3.45})=0.049$$

⑦ 孔眼

每池穿孔支管的孔眼总面积 Σf

$$\Sigma f=\phi F/100=0.049\times40/100=0.0196\text{m}^2=19600\text{mm}^2$$

孔径取 $d_0=8\text{mm}$

单孔面积 $f_0=50.3\text{mm}^2$

每池应有孔眼数 $n=\dfrac{\Sigma f}{f_0}=\dfrac{19600}{50.3}=389.7$ 取 390 个

每根穿孔管孔眼数 $n_0=\dfrac{n_2}{n_1}=\dfrac{390}{12}=32.5\approx32$ 个

每根穿孔管开两排孔，孔眼中线与铅垂线呈 45°向下，每排设 16 个孔眼，则孔间距为：

$$m=\dfrac{b}{16}=\dfrac{4000}{16}=250\text{mm}$$

4.6　无阀滤池

4.6.1　无阀滤池的特点与构造

无阀滤池是目前村镇水厂常用的一种滤池。无阀滤池和普通快滤池的主要区别在于控制方法上的不同，快滤池是由 4 个闸门控制的，冲洗水由专设的水塔（水箱）或水泵供给；而无阀滤池不用闸门，它靠本身特有的构造，利用虹吸作用进行自动过滤和冲洗。无阀滤池具有以下几个特点：

（1）滤池运行全部自动化，管理操作简单；

（2）阀件少、材料省、造价低、建设快；

（3）滤池的出水口高于滤层，始终保持正水头过滤，故不会像普通快滤池那样因管理不善而在滤池内造成负压现象。

1. 滤料

无阀滤池按其滤池内滤料的构造，可分为单层滤料、双层滤料两种。一般来说，如滤池的进水浊度常在 15NTU 以内，可采用单层石英砂滤料，如进水浊度经常超过 26NTU（短期不超过 50NTU），或采用高滤速、较长过滤周期时，可采用双层滤料；如滤前没有处理装置，且进水浊度一般不超过 100NTU，可采用双层滤料接触式无阀滤池。

无阀滤池滤料的选择,可参照滤池的滤料规格,亦可按表4-13选用。

无阀滤池滤料组成　　　　　　表4-13

滤层	滤料名称	粒径(mm)	筛网(目/m)	厚度(mm)
单层滤料	石英砂	0.5~1.0	36~18	700
双层滤料	无烟煤 石英砂	1.2~1.6 0.5~1.0	16~12 36~18	300 400

2. 配水系统

由于冲洗水箱位于滤池顶部,冲洗水头不高,均采用小阻力配水系统。常用的有平板孔式、格栅、滤头和豆石滤板4种形式。

3. 承托层

承托层的材料和组成与配水方式有关,各种组成形式可按表4-14选用。

承托层材料及组成　　　　　　表4-14

配水方式	承托层材料	粒径(mm)	厚度(mm)
滤板	粗砂	1~2	100
格栅	卵石	1~2 2~4 4~8 8~16	80 70 70 80
尼龙网	卵石	1~2 2~4 4~8	每层50~100
滤头	粗砂	1~2	100

注:要求卵石外形最好呈球形,尽量避免片状。

4. 虹吸与冲洗系统

(1) 虹吸管:一般采用形成虹吸较快的向上锐角布置形式。虹吸管管径取决于冲洗水箱平均水位与排水井水封水位的标高差,以及冲洗过程中在平均冲洗强度 q_0 下的各项水头损失值总和。虹吸下降管管径应比上升管管径小1~2级,其管径的选用可参考表4-15。

虹吸管、辅助管及抽气管管径　　　　　　表4-15

滤池出水量(m³/h)	40	60	80	100	120	160
虹吸上升管(mm)	200	250	300	350	350	400
虹吸下降管(mm)	200	250	250	250	300	350
虹吸辅助管(mm)		32/40			40/50	
抽气管(mm)		32			40	

(2) 虹吸辅助管:如图4-27所示。它主要是起到减少虹吸形成过程中的水量流失、加速虹吸形成的作用。施工安装时,应不使虹吸辅助管管口伸入虹吸弯管内。虹吸辅助管管径的选用可参见表4-15。

(3) 虹吸破坏管:其作用是引入空气,使虹吸破坏,停止冲洗。虹吸破坏管管径一般采用15~20mm,太小或过大都不利。为了延长虹吸破坏管的进气时间,使虹吸破坏彻底,可在破坏管底部加装破坏斗,见图4-28。

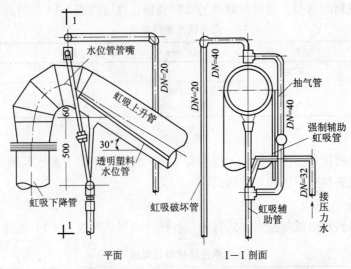

图 4-27 虹吸辅助管与强制冲洗设备

(4) 冲洗强度调节器：见图 4-29，它一般设置在虹吸下降管末端。运行时经过测定如发现冲洗强度过大或过小，可以采取抬高或降低调节器的锥形挡板的办法来调整。

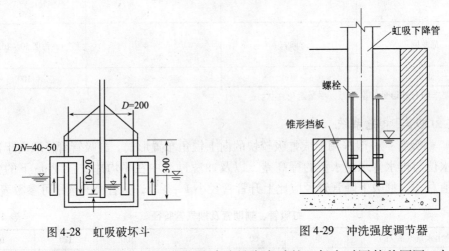

图 4-28 虹吸破坏斗　　　　　　　图 4-29 冲洗强度调节器

(5) 人工强制冲洗设备：无阀滤池的冲洗是全自动的，但有时因某种原因，如出水水质突然恶化等，在滤池水头损失还未达到最大值就需要冲洗时，可设置强制冲洗设备，参见图 4-27。强制冲洗设备是利用快速的压力水，经强制反冲洗管射入虹吸辅助管，强制带走虹吸管中的空气、形成真空，而形成强制冲洗。

4.6.2 无阀滤池的种类

无阀滤池有重力式和压力式两种。

1. 重力式无阀滤池

(1) 重力式无阀滤池的工作原理和构造

重力式无阀滤池的构造如图 4-30 所示。过滤时：沉淀池的来水经进水分配槽1，由进水管 2 进入虹吸上升管 3，再经顶盖 4 下面的挡板 5 后，均匀地分布在滤料层 6 上，通过承托层 7、小阻力配水系统 8 进入底部空间 9。滤后水从底部空间经连通渠（管）10 上升到冲洗水箱 11。当水箱水位达到出水渠 12 的溢流堰顶后，溢入渠内，滤池开始出水，最后流入清水池。

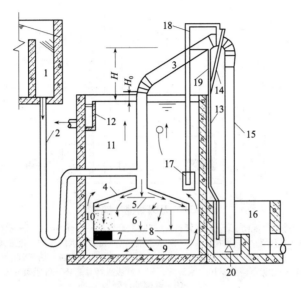

图 4-30 无阀滤池过滤过程

1—进水分配槽；2—进水管；3—虹吸上升；4—伞形顶盖；
5—挡板；6—滤料层；7—承托层；8—配水系统；9—底部配水区；
10—连通渠；11—冲洗水箱；12—出水渠；13—虹吸辅助管；
14—抽气管；15—虹吸下降管；16—水封井；17—虹吸破坏斗；
18—虹吸破坏管；19—强制冲洗管；20—冲洗强度调节管

开始过滤时，虹吸上升管与冲洗水箱中的水位差 H_0 为过滤起始水头损失。随着过滤时间的延续，滤料层水头损失逐渐增加，虹吸上升管中水位相应逐渐升高。管内原存空气受到压缩，一部分空气将从虹吸下降管出口端穿过水封进入大气。当水位上升到虹吸辅助管 13 的管口时，水从辅助管流下，依靠下降水流在管中形成的真空和水流的挟气作用，抽气管 14 不断将虹吸管中空气抽出，使虹吸管中真空度逐渐增大。其结果，一方面虹吸上升管中水位升高。同时，虹吸下降管 15 将排水水封井中的水吸上至一定高度。当上升管中的水越过虹吸管顶端而下落时，管中真空度急剧增加，达到一定程度时，下落水流与下降管中上升水柱汇成一股冲出管口，把管中残留空气全部带走，形成连续虹吸水流。

这时，由于滤层上部压力骤降，促使冲洗水箱内的水循着过滤时的相反方向进入虹吸管，滤料层因而受到反冲洗。冲洗废水由排水水封井 16 排出。冲洗时水流方向如图 4-31 箭头所示。

冲洗时：水箱内水位逐渐下降。当水位下降到虹吸破坏斗 17 以下时，虹吸破坏管 18 把小斗中的水吸完。管口与大气相通，虹吸破坏，冲洗结束，过滤重新开始。

从过滤开始至虹吸上升管中水位升至辅助管口这段时间，为无阀滤池过滤周期。因为当水从辅助管下流时，仅需数分钟便进入冲洗阶段。故辅助管口至冲洗水箱最高水位差即为期终允许水头损失值 H。一般采用 $H = 1.5 \sim 2.0$ m。

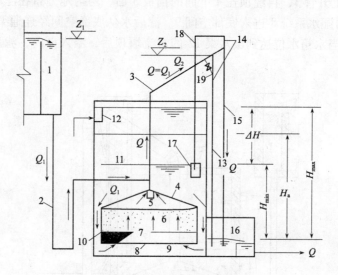

图 4-31 无阀滤池冲洗过程

1—进水分配槽；2—进水管；3—虹吸上升管；4—伞形顶盖；5—挡板；
6—滤料层；7—承托层；8—配水系统；9—底部配水区；10—连通渠；
11—冲洗水箱；12—出水渠；13—虹吸辅助管；14—抽气管；
15—虹吸下降管；16—水封井；17—虹吸破坏斗；18—虹吸破坏管；
19—强制冲洗管

如果在滤层水头损失还未达到最大允许值而因某种原因（如出水水质不符要求）需要冲洗时，可进行人工强制冲洗。强制冲洗设备是在辅助管与抽气管相连接的三通上部、接一根压力水管19，称强制冲洗管。打开强制冲洗管阀门，在抽气管与虹吸辅助管连接三通处的高速水流便产生强烈的抽气作用，使虹吸很快形成。

下图为重力式无阀滤池工作示意图（图4-32）：

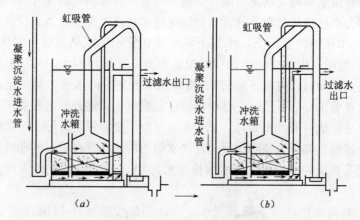

图 4-32 无阀滤池工作原理示意（一）
（a）过滤过程（初）；（b）过滤过程（终）

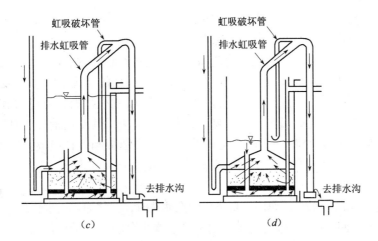

图 4-32 无阀滤池工作原理示意（二）
(c) 冲洗过程（初）；(d) 冲洗过程（终）

(2) 重力式无阀滤池的设计要点

1) 设计数据

① 滤速一般采用 6~10m/h；

② 平均冲洗强度一般采用 $15L/(s \cdot m^2)$；冲洗时间一般为 5min（当为接触过滤时不小于 6min）；

③ 冲洗前的期终水头损失值，一般为 1.5~2.0m。当受到条件限制时，可采用小值；

④ 进水管流速为 0.5~0.7m/s。

2) 虹吸管计算

无阀滤池在反冲洗过程中，随着冲洗水箱内水位不断下降，冲洗水头（水箱水位与排水水封井堰口水位差，亦即虹吸水位差）也不断降低，从而使冲洗强度也不断减小。设计中，通常以最大冲洗水头 H_{max} 与最小冲洗水头 H_{min} 的平均值作为计算依据，称为平均冲洗水头 H_a（图 4-31）。所选定的冲洗强度，系按在 H_a 作用下所能达到的计算值，称为平均冲洗强度 q_a。由 q_a 计算所得的冲洗流量称为平均冲洗流量，以 Q_1 表示。冲洗时，若滤池继续以原进水流量（以 Q_2 表示）进入滤池，则虹吸管中的计算流量应为平均冲洗流量与进水流量之和（$Q = Q_1 + Q_2$）。其余部分（包括连通渠、配水系统、承托层、滤料层）所通过的计算流量为冲洗流量 Q_1。

冲洗水头即为水流在整个流程中（包括连通渠、配水系统、承托层、滤料层、挡水板及虹吸管等）的水头损失之和。按平均冲洗水头和计算流量即可求得虹吸管管径。管径一般采用试算法确定：即初步选定管径，算出总水头损失 $\sum h$，当 $\sum h$ 接近 H_a 时，所选管径适合，否则重新计算。总水头损失为：

$$\sum h = h_1 + h_2 + h_3 + h_4 + h_5 + h_6 \tag{4-28}$$

式中 h_1——连通渠水头损失，m；

h_2——小阻力配水系统水头损失，m，视所选配水系统型式而定；

h_3——承托层水头损失，m；

h_4——滤料层水头损失，m；

h_5——挡板水头损失,一般取 0.05m;

h_6——虹吸管沿程和局部水头损失之和,m。

在上述各项水头损失中,当滤池构造和平均冲洗强度已定时,$h_1 \sim h_5$ 便已确定。虹吸管径的大小则决定于冲洗水头 H_a。因此,在有地形可利用的情况下(如丘陵、山地),降低排水水封井堰口标高以增加可利用的冲洗水头,可以减小虹吸管管径以节省建设费用。由于管径规格限制,管径应适当选择大些,以使 $\sum h < H_a$。其差值消耗于虹吸下降管出口管端的冲洗强度调节器 20 中。冲洗强度调节器由锥形挡板和螺杆组成。后者可使锥形挡板上、下移动以调节挡板与管口间距来控制反冲洗强度。

3)进水管 U 形存水弯

进水管设置 U 形存水弯的作用,是防止滤池冲洗时,空气通过进水管进入虹吸管从而破坏虹吸。为安装方便,同时也为了水封更加安全,常将存水弯底部置于水封井的水面以下。

4)进水分配槽

进水分配槽的作用,是通过槽内堰顶溢流使各格滤池独立进水,并保持进水流量相等。分配槽堰顶标高应等于虹吸辅助管和虹吸管连接处的管口标高加进水管水头损失,再加 10~15m 富余高度以保证堰顶自由跌水。槽底标高力求降低以便于气、水分离。若槽底标高较高,当进水管中水位低于槽底时,水流由分配槽落入进水管中的过程中将会挟带大量空气。由于进水管流速较大,空气不易从水中分离出去,挟气水流进入虹吸管中以后,一部分空气可上逸并通过虹吸管出口端排出池外,一部分空气将进入滤池并在伞顶盖下聚集且受压缩。受压空气会时断时续地膨胀并将虹吸管中的水顶出池外,影响正常过滤。因此通常将槽底标高降至滤池出水渠堰顶以下约 0.5m,就可以保证过波期间空所不会进入滤池。

5)冲洗水箱

重力式无阀滤池冲洗水箱与滤池整体浇制,位于滤池上部。水箱容积按冲洗一次所需水量确定:

$$V = 0.06qFt \tag{4-29}$$

式中 V——冲洗水箱容积,m^3;

q——冲洗强度,$L/(s \cdot m^2)$,采用上述平均冲洗强度 q_a;

F——滤池面积,m^2;

t——冲洗时间,min,一般取 4~6min。

设 n 格滤池合用一个冲洗水箱,则水箱平面面积应等于单格滤池面积的 n 倍,其有效深度 ΔH 为:

$$\Delta H = \frac{V}{nF} = \frac{0.06qFt}{nF} = \frac{0.06}{n}qt \tag{4-30}$$

式(4-30)并未考虑一格滤池冲洗时,其余($n-1$)格滤池继续向水箱供给冲洗水的情况,所求水箱容积偏于安全。若考虑上述因素,水箱容积可以减小。如果冲洗时,该格滤池继续进水(随冲洗水排出)而其余各格滤池仍保持原来滤速过滤,则减小的容积即为($n-1$)格滤池在冲洗时间 t 内以原滤速过滤的水量。

由此可知,合用一个冲洗水箱的滤池数越多,冲洗水箱深度越小,滤池总高度得以降低。这样,不仅降低造价,也有利于与滤前处理构筑物在高程上的衔接。冲洗强度的不均匀程度也可减小。一般合用冲洗水箱的滤池数 $n = 2 \sim 3$,而以 2 格合用冲洗水箱者居多。

因为合用冲洗水箱滤池数过多时，生产上会造成不正常的现象。例如，某一格滤池的冲洗即将结束时，虹吸破坏管刚露出水面，由于其余数格滤池不断向冲洗水箱大量供水，管口很快又被水封，致使虹吸破坏不彻底，造成该格滤池时断时续地冲洗。

6) 重力式无阀滤池的主要尺寸

重力式无阀滤池主要尺寸　　　　表4-16

标准图集编号		S775								
		(一)	(二)	(三)	(四)	(五)	(六)	(七)	(八)	(九)
净产水能力（m³/h）		40	60	80	120	160	200	240	320	400
主要尺寸(m)	滤池地面以上高度 h_1	3.95	4.00	3.95	4.00	4.05	4.15	4.15	4.24	4.24
	池面至分配箱堰顶高度 h_2	1.65	1.65	1.65	1.65	1.65	1.65	1.65	1.65	1.65
	排水井深度 h_3	1.20	1.10	1.20	1.10	1.20	1.20	1.30	1.40	1.40
	滤池宽度×长度 $B×L$	2.1×2.1	2.6×2.6	6.21×4.31	2.6×5.31	2.9×5.95	3.3×6.78	3.6×7.38	4.1×8.4	4.7×9.6
	滤池高度 H	4.37	4.5	4.45	4.5	4.45	4.65	4.65	4.74	4.74
管径(mm)	进水管	150	200	200	250	250	300	300	350	400
	出水管	150	200	150×2	250	250	300	300	350	400
	排水管	400	400	400	400	500	500	600	700	800
	虹吸上升管	200	250	200	250	300	350	350	400	450
	虹吸下降管	200	250	200	250	250	300	300	350	400

注：1. 滤速10m/h。平均冲洗强度15L/(s·m²)，冲洗历时5min。
　　2. 期终水头损失采用1.70m，进水管流速控制在0.5~0.7m/s。

(3) 重力式无阀滤池的计算

1) 已知条件

① 设计水量

净产水量1920m³/d = 80m³/h，滤池分两格，则每格净产水量40m³/h。滤池冲洗耗水量按产水量的4%计，则每格设计水量为：

$$Q = 40 \times 1.04 = 41.6 \text{m}^3/\text{h} = 11.6 \text{L/s}$$

② 设计参数

主要设计参数见表4-17。

设计参数　　　　表4-17

参数名称	单位	数值
滤速	m/h	$v = -8$
平均冲洗强度	L/(s·m²)	$q = 15$
冲洗历时	min	$t = 4$
期终允许水头损失	m	$H_{铁} = 1.7$
排水非堰口标高	m	-0.7
滤池入土深度	m	-0.45

2) 设计计算

① 滤池面积

计算见表4-18。

滤池面积计算   表4-18

项 目	关 系 式	计 算 值
所需过滤面积（m²）	$F_1 = Q/v$	5.2
以0.3m为腰长的等腰直角三角形连通管的面积（m²）	$F_2 = 0.3^2/2$	0.045
所需滤池总面积（m²）	$F = F_1 + 4F_2$	5.38
正方形滤池的边长（m）	$L = \sqrt{F}$	2.32

② 滤池高度

计算见表4-19。

滤池高度计算   表4-19

项 目	单 位	计 算 值
底部集水区高度	m	0.3
滤板厚度	m	0.12
承托层厚度	m	0.10
滤料层厚度	m	0.70
浑水区高度	m	0.38
顶盖高度	m	0.35
冲洗水箱高度（两格合用） 　　$(qF_1 t \times 60)/(F_1 \times 2 \times 1000) = (15 \times 4 \times 60)/(2 \times 1000) = 1.80$ 考虑到冲洗水箱隔墙上连通孔的水头损失0.05m	m	1.85
超高	m	0.2
滤池总高度	m	4.0

③ 进水分配箱

流速采用0.05m/s

面积　　　　　　　　$F = Q/0.05 = 0.0116/0.05 = 0.231 \text{m}^2$

采用正方形，边长0.48m×0.48m

④ 进水管

流量 $Q = 11.6 \text{L/s}$，选用管径 $DN150$ 钢管，则流速 $v_进 = 0.66 \text{m/s}$，水力坡降 $i_进 = 6.49‰$。进水管长度 $l_进 = 15 \text{m}$，其中90°弯头三个，三通一个，三通管径采用 $DN250 \times 150$（$DN250$ 为假定的虹吸上升管管径）。

沿程水头损失　　　　$h_f = i_进 l_进 = 0.00649 \times 15 = 0.097 \text{mH}_2\text{O}$

局部水头损失系数为：$\varepsilon_{进口} = 0.5$，$\varepsilon_{90°弯头} = 0.6$，$\varepsilon_{三通} = 1.5$

局部水头损失

$$h_l = \sum \varepsilon v_进^2 /(2g) = (0.5 + 3 \times 0.6 + 1.5) \times 0.66^2/19.62 = 0.084 (\text{mH}_2\text{O})$$

所以，进水管总水头损失

$$h_进 = h_f + h_l = 0.097 + 0.084 \approx 0.18 \text{mH}_2\text{O}$$

⑤ 几个控制标高

a. 滤池出水口标高

　　　　滤池出水口标高 = 滤池总高度 − 滤池入土高度 − 超高
　　　　　　　　　　　 = 4.0 − 0.45 − 0.2
　　　　　　　　　　　 = 3.35m

b. 虹吸辅助管管口标高

　　　　虹吸辅助管管口标高 = 滤池出水口标高 + 期终允许水头损失

$$= 3.35 + 1.70$$
$$= 5.05 \text{m}$$

c. 进水分配箱底标高

进水分配箱底标高 = 虹吸辅助管管口标高 - 防止空气旋入的保护高度
$$= 5.05 - 0.50 = 4.55 \text{m}$$

d. 进水分配箱堰顶标高

进水分配箱堰顶标高 = 虹吸辅助管管口标高 + 进水管水头损失 + (10~15cm)的安全高度
$$= 5.05 + 0.18 + 0.12 = 5.35 \text{m}$$

⑥ 虹吸管管径

虹吸上升管采用 $DN250$mm，虹吸下降管采用 $DN200$mm，即可满足要求。

⑦ 滤池出水管管径

采用与进水管相同之管径 $DN150$mm。

⑧ 排水管管径

流量 $Q = 15 \times 5.2 + 11.6 = 89.6 \text{L/s}$

采用 $DN350$mm

⑨ 其他管径

虹吸辅助管管径采用 32mm×40mm。虹吸破坏管和强制冲洗管管径均采用 15mm。

图 4-33 为重力式无阀滤池的计算简图。

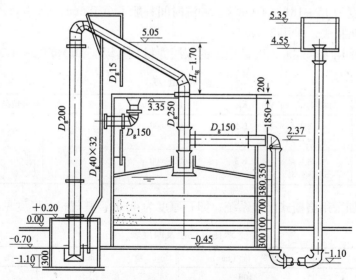

图 4-33 重力式无阀滤池计算简图

2. 压力式无阀滤池

压力式无阀滤池工艺流程简单，当原水浊度一般不超过 100NTU 时，可设计成一体化净水构筑物，利用余压将滤后水送至水塔或管网，可省去二级泵站。管理维护方便，能实现操作自动化，适合于小型、分散性的给水工程。

（1）工作过程及特点

如图 4-34 所示，原水与絮凝剂通过水泵混合后，自上而下进入压力滤池，过滤后的水经集水系统压入水塔内冲洗水箱，水箱贮满后溢入水塔。随着过滤的继续，滤层阻力增大，虹吸管中水位不断上升，水泵扬程也逐渐提高。当水位上升到辅助虹吸管口时，同重力式无阀滤池的原理一样，滤池开始冲洗，此时，水泵利用自动装置自行关闭，停止进水。当冲洗水箱中水位下降到虹吸破坏管口时，空气进入虹吸管，冲洗自动结束，水泵又自动开启，滤池投入下一周期运行。

压力式无阀滤池一般为圆筒钢结构，上下为圆锥形，内部压力在 0.2MPa（2kg/cm²）左右。为了便于检修，在筒体上半部设有直径为 800mm 的人孔，顶部设排气阀，底部设放水阀。

压力式无阀滤池的设计与重力式无阀滤池基本相同，但还需对水泵系统进行计算与选择。同时，浑水区的絮凝时间一般按 5min 设计，并应满足冲洗时滤层的膨胀高度。

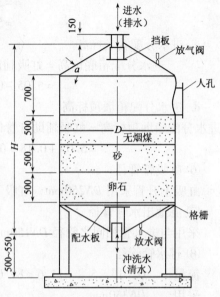

图 4-34 压力式无阀滤池本体

(2) 设计参数

1) 滤速为 6~10m/h。
2) 冲洗强度为 15~18L/(s·m²)，冲洗时间一般不小于 6min。
3) 期终水头损失，采用 2~2.5m。
4) 滤料层采用无烟煤和石英砂组成的双层滤料，其级配和厚度见表 4-20。

滤料组成   表 4-20

滤料名称	滤料粒径（mm）	K_{80}	滤料厚度（mm）	滤速（m/h）	强制情况下校核滤速（m/h）
石英砂	$d_小=0.5$ $d_大=1.0$	1.5	400~600	6~10	8~12
无烟煤	$d_小=1.2$ $d_大=1.8$	1.3	400~600		

5) 承托层如采用格栅式配水系统，卵石厚度为 40cm，其规格及厚度见表 4-21。

承托层粒径及厚度表   表 4-21

粒径（mm）	厚度（mm）	粒径（mm）	厚度（mm）
32~64	100	8~4	50
16~32	100	4~2	50
8~16	50	2~1	50

若不用卵石，可采用滤头作为配水系统，这时需用的粗砂粒径及厚度见表 4-22。

粗砂粒径及厚度   表 4-22

粒径（mm）	厚度（mm）
2~4	50
1~2	50

6）管道参数和设计要求，见表 4-23。

管道参数和设计要求 表 4-23

管 道 名 称	滤 速 (m/s)	设 计 要 求
水泵吸水管	1.0～1.2	管长一般应控制在 40m 以内
水泵压水管	1.5～2.0	流速不宜过小，防止矾花形成，管长尽量短些
主虹吸管		其形式、直径及标高计算同重力式无阀滤池
冲、清水管（滤池出水管）		管径与虹吸上升管同。考虑人工强制冲洗及检修，管上应装一闸门
虹吸破坏管		管径与重力式无阀滤池相同。其末端应高出冲、清水管管口 15cm 以上，以免冲、清水管吸入空气

（3）工艺布置形式

压力式无阀滤池由于给水要求、地区地形条件和滤池本身构造不同，可以有以下几种布置形式。

1）水泵安装于水塔底部，滤池置于室外。这是南方地区最常见的一种布置形式，如图 4-35 所示。

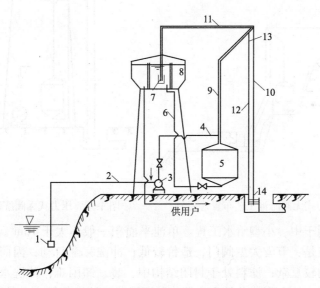

图 4-35 压力式无阀滤池工艺布置（一）
1—吸水底阀；2—吸水管；3—水泵；4—压水管；5—滤池；6—滤池出水管（冲洗水管）；
7—冲洗水箱；8—水塔；9—虹吸上升管；10—虹吸下降管；11—虹吸破坏管；
12—虹吸辅助管；13—抽气管；14—排水井

2）如果单个滤池供水量不够，或为了供水安全需要，常采用两个或两个以上滤池并联布置形式，如图 4-36 所示。

3）图 4-37 是地形可利用时所采用的形式，它用高位水池代替水塔，并用降低排水井标高来增大虹吸水位差，以减小虹吸管管径。

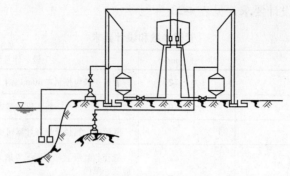

图 4-36　压力式无阀滤池工艺布置（二）

4）为考虑防冻或便于管理，可将水泵、滤池、加药设备等一并置于水塔下（室内），这种形式如图 4-38 所示。

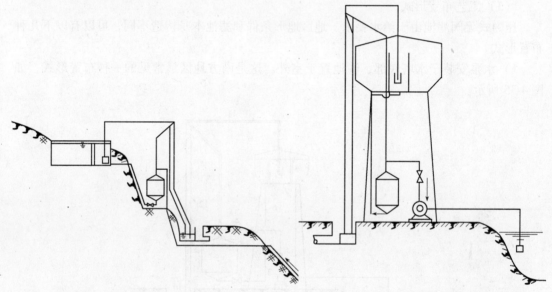

图 4-37　压力式无阀滤池工艺布置（三）　　图 4-38　压力式无阀滤池工艺布置（四）

无阀滤池多用于中、小型给水工程。单池平面积一般不大于 $16m^2$，少数也有达 $25m^2$ 以上的。主要优点是：节省大型阀门，造价较低；冲洗完全自动，因而操作管理较方便。缺点是：池体结构较复杂；滤料处于封闭结构中，装、卸困难；冲洗水箱位于滤池上部，出水标高较高，相应抬高了滤前处理构筑物如沉淀或澄清池的标高，从而给水厂处理构筑物的总体高程布置往往带来困难。

4.7　其他类型的滤池

4.7.1　虹吸滤池

虹吸滤池一般由数格滤池组成一个整体，通称"一组滤池"或"一座滤池"。根据水量大小，水厂可以建一组滤池或多组滤池。一组滤池平面形状可以是圆形、矩形或多边形，而以矩形为多。图 4-39 为由 6 格滤池组成的平面形状为矩形的一组虹吸滤池构造图。

它不同于普通快滤池的主要特点是：以两根虹吸管——进水虹吸管和排水虹吸管完成了普通快滤池中的大型阀门的作用，并由此导致了滤池构造和工艺操作与普通快滤池的某些差别。

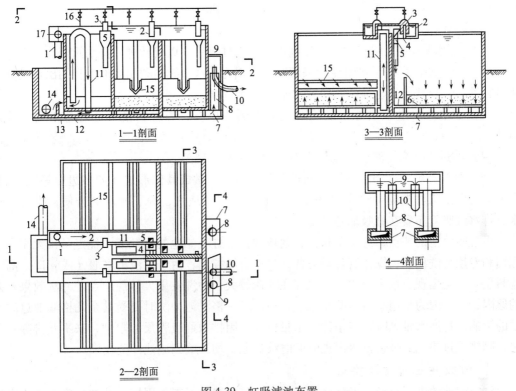

图 4-39 虹吸滤池布置
1—进水管；2—配水槽；3—进水虹吸管；
4—进水水封槽；5—进水斗；6—小阻力配水系统；7—清水连通渠；
8—清水连通管；9—出水槽；10—出水管；11—排水虹吸管；12—排水渠；
13—排水水封井；14—排水管；15—排水槽；16—抽气管；17—进水连通管

1. 虹吸滤池的构造和工作过程

过滤时，浑水由进水管 1 流入配水槽 2，经进水虹吸管 3 流入水封槽 4，水流溢过堰口后，经进水斗流入每格滤池。水流通过滤料层、小阻力配水系统 6 进入滤池底部空间，再由连通渠 7、连通管 8 进入出水槽 9，出水管 10 流入清水池。

随着过滤水头损失逐渐增大，由于各格滤池进、出水量不变，滤池中水位将不断上升。当水位上升到最高设计水位时，便需进行反冲洗。该最高水位与出水管 10 的进口溢流水位差即为最大过滤作用水头，亦即期终允许水头损失值。

反冲洗时，先破坏进水虹吸管的虹吸，滤池停止进水；滤池中水位逐渐下降，滤速渐次降低。当滤池内水位下降速度显著变慢时，用抽气设备抽吸排水虹吸管 11 中的空气，使之形成虹吸。开始阶段，滤池内的剩余浑水通过排水虹吸管 11、排水渠 12、排水水封井 13，而由排水管 14 排出。当滤池内水位低于水管 10 的管口标高时，反冲洗开始；当滤池水面降至排水槽 15 顶端时，反冲洗强度达到最大值。滤料冲洗干净后，破坏排水虹吸管的虹吸，冲洗停止，仍用抽气设备使进水虹吸管恢复工作，过滤重新开始。

虹吸滤池不需要冲洗水塔或冲洗水泵。因为各格滤池底部空间通过连通渠7相互沟通，当一格滤池冲洗时，所需冲洗水由其他数格滤池的过滤水通过连通渠源源不断地供给。所以，虹吸滤池必须成组设置，单格滤池不能独立生产。

2. 虹吸滤池的特点

（1）虹吸滤池系采用真空系统控制进、排水虹吸管，以代替进、排水阀门。

（2）每座滤池由若干格组成；采用中、小阻力配水系统；利用滤池本身的出水及其水头进行冲洗，以代替高位冲洗水箱或水泵。

（3）滤池的总进水量能自动均衡地分配到各单格，当进水量不变时各格均为等速过滤。

（4）滤过水位高于滤层，滤料内不致发生负水头现象。

（5）虹吸滤池平面布置有圆形和矩形两种，也可做成其他形式（如多边形等）。在北方寒冷地区虹吸滤池需加设保温房屋；在南方非保温地区，为了排水的方便，也有将进水、排水虹吸管布置在虹吸滤池外侧。

由虹吸滤池的特点，总结出相比普通快滤池，虹吸滤池的优缺点。优点是：无需大型阀门和专用冲洗设备；操作管理较方便，易于自动控制；由于滤池出水堰（或管口）高于滤料层，不会出现负水头现象。但也存在池深较大、冲洗效果欠佳等缺点。冲洗效果较差的原因，不仅因为采用小阻力配水系统，还由于一格滤池冲洗时要受其余几格滤池过滤水量的影响。过滤水量大时，该格冲洗水量也大，因排水虹吸管尺寸限制，来不及排除；反之，则排除过快，虹吸管排水出现时断时续现象，均影响到滤池冲洗效果。

3. 虹吸滤池的设计要点

虹吸滤池的进水浊度、设计滤速、强制滤速、滤料、工作周期、冲洗强度、膨胀率等均参见普通快滤池的有关章节。此外，在设计虹吸滤池时，还应考虑以下几点：

（1）虹吸滤池适用于中小型水厂，水量范围一般为15000～50000m³/d。单格面积过小，施工困难，且不经济；单格面积过大，小阻力配水系统冲洗不易均匀。目前国内已建虹吸滤池单格最大面积达133m³。

（2）选择池形时一般以矩形较好。

（3）滤池的分格分组应根据生产规模从运行维护条件，通过技术经济比较确定。通常每座滤池分为6～8格，各格清水渠均应隔开，并在连通总清水渠的通路上装设盖阀或闸板或考虑可临时装设闸阀的措施，以备单格停水检修时使用。

（4）虹吸滤池采用中、小阻力配水系统。为达到配水均匀，水头损失一般控制在0.2～0.4m。配水系统应有足够的强度，以承担滤料和过滤水头的荷载，且便于施工及安装。

（5）真空系统：一般可利用滤池内部的水位差通过辅助虹吸管形成真空，代替真空泵抽除进、排水虹吸管内的空气形成虹吸，形成时间一般控制在1～3min。虹吸形成与破坏可利用水力实现自动控制，也可采用真空泵及机电控制设备实现自动操作。

（6）虹吸管按通过的流量确定断面。一般多采用矩形断面，也可用圆形断面。水量较小时可用铸铁管，水量较大时宜采用钢板焊制。虹吸管的进出口应采用水封，并有足够的淹没深度，以保证虹吸管正常工作。

(7) 进水渠两端应适当加高,使进水渠能向池内溢流。各格间隔墙应较滤池外周壁适当降低,以便于向邻格溢流。

(8) 在进行虹吸滤池设计时,应考虑各部分的排空措施;在布置抽气管时,可与走道板栏杆结合;为防止排水虹吸管进口端进气,影响排水虹吸管正常工作,可在该管进口端上部设置防涡栅;清水出水堰及排水出水堰应设置活动堰板以调节冲洗水头。

4. 虹吸滤池的计算

(1) 矩形虹吸滤池的计算

1) 已知条件

设计水量 $Q_1 = 15000 \text{m}^3/\text{d}$

水厂自用水率为5%

计算水量 $Q_2 = 1.05 Q_1 = 1.05 \times 15000 = 15750 \text{m}^3/\text{d} \doteq 656 \text{m}^3/\text{h}$

滤池过滤周期 $T = 23\text{h}$

冲洗时间 $t = 24 - T = 1\text{h}$

2) 设计计算

① 滤池总面积 F

滤池产水量 $Q_3 = 24Q_2/T = 24 \times 656/23 = 685 \text{m}^3/\text{h}$

正常滤速选用 $v = 10\text{m/h}$,则

$$F = Q_3/v = 685/10 = 68.5 \text{m}^3$$

② 滤池分格数

滤池布置见图4-40。

单格面积:$f = F/N$

N——格数,取 $N = 6$ 个

$$f = F/N = \frac{68.5}{6} = 11.4 \text{m}^2$$

取单格尺寸:$L \times B = 4.5\text{m} \times 2.5\text{m}$

则单格面积 $f = 4.5 \times 2.5 = 11.25$

实际流速 $V = 685/(11.25 \times 6) = 10.15 \text{m/h}$

冲洗时流速 $V_1 = 685/(11.25 \times 5) = 12.18 \text{m/h}$

可提供最大冲洗强度

$$q = 685/(11.25 \times 3.6) = 16.9 \text{L}/(\text{s} \cdot \text{m}^2)$$

本设计反冲洗强度采用 $15 \text{L}/(\text{s} \cdot \text{m}^2)$

③ 冲洗排水槽

冲洗水量为 $Q_冲 = fq = 11.25 \times 15 = 168.75 \text{L/s} \doteq 169 \text{L/s}$

每格池宽2.5m,每格布置一个排水槽。

采用槽底为三角形的标准排水槽,则排水槽的断面模数为:

$$x = 0.475 Q_冲^{2/5} = 0.475 \times 0.169^{2/5} = 0.233\text{m}$$

采用0.25m,槽宽为 $2x = 0.5\text{m}$。

水面上用5cm保护高度,槽厚采用0.05m,则槽子总高为:

$H_槽 = 0.05 + x + 1.5x + 0.05 \times \sqrt{2} = 0.05 + 0.25 + 1.5 \times 0.25 + 0.05 \times 1.41 = 0.75\text{m}$

槽子占滤池面积百分数为 $(0.5+2\times0.05)/2.5=24\%<25\%$

④ 进水虹吸管

按一格冲洗时计算每格池子的进水量为：

$$Q_{进}=Q_3/(n-1)=685/(6-1)=137m^3/h=38.1L/s$$

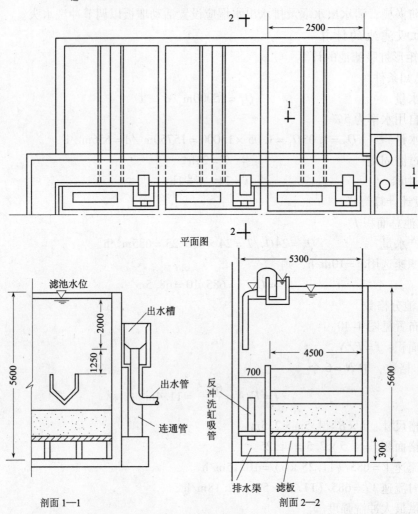

图 4-40 滤池布置

流速取 0.6m/s，则虹吸管断面积为：

$$0.0381/0.6=0.0635m^2$$

断面尺寸采用 20×30cm，则实际流速为：

$$0.0381/(0.2\times0.3)=0.635m/s$$

虹吸水流时局部水头损失为：

$$\begin{aligned}h_{进局}&=1.2(\varepsilon_{进}+2\varepsilon_{90°弯}+\varepsilon_{出})v^2/(2g)\\&=1.2\times(0.5+2\times0.5+1)\times0.635^2/19.6\\&=0.06mH_2O\end{aligned}$$

4.7 其他类型的滤池

沿程损失可按折合成圆形管的阻力计算,先计算出矩形管的水力半径。

$$R_{进} = \frac{0.2 \times 0.3}{2 \times (0.2 + 0.3)} = 0.06\text{m}$$

矩形管的阻力可以按直径为 $4R_{进} = 4 \times 0.06 = 0.24\text{m}$,即约为 $DN250$ 的圆管。

进水虹吸系统布置,见图 4-41。

⑤ 进水总槽

单倍滤池的进水由矩形堰控制,堰宽 0.6m,堰顶水头按滤池增加 50% 出水量估计,则流量为:

$$Q = 1.5Q_{进} = 1.5 \times 38.1 = 57.2\text{L/s}$$

由矩形堰的流量公式 $Q = 1.84bh^{3/2}$ 得:

$$h^{3/2} = Q/(1.84b) = 0.0572/(1.84 \times 0.06)$$
$$= 0.0518$$

$h = 0.139\text{m}$,取用 0.15m

进水槽深度计算如下:

虹吸管底距槽底	0.15m
虹吸管出口淹没深度	0.15m
虹吸管出口后堰顶水头	0.15m
虹吸管水头损失	0.15m
超高	0.70m
共计	1.30m

图 4-41 进水虹吸系统

进水总槽的宽度用 0.6m,水流断面为:

$$0.6 \times 0.6 = 0.36\text{m}^2$$

每条渠道供 3 个滤池用。按事故时增加 50% 流量计,则流量为:

$$1.5 \times (1/2) \times (685/3600) = 0.143\text{m}^3/\text{s} = 143\text{L/s}$$

流速为:

$$0.143/0.36 = 0.40\text{m/s}$$

⑥ 单池进水槽

根据上面计算数据,单个池子进水槽深度可为 0.6m,平面尺寸为 0.65m×0.65m。出水竖管断面尺寸为 0.25m×0.25m,用 4mm 厚钢板焊制后,固定在钢筋混凝土墙壁上。

⑦ 滤池高度

a. 滤池各组成部分高度

采用滤板小阻力配水系统

底部配水空间高度	0.30m
滤板厚	0.12m
石英砂滤料层厚	0.70m
滤料膨胀 50% 的高度	0.35m
冲洗排水槽高度	0.75m
共计	2.22m

b. 反冲洗水头

滤料层水头损失≈滤料层厚	0.70m
滤板水头损失	0.40m
排水槽上水头	0.05m
共计	1.15m

c. 最大过滤水头选用2m，池子超高用0.3m，则滤池总高度为：

$$H = 2.22 + 1.15 + 2 + 0.3 = 5.67\text{m}，取 H = 5.6\text{m}$$

⑧ 反冲洗虹吸管（图4-42）

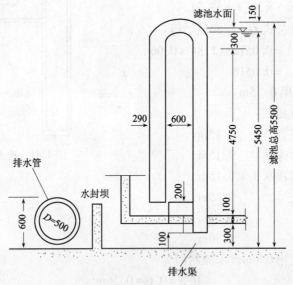

图4-42 反冲洗虹吸管

流速采用1.5m/s，则断面面积为：

$$\omega_{冲} = Q_{冲}/1.5 = 0.174/1.5 = 0.116\text{m}^2$$

采用矩形断面 $28 \times 40\text{cm}$，面积为 0.112m^2。用4mm厚钢板焊制，管外壁尺寸为 $29 \times 41\text{cm}$。

虹吸管尺寸见图4-42。进口端距池子进水渠底0.2m，和出口水封堰顶平。出口伸进排水渠0.1m。虹吸管顶的下部和滤池水面相平，管子出口端最小淹没深度为 $0.6 - 0.2 = 0.4\text{m}$。

进口端的最小淹没深度，可由虹吸管工作时所需的水头算得。

局部水头损失的计算和进水虹吸管一样，即

$$h_{冲局} = 1.2 \times (0.5 + 2 \times 0.5 + 1) \times 1.5^2/19.6 = 0.344\text{mH}_2\text{O}$$

虹吸管的长度为：

$$4.75 - 0.2 + (1/2) \times 3.14 \times (0.6 + 0.29) + 4.75 + 0.2 = 10.9\text{m}$$

沿程损失可按DN350钢管的水头损失估算，每米为9.17mm，故共计：

$$h_{冲沿} = 10.9 \times 9.17/1000 = 0.1\text{mH}_2\text{O}$$

虹吸管的总水头损失为:
$$h_{f冲} = 0.344 + 0.1 = 0.444 \approx 0.45 \text{mH}_2\text{O}$$

所以,流速为 1.5m/s 时,虹吸管进水端的水面应比出口水封堰至少高 0.45m。并且,最小淹没深度也是 0.45m。

⑨ 底部冲洗排水渠

其高度为 0.3m,宽度为 0.65m(即滤池进水槽宽 0.7m,减去顶板支撑宽 0.05m),则渠断面面积为:
$$0.3 \times 0.65 = 0.195 \text{m}^2$$

流速为:$0.174/0.195 = 0.87 \text{m/s}$

断面的水力半径为:
$$\frac{0.3 \times 0.65}{2 \times (0.3 + 0.65)} = 0.103 \text{m}$$

该水力半径相当于直径为即 DN400 的管子。按 DN400 铸铁管在流速 0.87m/s 时的水头损失 2.8mmH$_2$O/m,渠道总长为 3 格池子的宽度,渠道长 10m 估算,水头损失只有 $2.8 \times 10 = 28$mm,这一数值很小,只要虹吸管出水略有压力,就足够保证渠道涌流。

⑩ 排水管

采用直径为 500mm 的排水管。为了在反冲洗虹吸管的出水端形成水封,在底部排水渠和直径 500mm 的排水管间设一道堰,堰高可以调节,最低时可以和反冲虹吸管进口端、排水管顶相平,为 0.6m。

(2) 虹吸滤池水力自动控制装置的计算

虹吸滤池水力自动控制装置,在结合虹吸滤池的工艺构造特点的基础上,应用了无阀滤池自动冲洗原理。它利用虹吸辅助管和破坏管控制虹吸滤池冲洗、进水和停止进水的自动运行,从而实现了虹吸滤池的水力自动化操作。

由于采用这种方法可省去真空泵、真空罐、真空管路系统等设备,又无需人工管理,同时运行可靠,维修简单,所以已有不少水厂设计使用。

1) 工作原理

图 4-43 为虹吸滤池水力自动控制装置的工作原理图。

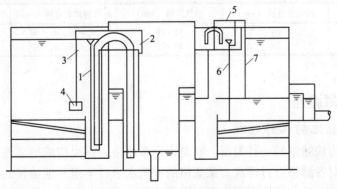

图 4-43 虹吸滤池水力自动控装置
1—冲洗虹吸辅助管;2—冲洗抽气管;3—冲洗虹吸破坏管;
4—定量筒;5—进水抽气管;6—进水虹吸辅助管;7—进水虹吸破坏管

① 自动冲洗

如图 4-43 所示，随着过滤的进行，滤料层阻力逐渐增大，当滤池内水位达到最高水位时，水就通过喇叭口流入冲洗虹吸辅助管 1。由于水流在虹吸辅助管与冲洗抽气管 2 的连接处（三通水射器）造成负压，因而冲洗抽气管 2 就对冲洗虹吸管抽气，使冲洗虹吸管形成虹吸。这时滤料层上的水由虹吸管排走。当池内水位降至出水控制堰以下时，反冲洗即行开始。

在反冲洗过程中，定量筒 4 中的水通过冲洗虹吸破坏管 3，不断被吸入冲洗虹吸管中。当定量筒中的水被吸完后，空气经破坏管进入冲洗虹吸管，则虹吸被破坏，反冲洗即停止。

② 自动进水与自动停止进水

自动进水：在反冲洗停止后，其他各格滤池的过滤水，立即流向该格滤池的底部空间，并向上流入池中。当池内水位上升，把进水虹吸破坏管 7 的开口端封住后，进水虹吸辅助管 6 通过进水抽气管 5，对进水虹吸管抽气（进水虹吸辅助管 6 一直在流水），使进水虹吸管形成虹吸，这样该格滤池就自动进水。

自动停止进水：在反冲洗开始后，该格滤池内的水位不断下降。当水位下降到使进水虹吸破坏管 7 的开口端露出水面时，空气就由此进入进水虹吸管，从而使虹吸破坏，该格滤池就自动停止进水。

2) 设计参数

经过生产运行和实验研究，得出如下设计参数。

① 滤池进水虹吸辅助管系统的有关管径，建议按表 4-24 数据采用。

进水虹吸辅助管系统的管径　　　　　　　　　　　　　　　表 4-24

每格滤池面积（m^2）	抽气管直径（mm）	抽气三通（mm）	虹吸辅助管直径（mm）	虹吸破坏管直径（mm）
≤8	20	25×20	$d_1=25$，$d_2=32$	25
>8	25	32×25	$d_1=32$，$d_2=40$	25

② 冲洗虹吸辅助管系统的部分管径，建议按表 4-25 采用。

冲洗虹吸辅助管系统的管径　　　　　　　　　　　　　　　表 4-25

每格滤池面积（m^2）	抽气管直径（mm）	抽气三通（mm）	虹吸辅助管直径（mm）	虹吸破坏管直径（mm）
≤8	20	32×25	$d_1=32$，$d_2=40$	20
>8	25	40×25	$d_1=40$，$d_2=50$	20

4.7.2 移动罩滤池

1. 移动罩滤池的工作过程

移动罩滤池为快滤池的一种类型。它是由许多滤格为一组构成的滤池，利用一个可移动的冲洗罩轮流对各滤格进行冲洗。某滤格的冲洗水来自本组其他滤格的滤后水，这吸取了虹吸滤池的优点；移动冲洗罩的作用与无阀滤池伞形顶盖相同，冲洗时，使滤格处于封闭状态。因此，移功罩滤池具有虹吸滤池和无阀滤池的某些特点。图 4-44 为一座由 24 格组成、双行排列的虹吸式移动罩滤池示意图。为检修需要，水厂内的滤池数不得少于 2

座。滤料层上部相互连通，滤池底部配水区也相互连通。故一组滤格仅有一个进口和出口。

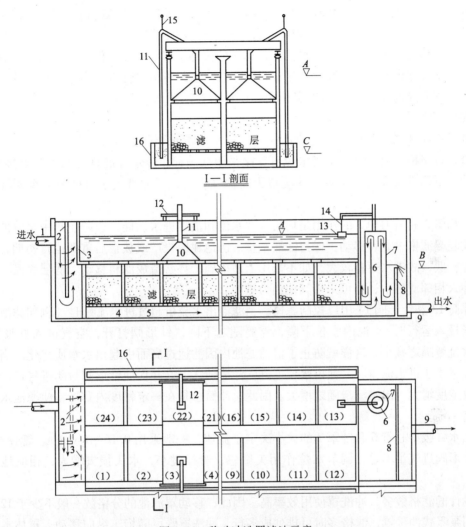

图 4-44 移动冲洗罩滤池示意

1—进水管；2—穿孔配水墙；3—消力栅；4—小阻尼配水系统的配水孔；
5—配水系统的配水室；6—出水虹吸中心管；7—进水虹吸管钟罩；8—出水堰；9—出水管；
10—冲洗罩；11—排水虹吸管；12—桁车；13—浮筒；14—针形阀；15—抽气管；16—排水渠

过滤时，待滤水由进水管 1 经穿孔配水墙 2 及消力栅 3 进入滤池，通过滤层过滤后由底部配水室进入钟罩式虹吸管的中心管 6。当虹吸中心管内水位上升到管顶且溢流时，带走虹吸管钟罩 7 和中心管间的空气，达到一定真空度时，虹吸形成。滤后水便从钟罩和中心管间的空间流出，经出水堰 8 流入清水池。滤池内水面标高 A 和出水堰上水位标高 B 之差即为过滤水头，一般取 1.2~1.8m。

当某一格滤池需要冲洗时，冲洗罩 10 由桁车 12 带动移至该滤格上面就位，并封住滤格顶部，同时用抽气设备抽出排水虹吸管 11 中的空气。当排水虹吸管真空度达到一定值时，虹吸形成（因此这种冲洗罩称为虹吸式），冲洗开始。冲洗水由其余滤格滤后水经小阻力配水系统的配水室 5 配水孔 4 进入滤池，通过承托层和滤料层后，冲洗废水由排水虹吸管排入排水渠 16。出水堰顶水位 B 和排水渠中水封井 C 的水位厂之差即为冲洗水头，一般取 1.0～1.2m。当滤格数较多时，在一格滤池冲洗期间，滤池组仍可继续向清水池供水。冲洗完毕，冲洗罩移至下一滤格，再准备对下一滤格进行冲洗。

冲洗罩移动、定位和密封是滤池正常运行的关键。移动速度、停车定位和定位后密封时间等，均根据设计要求用程序控制或机电控制。密封可借弹性良好的橡皮翼板的贴附作用或者能够升降的罩体本身的压实作用。设计中务求罩体定位准确、密封良好、控制设备、安全可靠。

虹吸式冲洗罩的排水虹吸管的抽气设备可采用由水泵供给比压力水的水射器或真空泵，设备置于桁车上。反冲洗废水也可直接采用低扬程、吸水性能良好的水泵直接排出。这种冲洗罩称为泵吸式。泵吸式冲洗罩无需抽气设备，且冲洗废水可回流入絮凝池加以利用。

穿孔墙 2 和消力栅 3 的作用是均匀分散水流和消除进水动能，以防止集中水流的冲击力造成起端滤格中滤料移动，保持滤层平整。滤池建成投产或放空后重新运行初期，因池内水位较低，故进水落差较大，如不采用上述措施，势必造成滤料移动、滤层表面不平甚至被冲入相邻滤格中，也可采用其他消力措施。

浮筒 13 和针形阀 14 用以控制滤速。当滤池出水流量超过进水流量时（例如滤池刚冲洗完毕投入运行时），池内水位下降，浮筒随之下降，针形阀打开，空气进入虹吸管 7，池出水流量随之减小。这样就防止了清洁滤池内因滤速过高而引起出水水质恶化。当滤池出水流量小于进水流量时，池内水位上升，浮筒随之上升并促使针形阀封闭进气口、虹吸管中真空度增大，出水流量随之增大。因此，浮筒总是在一定幅度内升降，使滤池水面基本保持一定。

出水虹吸中心管 6 和钟罩 7 的大小决定于流速，一般采用 0.16～1.0m/s。管径过大，会使针形阀进气量不足，调节水位作用欠敏感；管径过小，水头损失增大，相应地增大池深。

设计的滤格数多，冲洗罩使用效率高。因此，移动罩滤池的分格数一般不少于 12。如果采用泵吸式冲洗罩，滤格多时可排列成多行。冲洗罩既可随桁车纵向移动，罩体本身亦可在桁车上做横向移动，但运行比较复杂。相邻两滤格冲洗间隔时间均相等，只等于滤池工作周期除以滤格数。

2. 移动罩滤池的优缺点

（1）移动罩滤池的优点是：

1）没闸阀、管件少，投资省，进出水系统简单；

2）池深较浅，没有管廊，占地面积小；

3）不需冲洗水塔，采用水泵抽吸，冲洗强度有保证，而且面积小，冲洗均匀，效果好；

4）池体结构简单，清砂加砂方便；

5）实现了自动化操作。

（2）移动罩滤池的缺点是：

移动冲洗罩及其传动和牵引部分的活动部件较多,电气自动控制系统也较为复杂,这样难于维修管理。所以,一些单位认为,能否找到一个构造更为简单、动作灵活可靠的冲洗罩,将是需进一步解决的一个课题,也是决定这种滤池能否迅速推广的重要因素。

3. 移动罩滤池的设计参数

移动罩滤池的主要设计计算内容,包括滤池本体、冲洗罩罩体、移动和传动设备、进出水设施、自动控制系统等。

(1) 滤池的分格

移动罩滤池与虹吸滤池、无阀滤池一样,一格检修时其余格需同时停止运行。因此,宜将滤池分为可独立运行的几个组,以保证连续出水。

每组滤池的分格数,与其运行周期及设备利用率成正比,而与冲洗罩造价、装机容量及冲洗水消耗量成反比。故从此角度看,每组的分格数越多越经济。但分格数过多,将缩短滤池冲洗时间,影响冲洗效果,所以最大分格数 n_{max} 的计算公式为:

$$n_{max} = 60T/(t_{max} + S) \tag{4-31}$$

式中　T——滤池的最短运行周期,h;

　　　t_{max}——最长的冲洗时间,min;

　　　S——冲洗罩在两滤格间移动所需的时间,min。

若不考虑回收冲洗水,仅从满足冲洗水量需要出发,其分格数的确定同虹吸滤池,一般不应少于 6 格。通常每组滤池分格数为 12~40 格。

每格的面积,决定于设计水量、设计滤速、冲洗泵型号和分格数等参数。为保证冲洗均匀,滤格面积可参考无阀滤池确定。小型给水的滤格面积一般在 2~3m² 内。目前最大的滤格面积为 12m²。

每格的平面形状,一般宜为正方形,也可为长宽比不大的矩形。

(2) 冲洗周期与冲洗历时

考虑到该种滤池的机械装置和自动化操作系统的故障抢修时间,其冲洗罩的运行周期(即滤池过滤周期)宜适当缩短,有建议缩短到普通快滤池过滤周期的 75% 左右。一般冲洗周期可在 10h 左右。

每格有效冲洗历时,一般取 5~7min。

(3) 冲洗罩装置

冲洗罩体的工艺尺寸,可仿照无阀滤池的顶盖及浑水区设计。

罩外浮体设计应尽可能利用平面位置,以减小高度,安装位置尽可能低,使反冲洗能任较低的水位线上进行。罩体在水中产生的浮力 P_F 值应满足:

$$P_h < P_F < 0.5(P_g + P_z) + P_h \tag{4-32}$$

式中　P_h——罩体活动部分的重量,kg;

　　　P_g——罩体固定部分的重量,kg;

　　　P_z——小车重量,kg。

P_F 可按下式计算:

$$P_F = 9.81KP_h \quad (N)$$

式中,K 为超浮力系数,在 1.3~1.5 左右(考虑到压重水箱内有压重水,活动部分超重,以及给活动部分有足够的灵活性等)。

压重水箱的存水重量 P_V 应大于浮箱克服自重后的剩余浮力:

$$P_V > P_F - 9.81 P_h \quad (N) \tag{4-33}$$

(4) 罩内的冲洗水泵

该冲洗水泵的特点为低扬程、大流量;泵体应淹没于水中,电机设在水面以上以便更换检修。

(5) 每组滤池的平面布置

每组滤池各格的布置,应考虑桁车以大车纵向行走为主,这样每一运行周期桁车大、小车的总行程短,同时电源换相次数少,益于延长电器元件的使用寿命。每组滤池的横排格数宜采用偶数,且为2、4,不宜大于6,否则大车跨度大,耗费金属材料多,且利用率低,不经济。

中间隔墙,可采用砖砌体或钢筋混凝土预制板现场安装,其结构处理上,应考虑隔墙在反冲洗时有足够的稳定性。

(6) 其他

滤池过滤水头,一般取 1.2~1.5m;

滤池超高应适当大些,如采用 0.3~0.5m;

滤层面到分格隔墙顶部的高度,可取 0.1~0.2m。

集水区高度一般为 0.4~0.7m,单格滤池面积大时采用大值。

移动冲洗罩桁车行进速度为 1.5m/min 左右。

表 4-26 列出了国内部分单位移动罩滤池的设计和运行参数,供参考。

移动罩滤池的设计和运行参数　　　　表 4-26

序号	参数项目 名称	单位	南通市自来水公司	广东省建筑设计院	武汉市自来水公司	南京市自来水公司	上海市化工研究院第一试验厂
1	投产年月		1977.5		1977	1978.5	1979
2	处理水量	m³/d	20000	10000	120000	100000	7000
3	进水浑浊度	mg/L	20~30		3~15	<20	5~10
4	出水浑浊度	mg/L	<5	0~5		<5	0.5~2.2
5	滤速	m/h	9	9.63	10	10	14
6	冲洗强度	L/(s·m²)	12.5	16	15	15	15
7	冲洗历时	min			5~6	5~7	5
8	冲洗周期	h				8	12
9	滤池分组数	组	1	2	3	4	1
10	每组滤池分格数	格	4×11=44	1×7	1×15	3×16=48	2×6=12
11	每格滤池面积	m²	1.44×1.44=2.08	1.7×1.9=3.23	3.53×3.35=11.82	2.4	1.32×1.35=1.78

续表

序号	参数项目 名称	单位	使用或设计部门				
			南通市自来水公司	广东省建筑设计院	武汉市自来水公司	南京市自来水公司	上海市化工研究院第一试验厂
12	冲洗罩移动速度	m/min			1.5~2.0	1	1
13	滤料层（砂）	mm	$d=0.5~1.0$ 厚700	$d=0.5~1.0$ 厚700	$d=0.5~1.2$ 厚700	$d=0.5~1.0$ 厚700	$d=0.5~1.0$ 厚700
14	承托层	mm	$d=2~4$,厚50 $d=8~22$,厚100	$d=1~16$, 厚300		$d=1~16$, 厚350	$d=1~16$, 厚200
15	小阻力配水系统		尼龙网多孔板厚0.1m	V型缝隙式钢筋混凝土格栅厚0.12m	水草二型塑料滤头，60个/m²	尼龙网多孔滤板厚0.1m	R、C多孔板厚0.1m
16	膨胀率	%	45		45		
17	最大过滤水头	m		1.83	1.00	1.55	1.80
18	滤池高度	m	3.1	3.5	3.1	3.65	3.4
19 冲洗水泵	型号		QY3.5油浸式潜水泵	8YZ4改装轴流泵	14ZLB-100型立式轴流泵	6LN-33农用混流泵	5LN-33型混凝农排泵
	流量	m³/h	100	183.6	864	136	90
	扬程	m	3.5	2.6	3.6	3.8	3.5
	转数	r/min		1430	1450	1430	1450
	电机功率	kW	2.2	3.0	18.5	3.0	1.5
20	采用自动控制系统		行程开关、时间继电器、交流接触器等元件组成控制系统，进行集中操作				

4. 泵吸式移动罩滤池

图4-45及图4-46为泵吸式移动罩滤池的纵、横剖面图。冲洗罩的主要部件为密封罩、冲洗罩、浮箱、压重水箱和控制传动设备等。滤池部分主要由进水设施，多格滤床池体及虹吸出水系统等所组成。

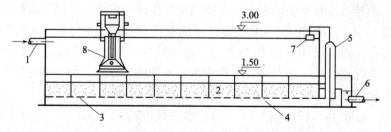

图4-45 移动罩滤池纵剖面图
1—进水管；2—单格滤层；3—小阻尼配水系统；4—集水空间；
5—出水虹吸管；6—出水管；7—水位恒定器；8—移动冲洗罩

4.7.3 V型滤池

V型滤池是快滤池的一种，采用气、水反冲洗，目前在我国的应用日益增多，适用于大、中型水厂。

V型滤池因两侧（或一侧也可）进水槽设计成V字形而得名。图4-47为一座V型滤池构造简图。通常一组滤池由数个滤池组成。每个滤池中间为双层中央渠道，将滤池分成左、右两格。渠道上层是排水渠7供冲洗排污用；下层是气、水分配渠8，过滤时汇集滤后清水，冲洗时分配气和水。渠8上部设有一排配气小孔10，下部设有一排配水方孔9。V型槽底设有一排小孔6，既可作过滤时进水用，冲洗时又可供横向扫洗布水用，这是V型滤池的一个特点。滤板上均匀布置长柄滤头，每平方米约布置50~60个。滤板下部是空间11。

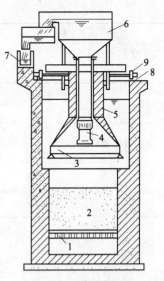

图4-46 移动冲洗罩
1—小阻力配水系统；2—滤层；
3—冲洗罩；4—冲洗泵；
5—浮箱；6—压重水箱；
7—排水渠；8—轨道；
9—桁车轮

过滤过程：

待滤水由进水总渠经进水气动隔膜阀1和方孔2后，溢过堰口3再经侧孔4进入V型槽5。待滤水通过V型槽底小孔6和槽顶溢流，均匀进入滤池，而后通过砂滤层和长柄滤头流入底部空间11，再经方孔9汇入中央气水分配渠8内，最后由管廊中的水封井12、出水堰13、清水渠14流入清水池。滤速可在7~20m/h范围内选用，视原水水质、滤料组成等决定。滤速可根据滤池水位变化自动调节心蝶阀开启度来实现等速过滤。

冲洗过程：

首先关闭进水阀1，但两侧方孔2常开，故仍有一部分水继续进入V型槽并经槽底小孔6进入滤池。而后开启排水阀15将池面水从排水渠中排出直至滤池水面与V型槽顶相平。冲洗操作可采用："气冲→气—水同时反冲→水冲" 3步；也可采用："气—水同时反冲→水冲" 2步。3步冲洗过程为：（1）启动鼓风机，打开进气阀17；空气经气水分配渠8的上部小孔10均匀进入滤池底部，由长柄滤头喷出，将滤料表面杂质擦洗下来并悬浮于水中。由于V型槽底小孔6继续进水，在滤池中产生横向水流，形同表面扫洗，将杂质推向中央排水渠7；（2）启动冲洗水泵，打开冲洗水阀18，此时空气和水同时进入气、水分配渠，再经方孔9和小孔10和长柄滤头均匀进入滤池，使滤料得到进一步冲洗，同时横向冲洗仍继续进行；（3）停止气冲，单独用水再反冲洗几分钟，加上横向扫洗，最后将悬浮于水中杂质全部冲入排水槽。冲洗流程如图4-58箭头所示。

气冲强度一般在14~17L/(s·m²)内，水冲强度约4L/(s·m²)左右，横向扫洗强度约1.4~2.0L/(s·m²)。因水流反冲强度小，故滤料不会膨胀，总的反冲洗时间约10min左右。V型滤池冲洗过程全部由程序自动控制。

V型滤池的主要特点是：

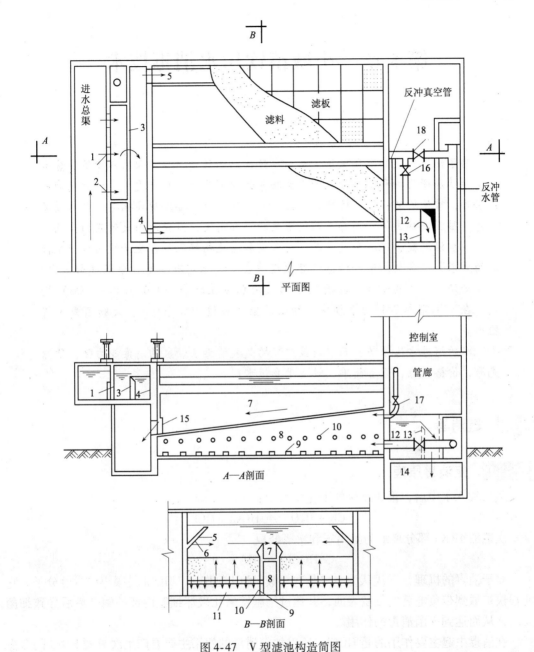

图4-47 V型滤池构造简图

1—进水气孔隔膜阀；2—方孔；3—堰口；4—侧孔；5—V型槽；
6—小孔；7—排水渠；8—气、水分配渠；9—配水方孔；10—配气小孔；11—底部空间；
12—水封井；13—出水堰；14—清水渠；15—排水阀；16—清水阀；17—进气阀；18—冲洗水阀

(1) 可采用较粗滤料较厚滤层以增加过滤周期。由于反冲时滤层不膨胀，故整个滤层在深度方向的粒径分布基本均匀，不发生水力分级现象，即所谓"均质滤料"，使滤层含污能力提高。一般采用砂滤料，有效粒径 $d_{10}=0.95\sim1.50$ mm，不均匀系数 $K_{60}=1.2\sim1.5$，滤层厚约 $0.95\sim1.5$m。

(2) 气、水反冲再加始终存在的横向表面扫洗，冲洗效果好，冲洗水量大大减少。

第5章 小城镇饮用水消毒技术

为了保证人民的身体健康，防止水致疾病的传播，生活饮用水中不应含有细菌性病原微生物和病毒性病原微生物等致病微生物。后者更小，仅为前者的1/1000，常见的有：传染性肝炎病毒、小儿麻痹症病毒、痢疾病毒、眼结膜炎病毒、脑膜炎病毒等。消毒并非把微生物全部消灭，只要求消灭致病微生物。

原水经混凝、沉淀和过滤后，其外观和理化指标已符合生活饮用水卫生标准的要求，大多数细菌和病毒已随浊度被去除，但仍有一定数量还残留水中，因此必须进行消毒处理。我国《生活饮用水卫生标准》（GB 5749—2006）规定：在37℃培养24h的水样中，细菌总数不超过100个/mL，大肠菌群不得检出。

水的消毒方法很多，而应用最广泛的是氯消毒法。氯的消毒能力强，货源充沛，价格低廉，设备简单，较适于乡镇水厂。

5.1 氯消毒

5.1.1 氯消毒原理

氯气加入水中后，很快产生如下化学反应：

$$Cl_2 + H_2O \rightleftharpoons HOCl + HCl$$

次氯酸HOCl部分离解为氢离子和次氯酸根

$$HOCl \rightleftharpoons H^+ + OCl^-$$

对于消毒的机理，近代认为主要是次氯酸HOCl起作用。HOCl是很小的中性分子，它能很快扩散到带负电荷的细菌表面，并透过细胞壁氧化破坏细胞内部的酶，最后导致细菌死亡，从而达到灭菌消毒的作用。

在消毒中起主要作用的是HOCl，所以加氯消毒的效果主要看产生次氯酸HOCl的多少而定。反应平衡后HOCl与OCl^-的多少要由反应条件确定，其中最重要的是水的pH值，水温高低也有一定影响。研究和生产实践均表明，pH值越低，HOCl越占压倒优势，则消毒作用越强。当pH=7.4（20℃）时，HOCl与OCl^-含量相等；当pH>9.5时，几乎全是OCl^-。所以，为增大HOCl的含量；加氯消毒时控制pH值是很重要的。

以上是基于水中没有氨氮成分。实际上，很多地表水源中，由于有机污染而含有一定的氨氮。氯加入这种水中，水中会同时存在次氯酸、一氯胺、二氯胺和三氯胺，它们在平衡状态下的比例决定于氯、氨的相对浓度、pH值和温度，一般来讲，当pH值大于9时，一氯胺占优势；当pH值为7.0时，一氯胺和二氯胺同时存在，近似等量；当pH值小于

6.5时，主要是二氯胺；而三氯胺只有在pH低于4.5时才存在。

当水中存在氯胺时，消毒作用比较缓慢，需要较长的接触时间。根据实验室静态实验结果，用氯消毒，5min内可杀灭细菌达99%以上；而用氯氨时，相同条件下，5min内仅达60%；需要将水与氯胺的接触时间延长到十几小时，才能达到99%以上的灭菌效果。

水中所含的氯以氯胺存在时，称为化合性氯或结合氯。自由性氯的消毒效能比化合性氯要高得多。为此，可以将氯消毒分为两大类：自由性氯消毒和化合性氯消毒。

5.1.2 加氯量与加氯点

水中加氯量，可以分为两部分，即需氯量和余氯。需氯量指用于杀死细菌、氧化有机物和还原性物质等所消耗的部分。为抑制水中残余细菌的再度繁殖，管网中尚需维持少量余氯。我国《生活饮用水卫生标准》(GB 5749—2006)中规定：出厂水游离性余氯在接触30min后不应低于0.3mg/L，在管网末梢不应低于0.05mg/L。至于剩余氯含量究竟以多少最为合适，应根据细菌和大肠杆菌的检验结果符合卫生标准来确定。但对细菌和大肠杆菌的测定，需经过24~48h的培养才能得到结果。这样生产上无法根据测定结果及时调整加氯量。而余氯测定仅需几分钟时间，据此可以及时调整加氯量。

在缺乏实验资料时，一般的地面水经混凝、沉淀和过滤后或清洁的地下水，加氯量可采用1.0~1.5mg/L；一般的地面水经混凝、沉淀而未经过滤时可采用1.5~2.5mg/L。

在加混凝剂的同时加氯，可氧化水中有机物及杀灭其他微生物和藻类，可提高混凝效果。用硫酸亚铁作混凝剂时，同时加氯可将二价铁氧化成三价铁，促进硫酸亚铁的混凝作用；滤前加氯加在沉淀池与滤池之间，可提高消毒效果和保养滤池滤料，还能防止水厂内各种构筑物中滋生青苔和延长氯胺消毒的接触时间，还可降低水色、水嗅等；对于受污染水源，为避免氯消毒的副产物产生，滤前加氯或预氯化应尽量取消。滤后加氯是将氯加在滤池之后清水池之前，主要是杀灭残存细菌和微生物；出厂加氯是将氯加在清水池之后送水泵之前，以保证出厂清水在管网末端有足量余氯。

当城市管网延伸很长，管网末梢的余氯难以保证时，需要在管网中途补充加氯。这样既能保证管网末梢的余氯，又不致使水厂附近管网中的余氯过高。管网中途加氯的位置一般都设在加压泵站或水库泵站内，以弥补延伸很长的管网末梢出现的余氯不足。

5.1.3 加氯设备和加氯间

氯气是电解食盐产生的一种黄绿色有毒气体。干燥的氯气和液氯化学活性很小，因而对铜、铁和钢都没有腐蚀性。但遇水或受潮后化学活性增强，会严重腐蚀金属。

1. 加氯设备

人工操作的加氯设备主要包括加氯机（手动）、氯瓶和校核氯瓶重量（也即校核氯重）的磅秤等。

氯气是经液化后灌入钢瓶内贮存和运输的。因为是装氯的钢瓶，所以又叫氯瓶。出厂氯瓶液氯一般只装80%左右，留出一些气化空间，可防止因环境温度过高而爆炸，又便于取用氯气。瓶内氯气不可用完，必须有一定余压，以防空气进入氯瓶，致使氯瓶受潮而被腐蚀。

加氯机安全、准确地将来自氯瓶的氯输送到加氯点。手动加氯机往往存在加氯量调节滞后、余氯不稳定等缺点，影响制水质量。自动加氯机配以相应的自动检测和自动控制设备，能随着流量、氯压等变化自动调节加氯量，保证了制水质量。加氯机形式较多，可根据加氯量的大小、操作要求等选用。图 5-1 为 ZJ 型转子加氯机。来自氯瓶的氯气首先进入旋风分离器，再通过弹簧薄膜阀和控制阀进入转子流量计和中转玻璃罩，经水射器与压力水混合溶解后，被送到加氯点。各部件作用如下：

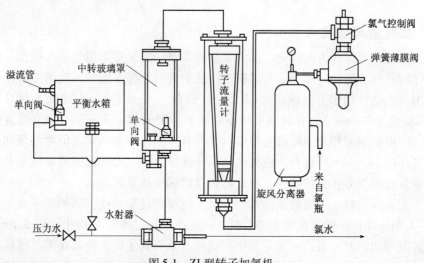

图 5-1　ZJ 型转子加氯机

旋风分离器：用于分离氯气中可能有的锈垢、油污等杂质。可定时打开下部旋塞予以排除。

弹簧薄膜阀：当氯瓶中压力小于 0.1MPa 时，此阀自动关闭，以满足氯瓶须有一定余压的要求。

氯气控制阀及转子流量计：用于控制和测定加氯量。

中转玻璃罩：用于观察加氯机工作情况的同时，还有如下作用：一是稳定加氯量。当玻璃罩内进氯量小于水射器抽吸量时，罩内呈负压状态，从平衡水箱过来的水进入此罩，以补充水射器的抽吸量；二是防止压力水倒流，玻璃罩中的单向阀用以防止水射器的压力水（当水射器停止工作时）倒流进入加氯机而腐蚀部件和氯瓶；三是水源中断时，由于罩内负压继续吸取平衡水箱的水，当平衡水箱的水位低于单向阀口时，便自动吸入空气，破坏罩内的真空。

平衡水箱：可补充和稳定中转玻璃罩内的水量，当水流中断时，使中转玻璃罩内真空被破坏。

转子加氯机开始使用时，应先开启压力水阀门，使水射器工作。待中转玻璃罩内有气泡翻腾后，再开启平衡水箱进水阀门。当水箱有少量水从溢水管溢走时，先缓慢开启氯瓶出氯阀，再缓慢开启加氯机上的氯控制阀并调节加氯量。停止使用时，应先关闭氯瓶出氯阀，待转子跌落到零点后，关闭加氯机氯气控制阀，然后关闭平衡水箱进水阀门，待中转玻璃罩翻泡透明无氯后，再关闭压力水阀门。

2. 加氯间和氯库

加氯间是安置加氯设备的操作间。氯库是储备氯瓶的仓库。加氯间和氯库可以合建，也可分建。加氯间应靠近投加点，距离不宜大于 30m，以利加注。加氯间出入处应设有工具箱、抢修材料箱和防毒面具。照明和通风设备的开关应设在室外。加氯间和氯库内需设置安全报警设施。房屋要坚固、防火、通风、保温，大门向外开，氯库应设百页窗。排气孔设在房屋最低处，进气孔设在高处。由于氯气有毒，故加氯间和氯库位置除了靠近加氯点外，还应位于主要风向下方，且需与经常有人值班的工作间隔开。

5.1.4 液氯消毒的设计要点

1. 氯气是黄绿色气体，有毒，具刺激性，密度为空气的 2.5 倍。工程使用时将其压缩成相对密度为 1.5 的液态形式，装在压力为 0.6~0.8MPa 的钢瓶中供应。1kg 液氯可氯化成 0.31m³ 的氯气，氯瓶的出氯量不稳定，随季节、气温、满瓶和空瓶等因素的变化而变化。

2. 为了避免氯瓶进水后氯气受潮腐蚀钢瓶，瓶内需保持 0.05~0.1MPa 的余压。

3. 氯气消毒主要是氯气水解产生的次氯酸的作用，当 pH 值低时，它的含量高，消毒效果好。

4. 如果水中含有氨氮，加氯时就会生成一氯胺和二氯胺，消毒作用比较缓慢，消毒效果差，而且需要较长的接触时间。

5. 氯气不能直接用管道加到水中，必须由加氯机投加。加氯点后可安装静态混合器，促使氯和水混合均匀。

6. 为保证稳定的出氯量，一般用自来水喷淋于氯瓶上，供给液氯气化所吸收的热量，不得用明火烘烤以防爆炸。

7. 投氯时，可将氯瓶放置于磅秤上核对钢瓶内的剩余量，以防止用空，加氯机中的水不得倒灌入瓶。称量氯瓶质量的地磅秤放在磅秤坑内、磅秤面和地面齐平，以便于氯瓶上下搬运。

8. 因为氯气的密度比空气大，应在加氯间低处设排风扇，换气量每小时 8~12 次。氯库、加氯间内要安装漏气探测器，探测器位置不宜高于室内地面 35cm。氯库、加氯间内宜设置漏气报警仪，以预防和处理事故，有条件时可采用氯气中和装置。

9. 氯气的设计用量，应根据相似条件下的水厂运行经验，按最大容量确定。余氯量应符合生活饮用水卫生标准，出厂水的游离余氯不低于 0.3mg/L，管网末梢水不低于 0.05mg/L。一般水源的滤前加氯量为 1.0~2.0mg/L，滤后水或地下水的加氯量为 0.5~1.0mg/L。

加氯量 $\qquad Q = 0.001aQ_1 \quad (\text{kg/h})$ (5-1)

式中 a——最大需氯量，mg/L；

Q_1——需消毒的水量，m³/h。

污染水源的氨氮和色度偏高，可采用原水折点加氯法。加氯量随水源污染程度而变化，有时可达 20~30mg/L 或更高。过量加氯可降低水的 pH 值，还会腐蚀金属管道。加重氯的气味，影响用户使用，应同时加碱调节。根据已有经验，折点加氯量 C 为：

$$C = a + 10N \quad (\text{mg/L})$$ (5-2)

式中　a——需氯量，一般为 1～2mg/L，污染严重时可达 6～7mg/L；
　　　N——水中氨氮含量，mg/L。

10. 水和氯应充分混合，接触时间不小于 30min，杀菌作用随氯和水的接触时间增加而增加，如接触时间短，就应增加投氯量。

11. 为控制加氯量，宜采用余氯连续测定仪监测水中的余氯量。仪器安装在加氯点之后的适当部位。当水中为游离性余氯且 pH 值稳定时，用无试剂型余氯连续测定仪，当水中同时有游离性和结合性余氯且 pH 值变化很大时，可用试剂型余氯测定仪。

12. 为保证不间断加氯，保持余氯量的稳定，气源宜一用一备，并设压力自动切换器。也可以在现场安装两台有显示功能的液压磅秤，输出 4～20mA 控制信号到中央控制室，并设置报警器，使值班人员能及时更换氯瓶。

13. 加氯机的作用处保证消毒安全和计量准确，为保证连续工作，其台数应按最大加氯量选用。加氯机应安装 2 台以上（包括管道），备用台数不少于一台。近年来新的加氯系统不断涌现，有些系统可根据原水流量以及加氯后的余氯量进行自动运行，可根据产品特性选用。

14. 在氯瓶和加氯机之间宜有中间氯瓶，它可以沉淀氯气中的杂质。在加氯机发生事故时，中间氯瓶还可防止水流进入氯瓶。

15. 加氯自动控制方式应按各水厂的具体条件决定，以经济实用为原则。目前采用的控制方式主要有模拟仪表和计算机。

16. 加氯间与氯库可单独建造，亦可与加药间合建，便于管理，但均应有独立向外开的门，以便运输药剂。加氯间应和其他工作间隔开，加氯间和值班室之间应有观察窗，以便在加氯间外观察工作情况。

17. 加氯间应靠近加氯点，以缩短加氯管线的长度。如有预加氯时加氯间可设在泵房附近，滤后加氯的加氯间应设在滤池和清水池附近。

18. 加氯量小的水厂，加氯间可设在滤池的操作廊内。加滤间和氯库应布置在水厂主导风向的下方，并与厂外常有人的建筑物保持尽可能远的距离。

19. 氯气管用紫铜管或无缝钢管，氯水管用橡胶管或塑料管，给水管用镀锌钢管，加氨管不能用铜管。

20. 加氯间的给水管应保证不间断供水，并应保持水量稳定。

21. 加氯间外应有防毒面具、抢救材料和工具箱、防毒面具应防止失效，照明和迎风设备应有室外开关。

5.1.5　液氯消毒的计算

1. 已知条件

南方某镇水厂设计水量 10000m³/d，自用水系数按 5% 计，则

$$Q_1 = 10500 \text{m}^3/\text{d} = 437.5 \text{m}^3/\text{h}$$

采用滤后加氯消毒

最大投氯量为 $a = 2$mg/L

仓库储量按 20d 计算

加氯点在清水池与滤池之间的管道上

2. 设计计算

（1）加氯量 Q
$$Q = 0.001aQ_1 = 0.001 \times 2 \times 437.5 = 0.875 \text{kg/h}$$

（2）储氯量 G

储氯量按一个月考虑
$$G = 20 \times 24Q = 20 \times 24 \times 0.875 = 420 \text{kg/月}$$

（3）氯瓶数量

采用容量为 500kg 的焊接液氯钢瓶，其外形尺寸 $\phi 600$，$H=1800$，共 3 只。另设中间氯瓶一只，以沉淀氯气中的杂质，还可防止水流进入氯瓶。

（4）加氯机数量

采用 0~5kg/h 加氯机 2 台，交替使用。

（5）加氯间、氯库

水厂所在地主导风向为西南风，加氯间靠近滤池和清水池，设在水厂的东北部。因与絮凝池距离较远，无法与加药间合建。加氯间平面布置如图 5-2 所示。

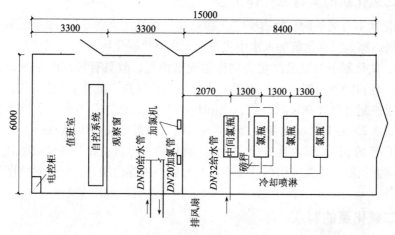

图 5-2　加氯间平面布置图

在加氯间、氯库低处各设排风扇一个，换气量每小时 8~12 次，并安装漏气探测器，其位置在室内地面以上 20cm。设置漏气报警仪，当检测的漏气量达到 2~3mg/kg 时即报警，切换有关阀门，切断氯源，同时排风扇动作。

加氯间外布置防毒面具、抢救材料和工具箱，照明和通风设备在室外设开关。

在加氯间引入一根 $DN50$ 的给水管，水压大于 $20mH_2O$，供加氯机投药用；在氯库引入 $DN32$ 给水管，通向氯瓶上空，供喷淋用，水压大于 $5mH_2O$。

5.2　二氧化氯消毒

二氧化氯消毒在小型给水工程中已有采用。由于受污染水源采用氯消毒会导致氯化有机物的产生，故二氧化氯消毒日益受到重视。

5.2.1 二氧化氯的主要物理性能

二氧化氯（ClO_2）是深绿色、有刺激性气味的气体，比氯更刺激、更毒，相对密度为2.4；易溶于水，其溶解度是氯气的5倍。ClO_2在水中是纯粹的溶解状态，不与水发生化学反应，故它的消毒作用受水的pH值影响很小。在较高pH值下，ClO_2消毒能力比氯强。又由于ClO_2在水中不与有机物作用生成有机氯化物，因而被首选用于处理受污染的原水。

二氧化氯在常温条件下即能压缩成液体，并很易挥发，在光线照射下将发生光化学分解。贮存在敞开容器中的二氧化氯水溶液，其ClO_2浓度很易下降。二氧化氯很容易爆炸，温度提高、暴露在光线下或与某些有机物接触摩擦，都可能引起爆炸；空气中的二氧化氯浓度大于10%或水中二氧化氯的浓度大于30%时都会发生爆炸，并且液体二氧化氯比气体更易爆炸。所以工业上采用空气或惰性气体来冲淡二氧化氯气体，使其浓度<8%~10%，将这种二氧化氯气体溶于水时，水中的ClO_2浓度为6~8mg/L。由于二氧化氯具有易挥发、易爆炸的特性，故不宜贮存，应采取现场制取和使用。

5.2.2 二氧化氯的消毒氧化作用

1. 二氧化氯不与某些耗氧物质反应（如氨氮、含氮化合物等）。如果二氧化氯合成时不出现自由氯，那么二氧化氯加入水中将不会产生有机氯化物。

2. 因为二氧化氯不与氨氮等化合物作用而被消耗，故具有较高的余氯，杀菌消毒作用比氯更强。当pH=6.5时，氯的灭菌效率比二氧化氯高，随着pH值的提高，二氧化氯的灭菌效率很快超过氯（据资料报道，当pH=8.5时，要造成99%以上埃希氏大肠菌杀灭率，只需要0.25mg/L二氧化氯和15s接触时间，而氯却需要0.75mg/L）。

3. 在较广泛的pH范围内具有氧化能力，氧化能力为自由氯的2倍。能比氯更快地氧化锰、铁，除去氯酚、藻类等引起的嗅味，具有强烈的漂白能力，可去除色度等。

5.2.3 二氧化氯的制取

1. 二氧化氯的制取方法很多，工业上常用氯酸钠制取：

将氯酸钠、氯化钠和硫酸在反应器中生成ClO_2

$$NClO_3 + NaCl + H_2SO_4 \longrightarrow ClO_2 + \frac{1}{2}Cl_2 + Na_2SO_4 + H_2O$$

电解氯酸钠和氯化钠

$$2NaCl + 2NaClO_3 + 2H_2O \xrightarrow{2\text{法拉第}} 2ClO_2 + 2NaCl + 2NaOH + H_2\uparrow$$

2. 在净水处理中常用亚氯酸钠合成二氧化氯：

用氯气和亚氯酸钠合成，合成是二阶段反应，实质上是次氯酸与亚氯酸钠的作用

$$\begin{cases} Cl_2 + H_2O \longrightarrow HOCl + HCl \\ HOCl + HCl + 2NaClO_2 \longrightarrow 2ClO_2 + 2NaCl + H_2O \end{cases}$$

$$Cl_2 + 2NaClO_2 \longrightarrow 2ClO_2 + 2NaCl$$

按化学反应方程，氯和亚氯酸钠的质量比是1:2，但实际应用时，为了加快反应必须

投加过量的氯，采用的氯与亚氯酸钠质量比为1:1，因此用此种方法合成ClO_2时往往含有自由氯，且过量自由氯又可能被ClO_2氧化成氯酸离子而消耗ClO_2，降低了消毒作用。

$$HOCl + ClO_2 \Longleftrightarrow ClO_2^- + HCl$$

用酸（盐酸或硫酸）和亚氯酸钠合成：

$$5NaClO_2 + 4HCl \longrightarrow 4ClO_2 + 5NaCl + 2H_2O$$

$$10NaClO_2 + 5H_2SO_4 \longrightarrow 8ClO_2 + 5Na_2SO_4 + 4H_2O + 2HCl$$

10%纯亚氯酸钠需要用3.2g盐酸，制取6g二氧化氯，但在实践中使用的盐酸比例是化学计算量的3~4倍。

当用硫酸合成时只能使用亚氯酸钠溶液，因为硫酸与固体的亚氯酸钠接触要爆炸。

法国德格雷蒙公司的生产装置流程示意图见图5-3。

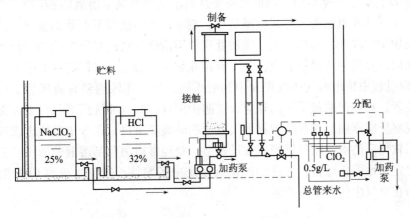

图5-3 用盐酸和亚氯酸钠制取二氧化氯

盐酸与亚氯酸钠溶液从分开的槽中制备，其浓度分别为8.5%和7%；制备容器的接触时间为20min，混合器出口处的二氧化氯浓度为20g/L。

用次氯酸钠酸化和亚氯酸钠合成，见图5-4。

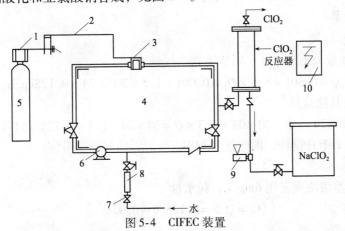

图5-4 CIFEC装置

1—加氯器；2—真空管线；3—有止回阀的喷射器；4—喷集回路；5—氯瓶；
6—泵；7—电动阀；8—流量计；9—计量泵；10—控制设备

$$NaOCl + HCl \longrightarrow NaCl + HOCl$$
$$HCl + HOCl + 2NaClO_2 \longrightarrow 2ClO_2 + 2NaCl + H_2O$$

5.2.4 二氧化氯消毒的设计要点

1. 二氧化氯的投加量与原水水质以及投加用途有关，约为 0.1~1.5mg/L。当仅作为消毒时，一般投加 0.1~1.3mg/L；当兼用作除臭时，一般投加 0.6~1.3mg/L；当兼用作于前处理、氧化有机物和锰、铁时，投加量约为 1~1.5mg/L。投加量必须保证管网末端能有 0.05mg/L 的剩余氯。

2. 投加浓度必须控制在防爆浓度以下，二氧化氯水溶液浓度可采用 6~8mg/L。

3. 必须设置安全防爆措施。制取设备要能自动地调节氯水溶液的 pH 值，使二氧化氯产量最大，而氯和亚氯酸离子的残留量最小；制取设备需能调节产量的变化，适应供水量的变化和投加量的改变；凡与氧化剂接触处应使用惰性材料；对每种药剂应设置单独的房间，在房间内设置监测和警报装置，并要有排除和容纳溢流或渗漏药剂的措施；要求有能将 ClO_2 制取过程中析出的气体收集和中和的措施；在工作区内要有通风装置利空气的传感、警报装置；在药剂贮藏室的门外应设置防护用具；要有冲洗药剂贮存池和混合池的措施。为了观察反应作用，须在反应器上设置透明的玻璃窗口；在进出管线上设置流量监测设备；要用软化后的水，以免钙积聚在设备上；要经常检测药剂溶液的浓度，要有现场测试设备；要定期地停止运转，并仔细地检查系统中各部件；避免制成的 ClO_2 溶液与空气接触，以防在空气中达到爆炸浓度。

5.2.5 二氧化氯消毒的计算

1. 已知条件

南方某工厂设计用水量 $2000m^3/d$，消毒采用 ClO_2 消毒。选用新型复合二氧化氯发生器，该发生器的生产原料为自来水和工业用食盐。每生产 1kg 有效 ClO_2，约需食盐 $c = 1.3kg$。

2. 设计计算

（1）投药量

设 ClO_2 投加量为 1.5mg/L，则所需总产气量为：

$$Q = 0.001 \times 1.5 \times Q_1 = 0.001 \times 1.5 \times 2000/24 = 0.125kg/h$$

（2）耗盐量及储盐量

$$G = 30 \times 24 \times cQ = 30 \times 24 \times 1.3 \times Q = 30 \times 24 \times 1.3 \times 0.125 = 117kg/月$$

食盐储量按 1 个月设计，则储量为 117kg。

（3）用水量

二氧化氯水溶液浓度采用 6mg/L，耗水量

$$Q_水 = Q/6 = 0.125/6 \approx 0.02m^3/h$$

（4）设备选型

选 2 台二氧化氯发生器，每台产气量 0.2kg/h，一用一备。利用水射器压力投药，给水管供水水压大于 0.25MPa，投药点压力小于 0.05MPa，管径为 $DN32$。

5.3 漂白粉

漂白粉由氯气和石灰加工而成，分子式可简单表示为 $CaOCl_2$，漂白粉的消毒作用同液氯。市售漂白粉含有效氯 25%~30%。漂白精的分子式为 $Ca(ClO)_2$，有效氯达 60%~70%。两者均为白色粉末，有氯的气味，易受光、热和潮气作用而分解，有效氯随之降低，因此均须放在阴凉、干燥和通风良好之处。

漂白粉加入水中后的反应如下：

$$2CaOCl_2 + 2H_2O \Longleftrightarrow 2HOCl + Ca(OH)_2 + CaCl_2$$

反应后生成 HOCl，因此消毒原理与氯气相同。

漂白粉需配成溶液加注，溶解时先调成糊状物，然后再加水配成 1.0%~2.0%（以有效氯计）浓度的溶液。当投加在滤后水中时，溶液必须经过约 4~24h 澄清，以免杂质带进清水中；若加入浑水中，则配制后可立即使用。

漂白粉消毒一般用于小水厂或临时性给水。

5.3.1 漂白粉的投加

投加漂白粉可分为重力投加和压力管道投加两种方式。投加漂粉精制成的氯片可用氯片消毒器投加。

1. 重力投加：利用重力将漂白粉溶液投加于水泵吸水管或净水池中。漂白粉重力投加系统与混凝剂的重力投加系统相同。

2. 压力管道投加：

（1）当压力管道的压力不高时，可采用与混凝剂向压力管道投加的相同方式，如采用水射器等。

（2）当压力管内压力较高时，可采用带胶皮胆的密封溶液器和差压装置投加。

（3）氯片消毒器投加：氯片消毒器是一种靠水流溶解氯化的自动定比加氯装置。氯片消毒器有筒式和管式两种，筒式的投药器为一单筒；管式的投药器是由多个管子组成。管式比筒式使用可靠。

投药器内装有氯片，下部是设有缝隙的溶药室，当把这种消毒器放入水中并横跨整个过水断面时，全部水就通过投药器缝隙，与其中的氯片接触，随着水流的通过，氯片不断地溶解。氯片又可以依靠重力自然补充其被溶解掉的空间。氯片的溶解量与水流速度和被淹没的深度以及水温有关。水流速度和水深随水量而变化，水量越大，则水流速度越快，水也越深，氯片溶解得就多，反之溶解得就少。这样，就使得流过消毒器后的水中保持相对稳定的余氯量，从而达到有效消毒的目的。

根据不同的消毒要求，水中余氯量的多少可以通过调整"调节闸门"的开度来控制，一旦调整完毕，就不需要经常调节，只要定期填加氯片和测定余氯量即可。筒式和管式的消毒器见图 5-5、图 5-6。

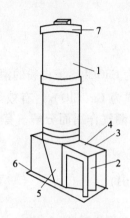
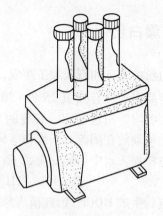

图 5-5 筒式消毒器　　　　　　　　图 5-6 管式消毒器

1—氯片充填罐；2—分水挡板；3—挡板调节钮；4—筒体；
5—化药室；6—过水渠道；7—盖

5.3.2 漂白粉消毒的计算

1. 设计要点

（1）为方便操作，溶液池和溶解池宜设 2 个，池底坡度不小于 2%，并坡向排渣孔。池底部应考虑 15% 的容积作沉渣部分，池顶部超高要大于 0.15m，水池及与溶液相接触的设备应有防腐措施。

（2）漂白粉溶液可重力投加到水泵吸水管中，或采用水射器向压力管中投加，投加方法和设备与投加絮凝剂相同。

（3）漂白粉投加间可采用自然通风，室内地坪坡度不小于 5%，与其他建、构筑物合建时应有隔离分开。

（4）漂白粉库也应和漂白粉投加间隔开，并保持阴凉、干燥和良好的自然通风条件，库内配备搬运工具。

（5）漂白粉用量

$$Q = 0.1 Q_1 a / C \quad (\text{kg/d}) \tag{5-3}$$

式中　Q_1——设计水量，m^3/d；
　　　a——最大加氯量，mg/L；
　　　C——有效氯含量，%，一般采用 $C = 20 \sim 25$。

2. 计算例题

（1）已知条件

消毒水量 $Q_1 = 10000 m^3/d$（包括水厂自用水量）

投氯量为 $a = 0.5 mg/L$

有效氯含量 $C = 25\%$

漂白粉溶液的配制浓度 $b = 1\%$

每日配制次数 $n = 2$

调制漂白粉放水时间 $t = 1.0h$

(2) 设计计算

1) 漂白粉用量 Q

$$Q = 0.1Q_1 a/C = 0.1 \times 10000 \times 0.5/25 = 20 \text{kg/d}$$

2) 溶液池容积 W

储液池容积　　　$W_1 = 0.1Q/(bn) = 0.1 \times 20/(1 \times 2) = 1\text{m}^3$

储渣容积　　　　$W_2 = 0.15W_1 = 0.15 \times 1 = 0.15\text{m}^3$

总有效容积　　　$W = W_1 + W_2 = 1 + 0.15 = 1.15\text{m}^3$

3) 溶液池尺寸及个数

采用圆形池，其有效高度采用 $H = 1\text{m}$，则其平面面积为：

$$F = W/H = 1.15/1 = 1.15\text{m}^2$$

池子直径　　　　$D = (4F/\pi)^{1/2} = (4 \times 1.15/3.14)^{1/2} \approx 1.2\text{m}$

池顶另加超高 0.5m

溶液池采用两个，交替使用。

4) 溶药池的容积 V

一般按溶液池容积的 30% ~ 50% 计。

$$V = 0.5W = 0.5 \times 1.15 = 0.58\text{m}^3$$

池有效高度采用 $h = 0.8\text{m}$，则其直径 $d = 1\text{m}$，超高取 0.5m。

5) 调制漂白粉溶液的用水量 q

$$q = \frac{100Q}{bnt} = \frac{100 \times 20}{1\% \times 2 \times 3600} = 27.8\text{L/s}$$

6) 漂白粉溶液投加量 q'

$$q' = \frac{Q}{86400} \cdot \frac{1}{b} = \frac{20}{86400} \cdot \frac{1}{1\%}$$
$$= 0.023\text{L/s}$$

5.4 次氯酸钠消毒

次氯酸钠为淡黄色透明状液体，pH 值 = 9.3 ~ 10，含有效氯 6 ~ 11mg/mL。次氯酸钠（NaClO）是用发生器电解食盐水而制得，反应如下：

$$NaCl + H_2O \longrightarrow NaClO + H_2 \uparrow$$

次氯酸钠虽是一种较强的氧化剂和消毒剂，但消毒效果不如氯。次氯酸钠消毒仍靠 HClO 起作用，反应如下：

$$NaClO + H_2O \Longleftrightarrow HClO + NaOH$$

次氯酸钠发生器规格较多，有成品出售。由于次氯酸钠所含的有效氯易受阳光、温度的影响而分解，因此，一般采用次氯酸钠发生器现场制取，就地投加。乡镇小型水厂可以采用，但需供电正常。

5.4.1 次氯酸钠溶液的投配

投加方式同一般药液投加方式。

1. 如贮液箱有足够安装高度时，可采取重力投加，见图 5-7。泵前投配：次氯酸钠溶液由贮液箱流出，经液位箱和投配箱投入水泵进水管。

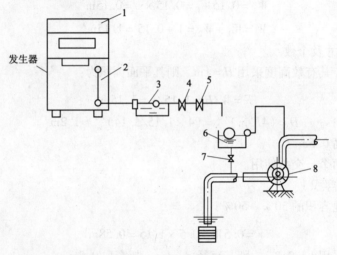

图 5-7 重力投加

1—电解槽；2—贮液箱；3—液位箱；4—阀门；
5—流量调节阀；6—投配箱；7—电磁阀；8—水泵

2. 采用水射器等压力投加，同混凝剂、漂白粉液等的投加。

5.4.2 次氯酸钠消毒的计算

1. 设计概述

电解用食盐水的浓度以 3%~3.5% 为宜，每生产 1kg 有效氯，约需食盐 3.0~4.5kg，耗电 5~10kW·h。为防止有效氯的损失，次氯酸钠宜边生产边使用，夏季当日用完，冬季可避光贮存，但不超过一周。

2. 计算例题

(1) 已知条件

南方某村给水工程设计水量 $Q_1 = 3000 \text{m}^3/\text{d} = 125 \text{m}^3/\text{h}$（包括自用水量），拟采用次氯酸钠消毒。选用新型全自动次氯酸钠发生器，只需加盐，其余工作过程全部自动控制。每生产 1kg 有效氯，约需食盐 $c = 4\text{kg}$，耗电 6kW·h。

(2) 设计计算

1) 投药量

生活饮用水的投氯量为 1~3mg/L，通过试验确定投氯量为 2mg/L。则所需有效氯总投量为：

$$Q = 0.001 \times 2 \times Q_1 = 0.001 \times 2 \times 125 = 0.25 \text{kg/h}$$

2）耗盐量及储盐量

$$Q' = 30 \times 24 \times cQ = 30 \times 24 \times 4 \times Q = 30 \times 24 \times 4 \times 0.25 = 720 \text{kg/月}$$

食盐储量按 1 个月设计，则储量为 720kg。

3）溶药用水量

按配制盐水浓度 5% 计，耗水量 q

$$q = Q'/0.05 = 720/0.05 = 14400 \text{kg/月} = 0.02 \text{m}^3/\text{h}$$

4）设备选型

选 2 台次氯酸钠发生器，每台产气量 0.3kg/h，一用一备。利用水射器压力投药，要求给水管水压大于 20mH$_2$O，管径为 $DN32$。

5.5 臭氧消毒

臭氧（O$_3$）由 3 个氧原子组成，在常温常压下，它是淡蓝色的具有强烈刺激性的气体。臭氧密度为空气的 1.7 倍，易溶于水，在空气或水中均易分解消失。臭氧对人体健康有影响，空气中臭氧浓度达到 1000mg/L 即有致命危险，故在水处理中散发出来的臭氧尾气必须处理。

臭氧应加在过滤后的水中，用于消毒时，投量一般不大于 1mg/L；用于去色除嗅时，投量需增至 4～5mg/L。与水的接触时间一般为 15min。

臭氧都是在现场用空气或纯氧通过臭氧发生器高压放电产生的。臭氧发生器是臭氧生产系统的核心设备。如果以空气作气源，臭氧生产系统应包括空气净化和干燥装置以及鼓风机或空气压缩机等，所产生的臭氧化空气中臭氧含量一般在 2%～3%（重量比）；如果以纯氧作为气源，臭氧生产系统应包括纯氧制取设备，所生产的是纯氧/臭氧混合气体，其中臭氧含量约达 6%（重量比）。由臭氧发生器出来的臭氧化空气（或纯氧）进入接触池与待处理水充分混和。为获得最大传质效率、臭氧化空气（或纯氧）应通过微孔扩散器形成微小气泡均匀分散于水中。

臭氧既是消毒剂，又是氧化能力很强的氧化剂。在水中投入臭氧进行消毒或氧化通称臭氧化。作为消毒剂，由于臭氧在水中不稳定，易消失，故在臭氧消毒后，往往仍需投加少量氯、二氧化氯或氯胺以维持水中剩余消毒剂。臭氧作为唯一消毒剂的情况极少。当前，臭氧作为氧化剂以氧化去除水中有机污染物更为广泛。臭氧的氧化作用分直接作用和间接作用两种。臭氧直接与水中物质反应称直接作用。直接氧化作用有选择性且反应较慢。间接作用是指臭氧在水中可分解产生二级氧化剂——氢氧自由基·OH（表示 OH 带有一未配对电子，故活性极大）。·OH 是一种非选择性的强氧化剂（$E_\theta = 3.06\text{V}$），可以使许多有机物彻底降解矿化，且反应速度很快。不过，仅由臭氧产生的氢氧自由基量很少，除非与其他物理化学方程配合方可产生较多·OH。据有关专家认为，水中 OH$^-$ 及某些有机物是臭氧分解的引发剂或促进剂。臭氧消毒机理实际上仍是氧化作用。臭氧化可迅速杀灭细菌、病毒等。

臭氧消毒法的优点是：不会产生异臭味；不会产生三卤甲烷等副产物，水中增加了氧气可改善水质；能在水厂直接制造使用，避免了运输；消毒作用不受水中氨氮、pH值及水温的影响。其缺点是：制造臭氧耗电量大，需有专门的复杂装置，所以费用高；消毒后的水在管道中无抑制细菌繁殖的能力；需边生产边使用，不能储存；当水量或水质变化时，臭氧投加量的调节比较困难。臭氧作为消毒剂具有广阔的前途，目前在国外正得到广泛应用，我国在给水消毒剂上使用尚少。

臭氧生产设备较复杂，投资较大，电耗也较高，目前我国应用很少，欧洲一些国家（特别是法国）应用最多。随着臭氧发生系统在技术上的不断改进，现在设备投资及生产臭氧的电耗均有所降低，加之人们对饮用水水质要求提高，臭氧在我国水处理中的应用也将逐渐增多。

臭氧在给水处理中的应用不局限于生活饮用水、游泳水的消毒，在饮用水的深度处理上与活性炭联用，还可用于去除水中的色、嗅、味及有机污染物，提高出水水质，并可节省消毒剂用量。

5.5.1 臭氧消毒的设计要点

1. 为保证杀菌的持续性，加臭氧的出厂水中须加少量氯、ClO_2或氯胺。
2. 实际投加的臭氧量

$$D = 1.06aQ \quad (kgO_3/h)$$

式中　a——臭氧投加量，kg/m^3；
　　　Q——所处理的水量，m^3/h。

另外需考虑25%~30%的备用，但备用不得少于一台。

3. 臭氧发生器的工作压力

$$H \geqslant h_1 + h_2 + h_3$$

式中　h_1——接触池水深，m；
　　　h_2——布气装量水头损失，m；
　　　h_3——臭氧化空气输送管的水头损失，m。

4. 所产生的臭氧化空气中的臭氧浓度根据产品样确定，一般为10~20g/m^3。
5. 当原水污染轻或只是用于氧化铁、锰时，用单格接触池，池底设扩散布气装置，接触时间4~6min。如需可靠灭菌，应设双格接触池，第一格臭氧投量为0.4~0.6g/m^3，接触时间4~6min，第二格进水剩余臭氧至少0.4g/m^3，接触时间4min。
6. 接触池排出的尾气不许直接进入大气，应设置O_3尾气破坏装置。

5.5.2 臭氧消毒设备选用计算

1. 已知条件

消毒水量　　　　　　　　　　$Q = 40 m^3/h$
臭氧投加量　　　　　　　　　$a = 5 mg/L = 0.005 kg/m^3$
臭氧化气浓度　　　　　　　　$Y = 20 g/m^3$

O_3 接触时间 4min。

2. 设计计算

(1) 所需臭氧量 D

$$D = 1.06aQ = 1.06 \times 0.005 \times 40 = 0.212 kgO_3/h$$

选用臭氧发生器的产率为 400g/h。

(2) 放电管的单管产量

采用每根 $P = 5g/h$。

(3) 放电倍数量 n

放电管数量采用 $n = 88$ 根/台。

(4) 臭氧化空气产率 W

$$W = Pn = 5 \times 88 = 440g/h$$

臭氧发生器设置两台,交替使用。

(5) 接触装置(采用鼓泡塔)

1) 鼓泡塔体积 V

$$V = Qt/60 = 40 \times 4/60 \approx 2.7 m^3$$

2) 塔截面积 F

塔内水深 H_A 取 4m,则

$$F = Qt/(60H_A) = 40 \times 4/(60 \times 4) \approx 0.67 m^3$$

3) 塔高 $H_{塔}$

$$H_{塔} = 1.3H_A = 5.2m$$

4) 塔径

$$D_{塔} = (4F/\pi) = (4 \times 0.67/3.14)m$$

(6) 臭氧化气流量

$$Q_{气} = 1000D/Y = 1000 \times 0.212/20 = 10.6 m^3/h$$

折算成发生器工作状态($t = 20℃$,$p = 0.08MPa$)下的臭氧化气流量

$$Q'_{气} = 0.614Q_{气} = 0.614 \times 10.6 \approx 6.5 m^3/h$$

(7) 微孔扩散板的个数 n

根据产品样本提供的资料,所选微孔扩散板的直径 $d = 0.2m$,则每个扩散板的面积

$$f = \pi d^2/4 = 3.14 \times 0.2^2/4 = 0.0314 m^2$$

使用微孔钛板,微孔孔径为 $R = 40\mu m$,系数 $a = 0.19$,$b = 0.066$,气泡直径取 $d_{气} = 2mm$。则气体扩散速度

$$\omega = (d_{气} - aR^{1/3})/b = (2 - 0.19 \times 40^{1/3})/0.066 \approx 20.5 m/h$$

微孔扩散板的个数

$$n = Q'_{气}/(\omega f) = 6.5/(20.5 \times 0.0314) \approx 10 \text{ 个}$$

(8) 所需臭氧发生器的工作压力 H

1) 塔内水柱高为 $h_1 = 4\text{mH}_2\text{O}$
2) 布水元件水头损失 h_2 查表 5-1，$h_2 = 0.2\text{kPa} \approx 0.02\text{mH}_2\text{O}$

国产微孔扩散材料压力损失实测值　　　表 5-1

材料型号及规格	不同过气流量下的压力损失（kPa）							
	0.2	0.45	0.93	1.65	2.74	3.8	4.7	5.4
	$[L_{气}/(\text{cm}^2 \cdot \text{h})]$							
WTD1S 型钛板孔径 <10μm，厚 4mm	5.80	6.00	6.40	6.80	7.06	7.33	7.60	8.00
WTD2 型微孔钛板孔径 10~20μm，厚 4mm	6.53	7.06	7.60	8.26	8.80	8.93	9.33	9.60
WTD3 型微孔钛板孔径 25~40μm，厚 4mm	3.47	3.73	4.00	4.27	4.53	4.80	5.07	5.20
锡青铜微孔板孔径未测，厚 6mm	0.67	0.93	1.20	1.73	2.27	3.07	4.00	4.67
刚玉石微孔板厚 20mm	8.26	10.13	12.00	13.86	15.33	17.20	18.00	18.93

第6章　小城镇地下水处理

6.1　小城镇地下水除铁除锰

6.1.1　水中铁和锰的危害及用水要求

地下水是一种十分宝贵的资源。从人们的日常生活到发展工业、农业以至国防建设都要用到地下水。我国许多城镇和工矿企业都以地下水为水源。与地面水相比，用地下水作生活用水水源有许多优点，如地下水一般水质较好，处理简单，水处理厂的造价低；地下水不易受污染，比较安全可靠、卫生等。尤其在村镇供水中采用地下水对人民的卫生保健具有重大意义。但是，我国不少地区的地下水中含有过量的铁和锰，不符合工业生产和人民生活的要求。

铁和锰都是人体必需的微量元素。水中含有微量的铁和锰，一般认为对人体无害。但据报道，在锰矿地区，人体长期摄入过量的锰，可导致慢性中毒。有的地方，水中含有过量的锰，可能是诱发某些地方病的病因之一。

地下水中的铁常以二价铁的形式存在，由于二价铁在水中的溶解度较大，所以刚从含水层中抽出来的含铁地下水仍然清澈透明，但一经与空气接触，水中的二价铁便被空气中的氧气氧化，生成难溶于水的三价铁的氢氧化物而由水中析出。因此，地下水中的铁虽然对人的健康并无影响，但也不能超过一定的含量。如水中的含铁量大于 0.3mg/L（以 Fe 计）时水便变浑，超过 1mg/L 时，水具有铁腥味。特别是水中含有过量的铁，在洗涤的衣物上能生成锈色斑点；在光洁的卫生用具上，以至与水接触的墙壁和地板上，都能着上黄褐色锈斑，给生活应用带来许多不便。

地下水中的锰也常以二价锰的形式存在。二价锰被水中溶解氧氧化的速度非常缓慢，所以一般并不使水迅速变浑，但它产生沉淀后，能使水的色度增大，其着色能力比铁高数倍，对衣物和卫生器皿的污染能力很强。当锰的含量超过 0.3mg/L 时，能使水产生异味。

我国含铁含锰地下水分布甚广。含铁含锰地下水比较集中的地区是松花江流域和长江中、下游地区。此外，黄河流域、珠江流域等部分地区也有含铁含锰地下水。同时含铁含锰地下水多分布在这些水系的干、支流的河漫滩地区，其水质因水的形成条件不同而有很大差异。

我国地下水的含铁量，多数在 10mg/L 以下，少数超过 20mg/L，但一般不超过 30mg/L。地下水的含锰量，多数在 1.5mg/L 以下，少数超过 3mg/L，一般不超过 5mg/L。

我国含铁含锰地下水的 pH 值，绝大多数介于 6.0~7.5 之间，其中多数低于 7.0。但是，黄河流域的含铁含锰地下水的 pH 值则大多高于 7.0，相应的含铁量和含锰量则较低。含铁含锰地下水的 pH 值低于 6.0 的和高于 7.5 的都比较罕见。

浅层含铁含锰地下水的温度，因所在地区不同而呈规律性的变化。松花江流域地下水的温度一般为3～10℃；黄河下游地区为15℃左右；长江中下游地区为20℃左右；珠江中下游地区为25～30℃。

6.1.2 地下水中铁的化学性质

1. 地下水中铁质的来源

铁在地球表面分布很广。铁在地壳表层（深至15m）的含量约为6.1%，其中二价铁的氧化物约为3.4%，三价铁的氧化物约为2.7%，仅次于氧、硅和铝排第四位。地壳中的铁质多半分散在各种晶质岩和沉积岩中，它们都是难溶性的化合物。这些铁质大量地进入地下水中，大致通过以下几种途径：

（1）含碳酸的地下水，对岩层中二价铁的氧化物起溶解作用。
（2）三价铁的氧化物在还原条件下被还原而溶解于水。
（3）有机物质对铁质的溶解作用。
（4）铁的硫化物被氧化而溶于水中。

2. 含铁地下水的水质及其变化

含铁地下水中的含铁量，不但在不同地区有差别，而且即使在同一地区也可能有相当的不同。例如，齐齐哈尔市的浅层地下水的含铁量高达154～30mg/L，但深层地下水的含铁量却只有2～4mg/L。又如佳木斯市的地下水都取自同一含水层，但不同取水地点的含铁量却有很大差异，有的高达20～25mg/L，有的则只有2～6mg/L，且自东向西有逐渐增高的趋势。地下水的含铁量在深度上和在平面上分布的不均匀性，反映了地下水中铁生成过程的复杂性，也反映了某些局部条件对地下水中的铁生产的影响很大。

地下水的含铁量一般是比较稳定的，甚至有的一年四季都稳定不变或多年基本稳定不变；但亦有随季节而变的或逐年增加的，特别是埋藏较浅的地下水，其变化情况一般是丰水期含铁量趋于减少，枯水期含铁量趋于增大。例如，黑龙江省铁力的浅层地下水的含铁量夏季为6～8mg/L，冬季为16～20mg/L。

用作给水水源的含铁地下水经除铁处理后还要满足工业及民用用水的其他各项要求。而且，其分析化验资料应该能为除铁方法的选择提供参考。

表6-1为一些含铁含锰地下水的水质资料。

我国部分地区含铁含锰地下水水质资料　　　　表6-1

地名	含铁量(mg/L)	含锰量(mg/L)	pH	游离二氧化碳(mg/L)	碱度(mg/L)	硬度(NTU)	SiO_2(mg/L)	硫化物(mg/L)	耗氧量(mg/L)	水温(℃)	溶解固体(mg/L)
哈尔滨	1.5	1.3	7.0	85	7.1	20.1	24.0		2.5	9	578
阿城	0.5	1.4	7.2	48	6.5	13.9	22.0	0.43			
齐齐哈尔	1～7	0.1～1.0	6.6～6.9	40～60	3.4～3.8	5～7	20	0.1～0.5	0.5～1.8	7	150～500
大庆	0.8	0.3	7.5	26	8.8	13.2			3.4	8	1038
佳木斯	12.5	1.0	6.5	42	2.15	4.5	18	痕量	2.1	6	172
铁力	9.0	0.8	6.2	60	6.7				5.3		
德都	28.0	7.4	6.1	580	20.3	34.5	62.5		0.6		360
拉林	5	1.3	7.1		6.3	16	24		4.7		

续表

地 名	含铁量 (mg/L)	含锰量 (mg/L)	pH	游离二氧化碳 (mg/L)	碱度 (mg/L)	硬度 (NTU)	SiO$_2$ (mg/L)	硫化物 (mg/L)	耗氧量 (mg/L)	水温 (℃)	溶解固体 (mg/L)
牡丹江	23	1.5	6.8		2.8	11.8					
虎 林	4.7	0.64	6.5	50	3.2	7.4	34~44		5.2		213
长 春	27	5.0	5.7	70	0.89	16	26				
九 台	14	9.3	6.5	79	8.6	21.1	33	1.7	1.7		
吉 林	12	4.0	7.0	46	6.4	12.3	33		6.6		
海 龙	7.0	11.0	6.0	42	3.2	6.5	18	2.6	4.4		
晋 城	17	2.8	6.8	21	3.2	6.2	1.6	未检出	1.2		
伊 通	11.7	6.5	6.6		3.1	20	12				
沈 阳											
新 民	6~9	1~1.6	6.6	96	10.9	23.6	16	2.0	1.9		
辽 中	7.0	0.2	6.5	75	4.1	9.0			1.9	13	305
营 口		5.6	6.7	68	8.8	47.2	20		0.6		
济 南	0.56		7.4		3.4	10.3			0.4	18	228
淄 川	0.91		7.3		4.2	20.2			1.2	16	438
新 乡	0.8	0.12	7.1	50	5.9	18.3	17.6		0.75	16.5	562
银 川	4.0		7.6		5.2	17.4			1.44		542
成 都	2		7.1	20	5.6	16.0			0.96		419
丹 核	14.0	0.4	6.7	63	5.4	8.5	80	1.53			
汉 寿	8.4	1.2	6.0	18.3	1.95	3.89					
万 县	4.0	1.0	7.0	40	3.3	36.5	24		1.09		
沙 市	15	0	7.0	24.1	5.0	20.8					566
武 汉	20		6.8	109	11.5	34.2				18.5	674
岳 阳	3.5	0.04	5.4	80	0.24	0.85				20	38
沅 江	10		6.9	25	1.93	6.3			0.91		211
襄 樊	2.0	2.4	7.0	52	10.5		8.0	未检出			
上 饶	3.0	0.36	6.5	40	1.6		24	未检出			
南 宁	15	1.4	6.45	53	2.0	4.5	28		0.68		
湛 江	2.7	0.7	6.85	33	2.2	1.8	38		0.17	1.01	
漳 州	10	1.5	6.5	42	1.7	1.8	33				

地下水除铁,应将重碳酸亚铁和硫酸亚铁统称为"离子态亚铁"(Fe^{2+}),作为地下水中铁的基本形态之一。因为"离子态亚铁"不仅如实地反映出水中 Fe^{2+} 的存在情况,并且一切可用于去除 Fe^{2+} 的除铁方法,在原理上也都是从 Fe^{2+} 出发的。例如,氧化法使 Fe^{2+} 氧化成 Fe^{3+},离子交换法以树脂中的 Na^+ 或 H^+ 代换水中的 Fe^{2+},亚铁沉淀法使 Fe^{2+} 生成 $Fe(OH)_2$ 或 $FeCO_3$ 由水中沉淀析出,稳定处理法使 Fe^{2+} 与磷酸盐生成稳定的络离子。当然,非离子态的有机铁,也应作为基本形态。所以,一般地说地下水中的铁有离子态亚铁、有机铁等几种。

6.1.3 地下水中锰的存在形态及其性质

地下水中的锰,通常是由于岩石和矿物中锰的氧化物、硫化物、碳酸盐、硅酸盐等溶解于水所致。例如,含二价锰的菱锰矿($MnCO_3$)溶于含碳酸的水中:

$$MnCO_3 + CO_2 + H_2O \rightleftharpoons Mn(HCO_3)_2$$

高价锰的氧化物,如水锰矿($MnOOH$)、软锰矿(MnO_2)、黑锰矿(Mn_3O_4)等,在缺氧的还原环境中，能被还原（还原剂为硫化氢等）为二价锰而溶于含碳酸的水中。此外，在富含有机物（如腐殖酸等）的水中，还可能存在有机锰。

水中的锰可以有从正二价到正七价的各种价态，但除了正二价和正四价的锰以外，其他价态的锰在中性的天然水中一般不稳定，所以实际上可以认为它们不存在。在正二价与正四价中，正四价锰在天然水中溶解度甚低，可以不考虑。所以在天然地下水中溶解状态的锰主要是二价锰。

控制二价锰浓度的溶解度反应为：

$$Mn(OH)_2(固) \Longleftrightarrow Mn^{2+} + 2OH^- \qquad pK = 12.96(25℃)$$

$$MnCO_3(固) \Longleftrightarrow Mn^{2+} + CO_3^{2-} \qquad pK = 10.41(25℃)$$

当水的 pH > 11.5 时，二价锰的溶解度由 $Mn(OH)_2$ 控制，当 pH < 11.5 时，溶解度由 $MnCO_3$ 控制。含锰地下水的 pH 值都介于 5~8 之间，所以水中二价锰的溶解度由 $MnCO_3$ 控制。图 6-1 为水中二价锰的溶解度图。

水中二价锰离子可与重碳酸根离子络合：

$$Mn^{2+} + HCO_3^- \Longleftrightarrow MnHCO_3^+ \qquad pK = -1.95(25℃)$$

由于络合反应的平衡常数较大，所以 $MnHCO_3^+$ 应是二价锰经常存在的形态之一。水中二价锰可写为：

$$[Mn(Ⅱ)] \Longleftrightarrow [Mn^{2+}] + [MnHCO_3^+]$$

图 6-2 为 $Mn-CO_2-H_2O$ 体系的稳定区图，它是根据地下水的碳酸平衡、锰的水解络合平衡、溶解沉淀平衡和氧化还原平衡关系建立的，它综合反映了地下水中锰的存在形态和转化趋势。由图可见，锰的氧化还原电位比氧低，所以水中不含溶解氧，是二价锰在地下水中稳定存在的条件。

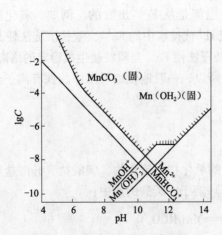

图 6-1 水中二价锰的溶解度

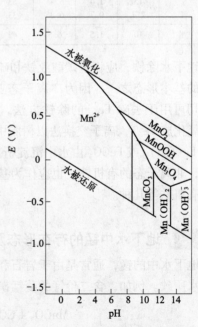

图 6-2 $Mn-CO_2-H_2O$ 体系的稳定区

铁和锰常在地下水中共存，它们的许多性质十分相近。铁的氧化还原电位比锰低，故易于为水中溶解氧所氧化。水中溶解氧与铁或锰的氧化还原电位差随 pH 值的升高而增大，所以提高 pH 值，有利于铁和锰的氧化。

当 pH>9.0 时，氧化速率才明显加快。一般当 pH>7.0 时，地下水中二价铁的氧化速率已较快。所以在相同的 pH 值条件下，二价锰的氧化要比二价铁慢很多。

曝气自然氧化法除锰，要求将水的 pH 值提高到 9.5 以上，为此需对含锰地下水进行碱化，从而使处理后水的 pH 值过高，超过国家饮用水水质标准（pH=8.5），所以还要对水进行酸化处理，结果使水的处理流程复杂，制水成本很高。

6.1.4 地下水除铁除锰方法

当原水铁、锰含量超过《生活饮用水卫生标准》（铁、锰浓度分别为 0.3mg/L 和 0.1mg/L）的规定，就要进行处理。除铁除锰方法有：

① 曝气氧化法；
② 曝气接触氧化法；
③ 化学氧化法（包括氯氧化法和高锰酸钾氧化法等）；
④ 混凝法；
⑤ 碱化法（投加石灰或碳酸钠等）；
⑥ 离子交换法；
⑦ 稳定处理法；
⑧ 生物氧化法。

除铁除锰采用曝气接触氧化法或曝气自然氧化，除锰则多采用曝气接触氧化法。在设计时应注意影响除铁除锰的主要因素：

① 铁和锰在处理过程中的相互干扰，工程实践中一般应先除铁后除锰。
② 水中溶解硅对除铁有影响。据国外文献报道，水中可溶性硅含量超过 30~50mg/L 将明显阻碍铁的空气氧化。
③ 接触氧化除铁要求水的 pH 值至少在 7.0 以上，最好达 7.3~7.5 以上；实践表明，原水碱度低于 2.0mmol/L，尤其是低于 1.5mmol/L，将明显影响铁锰的去除。
④ 在除铁锰滤池中，作吸附剂、催化剂的熟砂滤料表面，吸附了大量难以氧化的有机质铁锰络合物，它降低了滤料的催化作用和再生能力，从而使氧化过程和再吸附过程受到阻碍。

1. 地下水除铁方法

(1) 曝气氧化法

1) 设计要点

① 曝气氧化法利用曝气装置使水与空气充分接触，地下水的二价铁被水中溶解氧氧化成三价铁的氢氧化物，再经絮凝沉淀池和以石英砂、无烟煤为滤料的滤池过滤，去除沉淀物，达到除铁的效果。

② 曝气氧化法除铁适用于原水含铁量较高的情况。

③ 曝气除铁所需溶解氧（mg/L）为水中二价铁离子（mg/L）的 0.4~0.7 倍，或按

下式计算。

除铁实际所需的溶解氧浓度

$$[O_2] = 0.14a[Fe^{2+}]_0 \qquad (6-1)$$

式中　$[O_2]$——除铁实际所需的溶解氧浓度，mg/L；

　　　$[Fe^{2+}]_0$——地下水中的含铁量，mg/L；

　　　a——溶解氧过剩系数，$a>1$，一般为 $3\sim5$，a 值得选取见表6-2。

最大溶解氧过剩系数 a_{max}　　　　表6-2

$[Fe^{2+}]_0$ (mg/L)	水温（℃）			
	5	10	20	30
2	45	40	33	28
5	18	16	13	11
10	9.0	8.0	6.6	5.6
20	4.5	4.0	3.3	2.8
30	3.0	2.7	2.2	1.9

④ 曝气氧化法除铁一般要求水的 pH 值大于 7.0，以保证水中二价铁有较快的氧化反应速度。当原水 pH 值较低时，需要用曝气的方法提高 pH 值。这时曝气的目的不仅是溶氧，并且还要散除二氧化碳，所以，应当选用去除二氧化碳效率高的喷淋式曝气装置，如莲蓬头（或穿孔管）曝气装置、板条式曝气塔、接触式曝气塔以及叶轮表面曝气装置等。当曝气不能满足 pH 值要求时，相应增加了氧化反应时间。如果反应时间超过 $2\sim3h$，须投加碱剂来提高 pH 值。常用曝气装置有如下几种：

a. 莲蓬头（或穿孔管）曝气装置适用于含铁量小于 10mg/L 的情况。莲蓬头安装在滤池水面以上 $1.5\sim2.5m$ 处，每个莲蓬头的喷淋面积约 $1\sim1.5m^2$。莲蓬头上的孔口直径为 $4\sim8mm$，开口率 $10\%\sim20\%$，孔口流速为 $2\sim3m/s$，地下水除铁使用的莲蓬头直径一般为 $150\sim300mm$。因孔口易被铁质所堵塞，其构造应便于拆换。

穿孔管的孔口直径为 $5\sim10mm$，孔口向下和中垂线夹角小于 $45°$，孔眼流速 $2\sim3m/s$，安装高度为 $1.5\sim2.5m$。为使穿孔管喷水均匀，每根穿孔管的断面积应不小于孔眼总面积的 2 倍。穿孔管的设计参照莲蓬头曝气装置，其淋水密度一般为 $5\sim10m^3/(h\cdot m^2)$。

b. 喷嘴曝气装置是利用喷嘴将水由下向上喷洒，水在空气中分散成水滴，再回落池中。一般使用的喷嘴直径为 $25\sim40mm$，喷嘴前的作用水头为 $5\sim7m$。一个喷嘴的出水流量为 $17\sim40m^3/h$，淋水密度为 $5m^3/(h\cdot m^2)$ 左右。曝气水中二氧化碳的去除率可达 $70\%\sim80\%$，溶解氧浓度可达饱和值的 $80\%\sim90\%$，喷嘴曝气装置宜设在室外，要求下部有大面积的集水池。

c. 接触式曝气塔使含铁水由上部穿孔配水管流出，经各层填料流到下部集水池。该装置用于含铁量小于 10mg/L 的原水，淋水密度按 $5\sim10m^3/(h\cdot m^2)$ 计算，曝气塔有 $1\sim3$ 层焦炭或矿渣填料层，层间净距不小于 600mm，每层填料厚度为 $300\sim400mm$，粒径 $30\sim50mm$ 或 $50\sim100mm$，下部集水池容积一般采用 $15\sim20min$ 的停留时间。

小型接触式曝气塔一般为圆形或方形，大型的为长方形。塔的宽度一般为 $2\sim4m$。填料因铁质沉积会逐渐堵塞，需要定期清洗和更换。地下水的含铁量为 $3\sim5mg/L$ 时，填料可 $1\sim3$ 年更换一次；含铁量为 $5\sim10mg/L$ 时，填料一年左右更换一次；含铁量高于

10mg/L 时，一年清洗和更换一至数次；接触式曝气塔如安装在室内，应保证有良好的通风设施。

d. 板条式曝气塔含铁水由上而下淋洒，水流在板条上溅开形成细小水滴，在板条表面也形成薄的水膜，然后由上一层板条落到下一层板条。由于水与空气接触面大，接触时间长，曝气效果好。一般板条层数为 4~10 层，层间距为 0.3~0.8m，淋水密度为 5~20m³/(h·m²)。曝气后水中溶解氧饱和度可达 80%，二氧化碳去除率约为 40%~60%。由于板条式曝气塔不易被铁质所堵塞，可用于含铁量大于 10mg/L 的地下水曝气。木板条填料层厚度设计见表 6-3。

木板条填料层厚度 表 6-3

总碱度（mmol/L）	2	3	4	5	6	8
填料层厚度（m）	2.0	2.5	3.0	3.5	4.0	5.0

e. 机械通风式曝气塔系封闭的柱型曝气塔，水由塔上部送入，经配水装置后通过塔中的填料层淋下。空气由风机自塔下部吹入。经过填料层，自塔顶排出。塔顶设一个装有许多小管嘴的平槽，来水在槽中的水深大于管嘴高度时，便经管嘴留下，在填料层上溅开，然后向下经过填料流出。空气则通过配水平槽上的排气管，经通风管道排出室外。曝气口的水汇集于塔底的集水池中，再经水封由出水管流出塔外。出水管前设水封是为了不使通风机鼓入塔内的空气外逸，所以水封的高度应比通风机的风压大。曝气塔的填料常为瓷环，木条格栅或塑料填料等。

机械通风式曝气塔的淋水密度一般为 40m³/(h·m²)，气水比为 15~20，曝气水的溶解氧饱和度可为 90%，二氧化碳去除率可达 80%~90%。

⑤ 曝气氧化和接触氧化除铁工艺中，曝气不仅是溶氧，有时还要去除二氧化碳。选择曝气装置时须考虑各种曝气装置的二氧化碳去除效果。

⑥ 当原水 pH 值较高、含铁量较低时，曝气氧化除铁法可以不去除二氧化碳以提高 pH 值。这是曝气主要是为了向水中充氧，这时可选射流、跌水曝气等简单曝气装置。

⑦ 普通快滤池、无阀滤池、虹吸滤池、双级压力滤池等均可用于地下水除铁，滤池的类型应根据原水水质、工艺流程、处理水量等因素来确定。

⑧ 选用的滤料主要有：石英砂、无烟煤、天然锰砂等。所用滤料除满足滤料应具备的一般要求外，还要求对铁有较大的吸附容量和较短的"成熟"期。曝气氧化法除铁工艺滤料一般采用石英砂和无烟煤。

⑨ 石英砂滤料最大粒径在 1.0~1.5mm，最小粒径在 0.5~0.6mm 之间选择。当采用双层滤料时，无烟煤滤料最大粒径可在 1.6~2.0mm，最小粒径可在 0.8~1.2mm 之间选用。

⑩ 石英砂滤料及双层滤料滤池的承托层组成，同一般快滤池。

⑪ 除铁滤池的滤速可高达 20~30m/h，但宜选用 5~10m/h，含铁量低可选上限，含铁量高可选下限。

⑫ 滤料层厚度的确定：重力式 700~1000mm，压力式 1000~1500mm，双级压力式每级厚 700~1000mm，双层滤料滤池厚 700~1000mm，其中石英砂层厚 400~600mm，无烟煤层厚 300~500mm。

⑬ 滤池的工作周期一般为8~24h。为保证过滤周期大于8h，含铁量高时可采取选用均质滤料、采用双层滤料滤池、降低滤速等方式延长工作周期。

⑭ 天然锰砂滤池的反冲洗强度按表6-4选用。

天然锰砂除铁滤池的反洗强度　　表6-4

序号	锰砂粒径（mm）	冲洗方式	冲洗强度 [L/(s·m²)]	膨胀率（%）	冲洗时间（min）
1	0.6~1.2	无辅助冲洗	18	30	10~15
2	0.6~1.5	无辅助冲洗	20	25	10~15
3	0.6~2.0	有辅助冲洗	22	22	10~15
4	0.6~2.0	有辅助冲洗	19~22	15~20	10~15

石英砂除铁滤池反冲洗强度一般为13~15L/(s·m²)，膨胀率为30%~40%，冲洗时间不小于7min。

⑮ 期终水头损失一般控制在1.5~2.5m。因为滤池反冲洗而导致的水量增大系数

$$\alpha = \frac{1}{1 - 0.06 \frac{qt}{vT}} \tag{6-2}$$

式中　q——滤池的反冲洗强度；

　　　t——滤池的反冲洗时间；

　　　v——滤速；

　　　T——反冲洗周期。

考虑设备漏水而引入的系数α_2（其值为1.02~1.05），处理水量应为$Q = \alpha_1 \alpha_2 Q_0$。

⑯ 曝气—絮凝—沉淀—过滤工艺滤池的滤速低，为1.5~2.0m/h，絮凝、沉淀池中停留时间1.5~3.0h，且沉淀效率不高，已很少采用。曝气—反应—双层滤料滤池工艺适用于原水含铁含锰量较高时，适当降低滤速，可延长滤池工艺周期，保证除铁效果。

⑰ 当需投加石灰来提高水的pH值时，应在石灰投加后设混合装置，并设絮凝沉淀构筑物去除石灰中含有的大量杂质。

⑱ 三价铁经水解、絮凝后形成的悬浮物，可用滤池过滤去除。当含铁浓度较高时，常在滤池前设置沉淀装置，去除部分悬浮物。沉淀装置同时又起着延长氧化反应和絮凝反应时间的作用。

⑲ 一般三价铁的水解过程比较迅速，随后的絮凝过程则比较缓慢，所以三价铁的絮凝过程也应考虑在絮凝池中完成。絮凝形成的氢氧化铁悬浮物，部分沉淀于絮凝池中，所以，絮凝池也兼起沉淀池的作用。

2）曝气氧化法除铁的计算

已知条件：

北方某镇原水含铁量为$[Fe^{2+}]_0 = 12$~13mg/L，pH值=6.5，碱度2mmol/L，水温10℃，二氧化碳含量$[CO_2] = 70$mg/L，供水规模为$Q = 10000m^3/d = 416.7m^3/h$，要求处理出水$[Fe^{2+}] < 0.3$mg/L。半衰期实验结果：$\lg t_{1/2} = 12.6 - 1.6pH$。

设计计算：

原水含铁量较高，采用曝气装置、絮凝沉淀和过滤的三级处理构筑物组成的曝气氧化法除铁系统。

① 设定氧化反应时间,求 pH 值应提高的量

根据工程经验,二价铁氧化反应所需时间拟定为 $t = 1\text{h} = 60\text{min}$,出水 $[\text{Fe}^{2+}] = 0.3\text{mg/L}$。

由半衰期公式
$$t_{1/2} = \frac{\lg 2}{\lg \frac{[\text{Fe}^{2+}]_0}{[\text{Fe}^{2+}]}} t \quad \text{min}$$

$$t_{1/2} = \frac{\lg 2}{\lg \frac{13}{0.3}} \times 60 = 11.03 \quad \text{min}$$

根据半衰期实验结果,在设定的氧化反应时间下,要求地下水达到

pH 值 $= (12.6 - \lg t_{1/2})/1.6 = (12.6 - \lg 11.03)/1.6 \approx 7.22$

pH 值应提高 $7.22 - 6.5 = 0.72$

② 根据具体情况选用曝气方式

由于含铁量高,曝气方式选用板条式曝气塔。板条层数取 7 层,根据表 6-3 取木板条填料层总厚度 2.1m,每层厚 0.3m,填料层间净距 0.3m,则塔高 4.2m。每个板条宽 0.06m,板条水平净距 0.09m。

淋水密度为 $10\text{m}^3/(\text{h}\cdot\text{m}^2)$,则曝气塔的总面积为:

$$F_{塔} = Q/10 = 416.7/10 \approx 41.7\text{m}^2$$

取平面尺寸 $3\text{m} \times 15\text{m}$,曝气塔下部设集水池。

曝气使水中二氧化碳去除率达 40%。曝气后水中溶解氧饱和度取 80%。

③ 除铁实际所需的溶解氧浓度

原水含铁 $[\text{Fe}^{2+}]_0 = 0.3\text{mg/L}$,取 $\alpha = 5$,理论所需溶解氧量

$$[\text{O}_2] = 0.14\alpha[\text{Fe}^{2+}]_0 = 0.14 \times 3 \times 13 = 5.46\text{mg/L}$$

在此水温和压力条件下,水中饱和溶解氧量为 $C_0 = 11.3\text{mg/L}$,曝气后溶解氧量为饱和值的 80%,则实际水中溶解氧量为:$80\% C_0 = 11.3 \times 80\% = 9.04\text{mg/L} > 5.46\text{mg/L}$ 满足溶氧要求。

④ 计算应投加的石灰的用量

板条式曝气塔、接触式曝气塔、表面叶轮曝气池等,通常只能将水的 pH 值升高 0.4~0.6 左右。本例用曝气方法不能将水的 pH 值提高到要求数值,须向水中投加碱剂,碱剂用石灰。以 mmol/L 表示的含铁地下水 CO_2 含量为:

$$[CO_2] = 70/44 \approx 1.59\text{mmol/L}$$

曝气使 CO_2 去除 40%,则 CO_2 去除量为:

$$\Delta[CO_2] = [CO_2] \times 0.4 = 0.636\text{mmol/L}$$

因铁质水解产生的酸的浓度为:

$$[H^+]_s = [\text{Fe}^{2+}]_0/28 = 13/28 \approx 0.46\text{mmol/L}$$

若不向水中投加石灰,则除铁后水的 pH 值变化为:

$$\Delta \text{pH} = \lg\left(\frac{[CO_2]}{[碱]} \cdot \frac{[碱] + [CaO] - [H^+]_s}{[CO_2] - \Delta[CO_2] - [CaO] + [H^+]_s}\right)$$

$$= \lg\left(\frac{1.59}{2} \times \frac{2+0-0.46}{1.59-0.636-0+0.46}\right) \approx -0.063$$

说明若不向水中投加石灰，pH 值将由 6.5 降到 6.44，曝气氧化除铁不能获得较好效果。

将除铁水的 pH 值升高到 7.22，即 $\Delta pH = 7.22 - 6.5 = 0.72$，所需投加的石灰量是：

$$[CaO] = \frac{\dfrac{[\text{碱}]}{[CO_2]} \times 10^{\Delta pH}\{[CO_2] - \Delta[CO_2] + [H^+]_S\} - \{[\text{碱}] - [H^+]\}}{\dfrac{[\text{碱}]}{[CO_2]} \times 10^{\Delta pH} + 1} \times \frac{1}{2}$$

$$= \frac{\dfrac{2}{1.59} \times 10^{0.72} \times \{1.59 - 0.636 + 0.46\} - \{2 - 0.46\}}{\dfrac{2}{1.59} \times 10^{0.72} + 1} \times \frac{1}{2}$$

$$\approx 0.52 \text{mmol/L} = 28.84 \text{mg/L}$$

⑤ 石灰的混合

氧化钙在水中的溶解度在室温下平均为 0.12%，即 1m³ 饱和石灰溶液中含氧化钙 1.2kg。饱和石灰水的总投量为：$416.7 \times 28.84/(1000 \times 1.2) \approx 10.0 \text{m}^3/\text{h}$

含铁水曝气后需要再次提升，将饱和石灰水投加到提升泵吸水管中，利用提升泵混合。

⑥ 絮凝沉淀过滤（具体设计参考地表水处理相关部分）

（2）接触催化氧化法

① 接触催化氧化法除铁原理：含溶解氧的地下水经过滤层时，水中二价铁被滤料吸附，进而被氧化水解，逐渐形成具有催化氧化作用的铁质活性"滤膜"，在"滤膜"的催化作用下，铁的氧化速度加快，进而被滤料去除。接触催化氧化法除铁可在 pH 值为 6~7 的条件下进行。滤料（石英砂、无烟煤等）需要一定的成熟期，成熟后的滤料被铁或锰化合物覆盖，表面形成锈色或褐色的活性滤膜，对除铁具有接触氧化作用，因此不同滤料在成熟后，除铁除锰效果没有明显差别。

② 接触催化氧化法除铁适用于原水含铁量为 10mg/L 左右时，如含铁量超过不多仍采用接触催化氧化法时，可适当降低滤速或增加滤层厚度。

③ 为使曝气水中能含有除铁所需溶解氧，需向单位体积的水中加入空气，其体积为：

$$V = [O_2]/(0.231 \rho_k \alpha \eta_{max})$$

式中　V——气水比；

　　　ρ_k——空气密度（g/L），平均值为 1.2g/L；

　　　α——溶解氧饱和度；

　　　0.231——氧在空气中所占的质量百分比；

　　　η_{max}——氧气的最大理论利用率。

V 与 $V\eta_{max}$ 的关系见图 6-3。

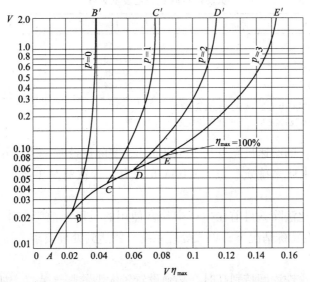

图 6-3 V 与 $V\eta_{max}$ 的关系曲线（水温 10℃）

④ 在接触催化氧化法除铁工艺中，曝气的主要目的是向地下水中充氧，所以宜选用构造简单，体积小，效率高，便于和接触催化氧化除铁滤池组成一体的曝气装置，如射流泵、跌水曝气等。

⑤ 用作接触催化氧化除铁滤池的滤料可以采用天然锰砂，也可以采用石英砂、无烟煤等。对于含铁量低的地下水，由于天然锰砂具有较大的吸附二价铁离子的能力，使投产初期出水水质相对较好，所以宜优先选用。

⑥ 为提高过滤效果可采用减速过滤、粗滤料过滤、上向流过滤、双向流过滤、多层滤料过滤、采用新滤料、改善滤料的表面性质等措施。

⑦ 滤料的粒径、级配以及滤池的过滤周期、滤料层厚度、承托层厚度、反冲洗强度、膨胀率、冲洗时间、期终水头损失的控制等参数与曝气氧化法滤池基本相同。如表 6-5、表 6-6 是接触催化氧化滤池设计参考数据。

接触催化氧化滤池设计数据　　　　表 6-5

地下水含铁浓度（mg/L）	滤料粒径范围（mm）	滤层厚度（m）	滤速（m/h）	滤后水含铁浓度（mg/L）
<5	0.6~2.0 0.6~1.5 0.6~1.2 0.5~1.0	0.6~1.0 0.6~1.0 0.6~0.8 0.6~0.7	10~15 10~15 10~15 10~12	<0.3
5~10	0.6~2.0 0.6~1.5 0.6~1.2 0.5~1.0	0.7~1.2 0.7~1.2 0.7~1.0 0.7~0.8	8~12 8~12 8~12 8~10	<0.3
10~20	0.6~2.0 0.6~1.5 0.6~1.2	0.8~1.5 0.8~1.5 0.8~1.2	6~10 6~10 6~10	<0.3

天然锰砂除铁滤池反洗强度　　　　　　　表6-6

序号	锰砂粒径（mm）	冲洗方式	冲洗强度 [L/(s·m²)]	膨胀率（%）	冲洗时间（min）
1	0.5~1.0	水	14~15	35	10~15
2	0.6~1.2		17~18	30	10~15
3	0.6~1.5		20~21	27.5	10~15
4	0.6~2.0		22~24	25	10~15

注：1. 天然锰砂相对密度为3.2~3.4；水温为8℃。
　　2. 锰砂滤池除用水反冲洗外，还可辅以压缩空气或表面冲洗。

⑧ 天然锰砂滤池的滤速最高可达20~30m/h，实际设计时，接触催化氧化法除铁滤池的滤速应根据原水水质来确定，以5~10m/h为宜。含铁量高可选下限，含铁量低可选上限。

⑨ 接触催化氧化法除铁目前在生产中最常使用的是以滤池为主体的单级流程接触氧化除铁工艺系统。在特殊情况下，单级处理系统不能达到处理要求，需要采用较复杂的二级处理系统。

⑩ 当地下水的含铁浓度特别高时，必须设置较大型的曝气装置，如喷淋式曝气装置、多级跌水曝气装置和表面叶轮曝气装置等，以强化溶氧过程。

2. 地下水除锰方法

地下水中的锰一般以二价形态存在，是除锰的主要对象。工程中主要采用的除锰方法有：高锰酸钾氧化法、生物固锰除锰法和接触氧化法等。由于地下水中往往同时含有Fe^{2+}和Mn^{2+}，因此在地下水除铁除锰时常采用接触氧化除铁除锰的方法。

（1）接触氧化法除铁、除锰设计要点

1）铁和锰的化学性质相近，常共存于地下水中，但铁的氧化还原电位低于锰，易被O_2氧化，相同的pH值时二价铁比二价锰的氧化速率快，以致影响二价锰的氧化，因此，地下水除锰比除铁困难。

2）含锰水曝气后经滤层过滤，高价锰的氢氧化物逐渐附着在滤料表面，形成锰质滤膜，并具有接触催化作用。它促使水中二价锰在低pH值条件下被水中溶解氧氧化为高价锰而由水中去除。这一除锰过程称为曝气接触氧化法除锰。

3）一般认为曝气接触氧化法除锰的界限pH值为7.5左右（少数情况下pH值<7.5亦可除锰），所以曝气的主要目的是散除水中的二氧化碳，以提高水的pH值。

4）由于铁离子的干扰性，只有水中基本不存在二价铁的情况下，二价锰才能被氧化。所以，水中铁、锰共存时，应先除铁后除锰。

5）当含铁量小于2.0mg/L、含锰量小于1.5mg/L时，水中铁、锰可经一级过滤去除，除锰工艺流程：原水→曝气→催化氧化过滤。

6）铁、锰含量较高时，或含锰量一般，但含铁量很高时，除锰采用两级过滤工艺流程：原水→曝气→除铁滤池→除锰滤池。

① 第一级除铁滤池滤速一般为5~10m/h，含铁量高时取低滤速，其工艺参数的选取参见除铁部分。

② 第二级除锰滤池滤料应优先选用天然锰砂，也可采用石英砂。其粒径一般为0.5~1.2mm或0.6~1.2mm，滤层厚度为800~1500mm，滤速为5~8m/h。

双层滤料的无烟煤最大粒径为1.6~2.0mm，最小粒径为0.8~1.2mm，下层石英砂粒径同上。无烟煤层厚300~500mm，石英砂层400~600mm，总厚度700~1000mm。

③ 天然锰砂的反冲洗强度为12~20L/(s·m^2)，滤层膨胀率为15%~25%；石英砂反冲洗强度为12~15L/(s·m^2)，滤层膨胀率为25%~35%；反冲洗时间5~15min。

④ 除锰滤池的过滤工作周期比较长，达7~15d，但为不使滤层板结，一般取3~5天反冲洗一次。

7) 曝气接触氧化除铁工艺要求水曝气后立即进入滤池过滤，且不要求提高水的pH值。当除铁后水的pH值满足不了接触氧化除锰的要求时，在除铁后还要再进行曝气，工艺流程：

原水→简单曝气→除铁滤池→充分曝气→除锰滤池

8) 在曝气装置后设絮凝池对接触氧化除铁除锰效果有一定的提高作用，此外水中的含锰量在絮凝池以后也略有降低。

9) 两级过滤工艺两级滤池都要反冲洗，水厂自用水量较大。因除铁滤池、除锰滤池反冲洗导致的水量增大系数 α_1、α_2 均为 $\dfrac{1}{1-0.06\dfrac{qt}{vT}}$，其中 q、t、v、T 分别为各滤池的反冲洗强度、反冲洗时间、滤速、反冲洗周期。考虑设备漏水而引入的系数 α_3（其值为1.02~1.05），处理水量应为 $Q = \alpha_1 \alpha_2 \alpha_3 Q_0$。

(2) 计算例题

已知条件：

原水含铁量为 $[Fe^{2+}]_0 = 9$mg/L，含锰量1.5mg/L，pH=6.9，水温8℃，溶解氧量1.2mg/L，$[S_iO_2] = 16$mg/L，$[HCO_3^-] = 10.65$mg/L，$[CO_2] = 79.55$mg/L，原水碱度12mmol/L，含盐量 $P = 220$mg/L。供水规模为 $Q_0 = 8000$m^3/d，要求处理出水达到生活饮用水卫生标准。

设计计算：

原水铁、锰含量均超过生活饮用水卫生标准，且含量适中。故采用曝气两级过滤处理工艺。除铁滤池、除锰滤池均采用普通快滤池。

1) 处理水量 Q

第一级除铁滤池滤料用天然锰砂，粒径范围0.6~1.5mm，滤层厚度1.2m，冲洗强度20L/(s·m^2)，膨胀率25%，冲洗时间15min，滤速取8m/h。过滤周期定为10h。

$$\alpha_1 = \frac{1}{1-0.06\dfrac{qt}{vT}} = \frac{1}{1-0.06\times\dfrac{20\times15}{8\times10}} \approx 1.29$$

第二级除锰滤池滤料粒径范围0.6~1.2mm，滤层厚度1.2m，冲洗强度15L/(s·m^2)，膨胀率30%，冲洗时间15min，滤速取8m/h。过滤周期定为5天=120h。

$$\alpha_2 = \frac{1}{1-0.06\dfrac{qt}{vT}} = \frac{1}{1-0.06\times\dfrac{15\times15}{8\times120}} \approx 1.01$$

考虑设备漏水而引入的系数 α_3，其值取1.02。

$$Q = \alpha_1\alpha_2\alpha_3 Q_0 = 1.29 \times 1.01 \times 1.02 \times 8000 \approx 10631.66 \text{m}^3/\text{d} \approx 442.98 \text{m}^3/\text{h}$$

2) 曝气设备

除锰曝气的主要目的是充分散除水中的二氧化碳,以提高水的 pH 值。故本设计采用叶轮表面曝气装置。

据原水含盐量得 $\mu = 0.000022 \times P = 0.0049$ $K_1 = 3.43 \times 10^{-7}$

要求曝气后水的 pH 值=7.3,则曝气后水的二氧化碳浓度

$$[CO_2] = [\text{碱}] \cdot 10^{pK_1 - pH - 0.5\sqrt{\mu}} = 12 \times 10^{6.46 - 7.5 - 0.035} \approx 1.0 \text{mg/L}$$

二氧化碳在水中的平衡浓度取 0.7mg/L

取 $\delta = D/d = 6$,叶轮周边线速度 $v = 4\text{m/s}$

曝气所需的停留时间

$$t_{曝} = \left[\frac{\left(\dfrac{D}{d}\right) \times \lg\dfrac{c_0 - c_*}{c - c_*}}{1.3 \times 1.175^v \times 1.019^{T-20}}\right]^{2.5} = \left[\frac{6 \times \lg\dfrac{79.55 - 0.7}{1.0 - 0.7}}{1.3 \times 1.175^4 \times 1.019^{8-20}}\right]^{2.5} \approx 7.34 \text{min}$$

曝气池的容积 $W_{曝} = Qt_{曝}/60 = 442.98 \times 7.34/60 \approx 54.19 \text{m}^3$

曝气池采用圆柱形,池深 H 与池径 D 相等,即 $H = D$,则池直径:

$D = (4W_{曝}/\pi)^{1/3} = (4 \times 54.19/\pi)^{1/3} \approx 4.10\text{m}$

叶轮直径 $d = D/\delta = 4.10/6 \approx 0.68\text{m}$,取 0.9m

叶轮转速 $n = 60v/(\pi d) = 60 \times 4/(0.9\pi) \approx 84.93 \text{min}$

如图 6-4 所示,叶轮的叶片 26 个,叶片高 0.105m,叶片长 0.105m,进气孔直径 0.038m,叶轮浸没深度 0.074m,轴功率 3.5kW。

3) 除铁滤池(具体计算过程参见普通快滤池)

① 滤池总面积 57.66m²,滤池设 4 座,成双行对称布置,每个滤池面积为 14.41m²。

② 单池平面尺寸:3.9m×3.9m。

③ 滤池高度:

采用:承托层厚度 0.45m(级配组成见表 6-7);

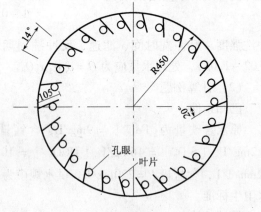

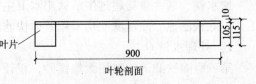

图 6-4 叶轮构造

承托层级配表　　　　表 6-7

材料	粒径/mm	厚度/mm	材料	粒径/mm	厚度/mm
天然锰砂	1.5~2.0	100	卵石	4.0~8.0	100
天然锰砂	2.0~4.0	100	卵石	8.0~16.0	150

滤料层(天然锰砂)厚度 1.2m(粒径范围 0.6~1.5mm);

砂面上水深 1.70m;

滤池超高 0.30m;

滤池总高度 3.65m。

④ 单池冲洗流量：$0.29m^3/s$。

⑤ 冲洗排水槽

a. 断面尺寸

两槽中心距采用 1.5m，排水槽个数 2 个，槽长 3.9m，槽内流速采用 0.6m/s，槽的断面尺寸，见图 6-5。

b. 槽顶位于滤层面以上的高度 1.275m。

c. 集水渠采用矩形断面，渠宽采用 0.5m，渠始端水深 0.74m，集水渠底低于排水槽底的高度 0.95m。

⑥ 配水系统

采用大阻力配水系统。

4）除锰滤池（具体计算过程参见普通快滤池部分）

① 滤池总面积 $57.66m^2$，滤池设 4 座，成双行对称布置，每个滤池面积 $14.41m^2$。

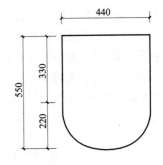

图 6-5 除铁滤池冲洗排水槽的断面尺寸

② 单池平面尺寸 3.9m×3.9m。

③ 滤池高度

采用：承托层厚度 0.45m（级配组成见表 6-9）；

滤料层（天然锰砂）厚度 1.2m（粒径范围 0.6~2.0mm）；

砂面上水深 1.70m；

滤池超高 0.30m；

滤池总高度 3.65m；

④ 单池冲洗流量 $0.22m^3/s$。

⑤ 冲洗排水槽

a. 断面尺寸

两槽中心距采用 1.5m，排水槽个数 2 个，槽长 3.9m，槽内流速采用 0.6m/s，槽的断面尺寸，见图 6-6。

b. 槽顶位于滤层面以上的高度 1.275m。

c. 集水渠采用矩形断面，渠宽采用 0.5m，渠始端水深 0.65m，集水渠底低于排水槽底的高度 0.85m。

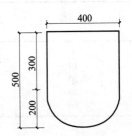

图 6-6 除锰滤池冲洗排水槽的断面尺寸

⑥ 配水系统

采用大阻力配水系统。

6.2 地下水除铁除锰废水的回收和利用

对于小城镇除铁滤池的反冲洗废水，在过去，反冲洗废水都排入河道，不仅淤塞了河床，而且还污染了水环境。现在，将废水全部回收，铁泥综合利用，不仅避免了淤塞河道、污染环境，而且还增加了产水量，为工业生产提供了新原料，基本做到了"化害为利"。地下水除铁除锰反冲洗废水通常采用静水自然沉淀和聚丙烯酰胺混凝沉淀两种方法回收，以下就介绍静水自然沉淀回收反冲洗废水。

6.2.1 静水自然沉淀回收反冲洗废水

除铁滤池的反冲洗废水中含铁浓度极高,将反冲洗废水置于一桶中静置沉淀,每隔一定时间由水面下10cm处取样测定含铁浓度,得如图6-7所示的含铁浓度变化曲线,试验观察到铁质悬浮物的沉淀很慢,去除比较困难。但在实际生产中,反冲洗废水排入回收池时,将原来沉淀的铁泥冲起并相互混合,水中铁泥有明显的自然絮凝现象,并大大加速了铁泥的沉淀。表6-8为在回收池中实测的不同深度处,水中铁质浓度的变化情况。佳木斯自来水公司,是将滤池反冲洗废水收集于回收池中静置沉8~10h,然后用泵自水面以下1.5m处抽水,可得含铁浓度为30~50mg/L的沉淀水,送回滤池再行过滤。

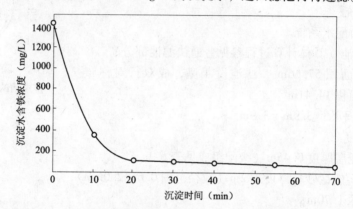

图6-7 除铁滤池反冲洗废水静止沉淀曲线

回收池中含铁废水静水沉淀时水中铁质浓度(mg/L)的变化情况　　表6-8

沉淀时间(min)	取样点距水面距离(m)		
	0.0	0.5	1.0
1	440	480	480
10	140	250	280
20	100	110	150
30	60	70	90
60	40	70	70

6.2.2 铁泥的综合利用

由除铁滤池反冲洗废水中沉淀下来的铁泥,除含铁质外,还含少量其他杂质,例如由地下水中带出来的细砂、天然锰砂滤料的细碎颗粒、与铁质同时沉淀下来的其他化合物等。将铁泥水选分离出比较纯的铁泥,经800℃焙烧后进行分析,得下列组成:

Fe_2O_3　　　88%
SiO_2　　　5%~6%
CaO　　　1%~1.5%
MgO　　　0.1%~0.5%

此外,尚含有少量的Na、Mn、Pb、P、Zn、Ba,以及微量的Cu、Ti、Ga、Mo、K等元

素。由于铁泥中 Fe_2O_3 的含量很高,所以可以制造三级氧化铁红(要求 Fe_2O_3 含量不低于 85%)。成分不纯的铁泥可用以制造红土粉(要求 Fe_2O_3 含量不低于 50%)。

若按氧化铁红含 Fe_2O_3 为 88% 计算,每处理 $1000m^3$ 的含铁浓度为 $1mg/L$ 的地下水所回收的铁泥,可制造 $1.62kg$ 的铁红。这样,一年可制造铁红的数量为:

$$G = \frac{Q \times 365 \times [Fe^{2+}]_0}{10^6} \times 1.62$$

$$= 0.59 \times 10^{-8} \times Q[Fe^{2+}]_0 \tag{6-3}$$

式中 G——一年可制造铁红的数量,t/年;

Q——除铁水厂的日处理水量,m^3/d;

$[Fe^{2+}]_0$——地下水的含铁浓度,mg/L。

以铁泥为原料制造三级氧化铁红的工艺流程如下:

铁泥→水选→滤干→焙烧→球磨→水选→浓缩→炕干→三级氧化铁红成品;

水选:将铁泥用水稀释,然后在水选槽中水选,排除铁泥中的砂粒及其他颗粒状杂质;

滤干:水选后,经沉淀浓缩,再经板框滤机挤压成饼;

焙烧:在反射炉中焙烧至 800℃ 左右,烧成红色的氧化铁红(熟料);

球磨:将熟料加水放入球磨机中磨细;

浓缩:水选后的铁红经沉淀浓缩脱水;

炕干:将脱水后的铁红置于炕面上炕干,至含水率不大于 1%,即得三级氧化铁红成品。

佳木斯自来水公司已于 1972 年开始成批生产三级氧化铁红,成品中 Fe_2O_3 含量为 85%~89%,其他指标也都符合国家产品规格要求。

用铁泥制造的三级氧化铁红,可作防锈漆的颜料、橡胶和塑料的填充料、玻璃磨光剂和轴承的研磨剂等。

成分不纯的铁泥可以制造红土粉,工艺流程如下:

铁泥浆→风干→焙烧→球磨→风选→成品

将成分不纯的铁泥浆液,置于露天场地上自然风干成块,然后放在反射炉中在 800℃ 左右的温度下焙烧成红土,再用球磨机将红土粉碎磨细,经鼓风机风选,细颗粒的红土粉在成品库沉下,最后经包装后便可出厂。红土粉可作建筑和木制家具的涂色颜料。

6.3 地下水除铁除锰水厂设计实例

本节介绍的地下水除铁除锰水厂实例,选已建成的工程设计,这些工程投产后,一般除铁除锰效果良好,但也不同程度地存在一些问题,所以仅供读者参考。

由于除铁除锰水厂的设计与原水水质有密切的关系,设计前需在搜集有关资料的同时详尽地掌握地下水的水质资料。为方便起见,现将后文所列举的实例的水质列入表 6-9 中。

在介绍设计实例时,将结合实际情况和读者的需要,有的侧重于生产实际,有的侧重设计计算。

水厂的水质　　　　　　　表 6-9

项目	Fe^{2+} (mg/L)	Mn^{2+} (mg/L)	HCO_3^- (mg/L)	CO_2 (mg/L)	pH	SiO_2 (mg/L)	耗氧量 (mg/L)	水温 (℃)
实例 1	2~4	0.1	3.65	31.68	6.8	20.00	1.19	10
实例 2	12.00	—	2.15	34.90	6.4	24.0	1.6	6.6
实例 3	3~5	1~3.4	4.58	—	6.4~6.6	24.0		5~6
实例 4	3.6	1.0	2.5	41.00	7.0	24.0	—	17.3
实例 5	5.0~9.0	1.0~1.5	9.0~10.7	60~80	6.8	16.0	1.93	7~8
实例 6	14.0	7.5	6.95	78.58	6.5	33.0	1.68	10
实例 7	8~10	1.5	1.4	32.0	6.2~6.4	15.0	1.5	10

6.3.1 莲蓬头曝气重力式过滤除铁工艺设计

1. 原始数据

原水水质如表 6-9 中实例 1 所示。原水含铁量在设计前测定为 6.0mg/L(设备投产后实际为 2~4mg/L),要求处理后达到国家饮用水标准(Fe^{2+},0.3mg/L;Mn^{2+},0.1mg/L)。日供水量为 24000m^3/d。

2. 处理工艺流程选择

根据原水水质的特点及除铁试验结果,选择接触氧化除铁工艺流程,如图 6-8 所示。

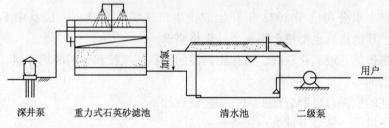

图 6-8 莲蓬头曝气重力式过滤除铁工艺流程示意

3. 处理水量

水厂自用水量取总供水量的 5%,则处理水量为:

$$1.05 \times 24000 = 25200 m^3/d$$

如滤池按每日工作 23h 计算,则小时处理水量为:

$$\frac{25200}{23} = 1096 m^3/h$$

4. 滤池

如果滤池的个数为 8,则单池处理水量为 137m^3/h 或 38L/s。

滤池型式采用普通快滤池。若滤速采用 8.5m/h,单池面积约为 16m^2,平面尺寸为 4.0m×4.0m。

以石英砂为滤料，滤料粒径0.5~1.0mm，滤层厚度为800mm。滤层下设卵石承托层，各层粒径及厚度如下：2~4mm，厚度100mm；4~8mm，厚度100mm；8~16mm，厚度100mm；16~32mm，厚度150mm；32~64mm，厚度200mm，总厚度为650mm。滤池平、剖面见图6-9。

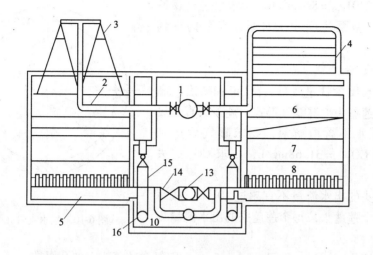

剖面

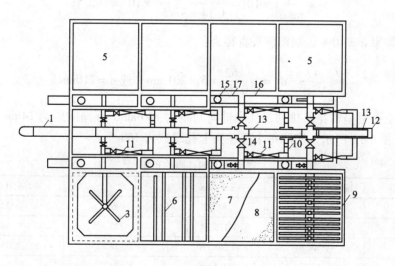

平面

图6-9 滤池及莲蓬头平、剖面

1—进水总管ϕ600；2—进水管ϕ200；3—莲蓬头；4—接触式曝气塔；
5—重力式除铁滤池；6—排水槽；7—滤料层；8—承托层；
9—穿孔管大阻力配水系统；10—滤后水管ϕ200；11—滤速调节器；
12—滤后水总管ϕ600；13—反冲洗水总管ϕ400；14—反冲洗水管ϕ400；
15—反冲洗排水管ϕ450；16—排水总管ϕ500；17—初滤水管ϕ100

采用穿孔管大阻力配水系统，干管直径500mm，支管直径75mm，接于干管顶部，支管中心间距为300mm，每侧13排共26根。支管上孔眼直径为12mm，每根支管上设孔眼16个，孔眼向下呈45°交叉排列，见图6-10。

反冲洗强度为15L/(s·m²)，单池反冲洗水流量为 $15 \times 16 = 240$L/s $= 864$m³/h。用水泵进行反冲洗。选12sh-19型泵为反冲洗水泵，水泵扬程约为16.5m。

5. 曝气设备

根据原水水质含铁量较低，pH值和碱度较高的特点，选择莲蓬头喷淋曝气形式，莲蓬头直接设于滤池上。原水不含溶解氧，要求曝气后达到6mg/L，原水 $[CO_2] = 31.68$mg/L，要求 CO_2 的去除率达到50%。

每个莲蓬头的出水流量不宜超过10L/s，故每格滤池选用四个莲蓬头，每个莲蓬头的出水流量为 $Q_0 = 9.5$L/s。

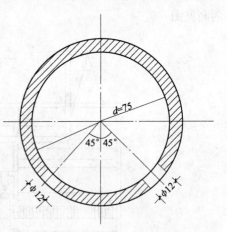

图6-10 配水支管孔眼布置

选孔眼流速为 $v_0 = 3$m/s，孔径 $d_0 = 5$mm，则每个莲蓬头上的孔眼数：

$$n = \frac{4Q_0}{\pi v_0 d_0^2} \times 10^3 = \frac{4 \times 9.5}{3.14 \times 3 \times 5^2} \times 10^3 = 162 \text{ 个}$$

选取空隙率 $\varphi = 10\%$。则莲蓬头直径为：

$$d = \sqrt{\frac{n}{\varphi}} \cdot d_0 = \sqrt{\frac{162}{0.10}} \times 5 = 201\text{mm} \quad \text{选 } d = 210\text{mm}。$$

莲蓬头上孔眼呈梅花形排列，孔眼轴向间距为140mm，环向间距为14mm。孔眼布置见表6-10及图6-11所示。实际每个莲蓬头上孔眼数为168个。

莲蓬头上的孔眼的布置　　　　表6-10

圆环编号	圆环直径 D (mm)	πD (mm)	孔数（个）	环间孔距（mm）
1	28	81.72	6	14.65
2	56	175.84	12	14.65
3	84	263.76	18	14.65
4	112	351.68	24	14.65
5	140	439.10	30	14.65
6	168	527.52	36	14.65
7	196	615.44	42	14.65

莲蓬头锥顶夹角 $\theta = 45°$，喷水面采用弧形，如图6-12所示。

实际孔眼流速 $v_0 = \dfrac{4 \times q_p}{\pi n d_0^2} = 2.86$m/s。

莲蓬头的安装高度按计算确定。

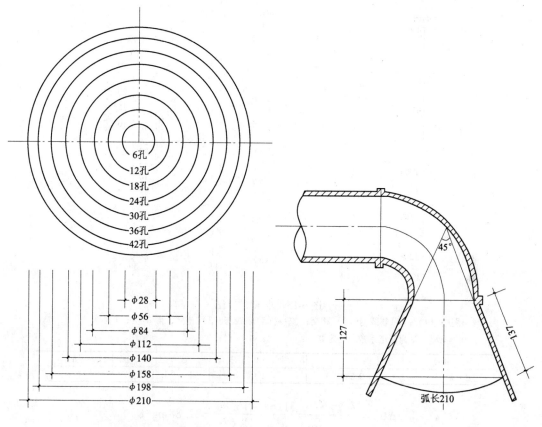

图 6-11 莲蓬头孔眼布置　　　图 6-12 莲蓬头

首先按曝气溶氧的要求进行计算。由 d、d_0、v_0 和水温的数值从图 6-13 查得曝气溶氧传质系数 $K_{4\,O_2}^1 = 1.43 \times 10^{-3}$，修正后得：$K'_{O_2} = \lambda K'_{4\,O_2} = 1.1 \times 1.43 \times 10^3 = 1.57 \times 10^{-3}$ m/s，又知 $C_1 = 0$，$C_2 = 6$mg/L，10℃时氧在水中的饱和浓度为：$C^* = 11.3$mg/L，故：

$$\Delta C_1 = C^* - C_1 = 11.3 \text{mg/L}$$
$$\Delta C_2 = C^* - C_2 = 5.3 \text{mg/L}$$

平均浓度差为：

$$\Delta C_P = \frac{\Delta C_1 - \Delta C_2}{2.3 \cdot \lg \frac{\Delta C_1}{\Delta C_2}} = \frac{11.3 - 5.3}{2.3 \cdot \lg \frac{11.3}{5.3}} = 7.93 \text{mg/L}$$

水滴在空气中降落的时间为：

$$t_{O_2} = \frac{d_0(C_2 - C_1)}{6K'_{O_2}\Delta C_P} \times 10^{-3} = \frac{5 \times (6-0)}{6 \times 1.57 \times 10^{-3} \times 7.93} \times 10^{-3} = 0.40\text{s}$$

再按曝气去除二氧化碳的要求进行计算。由图 6-1 中查得 $K'_{4\,CO_2} = 1.32 \times 10^{-3}$m/s，修正后得：$K'_{CO_2} = 1.1 K'_{4\,CO2} = 1.45 \times 10^{-3}$m/s。已知 $C_1 = 31.68$mg/L，$C_2 = 31.68 \times 0.5 = 15.84$mg/L，则平均浓度差为：

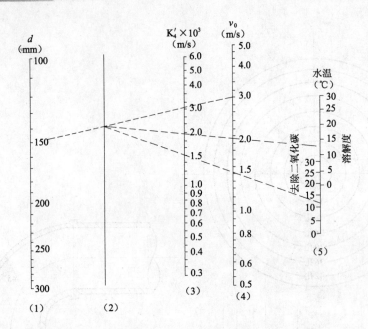

图6-13 求K'的算图

用法：(1)~(4)联线与(2)相交；(2)~(5)联线与(3)相交；得K'_4值；

$K' = \lambda K'_4$，λ为修正系数，选定如下：

d_0 (mm)	3	4	5	6
λ	0.88	1.0	1.1	1.2

$$\Delta C_P = \frac{C_1 - C_2}{2.31 \lg \frac{C_1}{C_2}} = \frac{31.68 - 15.84}{2.3 \lg \frac{31.68}{15.84}} = 22.88 \text{mg/L}$$

水滴在空气中降落的时间为：

$$t_{CO_2} = \frac{d_0(C_2 - C_1)}{6 K'_{CO_2} \cdot \Delta C_P} \times 10^{-3} = \frac{5(31.68 - 15.84)}{6 \times 1.45 \times 10^{-3} \times 22.88} \times 10^{-3} = 0.39 \text{s}$$

由计算可见，溶氧和去除二氧化碳要求水滴在空气中降落的时间相近。故莲蓬头安装高度为：

$$h = v_0 t + \frac{1}{2} g t^2$$
$$= 2.86 \times 0.4 + \frac{1}{2} \times 9.8 \times 0.4^2$$
$$= 1.928 \text{m}$$

选定莲蓬头安设于滤池水面以上高度为2.0m。此时若以锥顶夹角45°的角度向下喷洒，洒于池内水面上的圆的直径为1.65m。

四个莲蓬头呈正方形布置。如图6-14所示。相邻两莲蓬头相距2.0m，故莲蓬头喷洒下来的水滴相互间不会重叠，

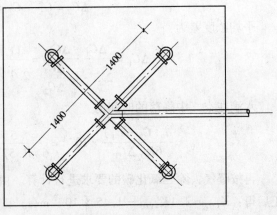

图6-14 莲蓬头平面布置

也不会洒出池外。

6.3.2 跌水曝气重力式过滤除铁工艺设计

1. 原始数据

原水水质如表6-9所示。原水含铁12~13mg/L，要求处理后达到国家饮用水标准。日供水量 $Q_D = 20000 \text{m}^3/\text{d}$。

2. 处理工艺流程

根据原水水质特点及半生产性试验结果，选择接触氧化除铁工艺流程，如图6-15所示。

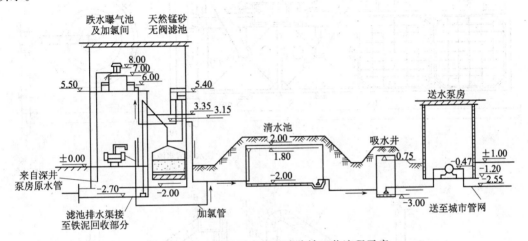

图6-15 跌水曝气重力式过滤除铁工艺流程示意

3. 处理水量

由于本设计采用了除铁滤池反冲洗废水沉淀回收工艺系统，可忽略水厂自用水量。如果无阀滤池按每日工作23h计，则处理水量为 $20000/23 = 870 \text{m}^3/\text{h}$。

4. 曝气设备

曝气型式选择跌水曝气。共设两座圆形跌水曝气池，每个曝气池处理水量为 $870/2 = 435 \text{m}^3/\text{h}$。采用两级跌水，两级跌水高度均为1.0m，总跌水高度为2.0m。第一级圆形溢流堰直径为3m，单宽流量为 $435/3 \times 3.14 = 46 \text{m}^3/\text{h} \cdot \text{m}$。第二级圆形溢流堰直径为5m，单宽流量为 $27 \text{m}^3/\text{h} \cdot \text{m}$。两级跌水曝气池构造如图6-16所示。

5. 无阀滤池

设计选择8个无阀滤池，每4个池子为一组，共用一个反冲洗水箱。单池处理水量为 $870/8 = 109 \text{m}^3/\text{h}$。若滤速为6.85m/h，则单池面积为 $109/6.85 = 15.88 \text{m}^2$。设计采用无阀滤池平面尺寸为 $4 \times 4 \text{m}$，其构造如图6-17所示。

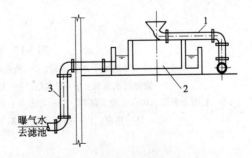

图6-16 两级跌水曝气装置示意
1—含铁地下水进水管；2—跌水曝气池；
3—曝气池出水管（滤池进水管）

第6章 小城镇地下水处理

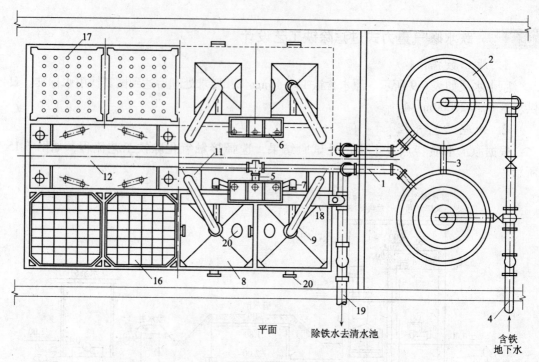

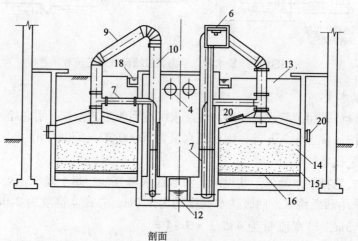

图 6-17 无阀滤池工艺图

1—含铁地下水进水管；2—跌水曝气池；3—联通管；4—滤池总进水管；
5—滤池进水支管；6—配水箱；7—无阀滤池 U 形进水管；8—天然锰砂无阀滤池；
9—虹吸上升管；10—虹吸下降管；11—排水井；12—排水渠；13—冲洗水箱；14—天然锰砂；15—承托层；
16—格栅；17—格栅支墩；18—出水集水槽；19—出水总管；20—人孔

滤料层及承托层颗粒级配如表 6-11 所示。

6.3 地下水除铁除锰水厂设计实例

无阀滤池滤料层及承托层级配表　　　　　　　表6-11

分类	项目	材料	粒径（mm）	厚度（mm）
滤料层		天然锰砂	0.6~1.5	1000
承托层		天然锰砂	1.5~2.0	100
		天然锰砂	2.0~4.0	100
		天然锰砂	4.0~8.0	100
		卵石	8.0~16.0	100

反冲洗强度为 $20L/s \cdot m^2$，反冲洗时间为 6min。滤池反冲洗时，采用虹吸水力自控装置可以自动停止进水。为防止两大组滤池同时反冲洗，设联锁装置。

6. 清水池

采用容积为 $1000m^3$ 的圆形清水池两座。

7. 滤池反冲洗水及铁泥回收

根据已有经验，设计考虑处理流程如图6-18所示。

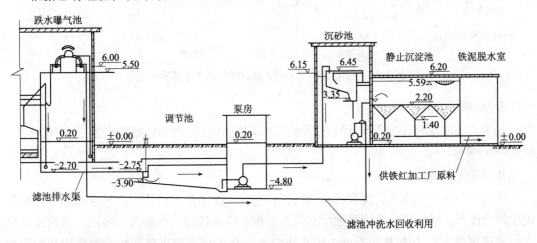

图6-18　滤池反冲洗水回收工艺流程

滤池的反冲洗废水首先流入调节池，调节池容积可容纳两个滤池的反冲洗水量。调节池中的废水由污水泵提升至沉淀池，进行静水自然沉淀，沉淀时间为4.5h，沉淀水再由水泵抽回滤池前与含铁地下水掺混过滤。沉淀池工作周期约为6h。沉淀下来的铁泥在积泥斗中浓缩7~10d，由池底排出再经脱水、运至铁泥综合利用车间。

为了去除废水中的砂粒，提高铁泥的质量，于沉淀池前还设有沉砂池，水在沉砂池中的沉淀时间为2min。

6.3.3 射流泵曝气无阀滤池过滤除铁工艺设计

1. 原始数据

原水水质如表6-9所示，原水含铁量为3~5mg/L，含锰量为1~3.4mg/L。本工程暂时只要求含铁量达到国家饮用水标准，故设计只考虑地下水除铁，而除锰留待以后解决，因而这是一个地下水除铁与地下水除锰分期解决的实例。设计日供水量为 $20000\text{m}^3/\text{d}$。

2. 处理工艺流程

根据原水水质，选择接触氧化除铁工艺流程如图 6-19 所示。

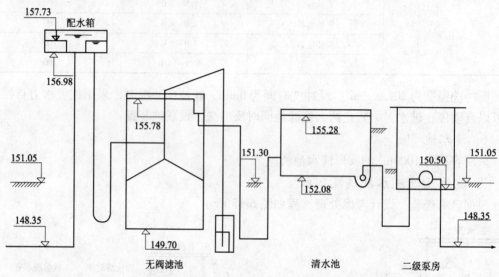

图 6-19 射流泵曝气无阀滤池过滤除铁工艺流程示意

3. 处理水量

如果无阀滤池每日按 23h 计（包括水厂的自用水量），则小时处理水量为 $20000/23 = 870\text{m}^3/\text{h} = 242\text{L/s}$。

4. 曝气设备

由二级泵房引压力水，经射流泵抽气，将空气加注于进水总管中，与含铁地下水在管道中混合曝气，然后流入无阀滤池配水箱，经配水跌水进行二次曝气，再流入无阀滤池过滤。射流泵进水压力为 $P_1 = 2\text{atm}$，出水压力 $P_3 = 0.3\text{atm}$。要求曝气后溶解氧饱和度达到 $\alpha = 60\%$，水温10℃，含铁量按 $[Fe^{2+}]_0 = 5.0\text{mg/L}$ 计，溶解氧过剩系数选择 $a = 4$。根据公式 $V\eta_{\max} = \dfrac{[O_2]}{0.231\rho_k\alpha}$ 求得 $V\eta_{\max}$ 值：

$$V\eta_{\max} = \frac{[O_2]}{0.231\rho_k\alpha} = 0.52 \times 10^{-3} \times \frac{a[Fe^{2+}]}{\alpha}$$

$$= 0.52 \times 10^{-3} \times \frac{4 \times 5}{0.6} = 0.0173$$

查 $V - V\eta_{\max}$ 的关系曲线图得 $V = 0.017$。除铁所需空气流量为：

$$Q_K = VQ = 0.017 \times 242 = 4.1\text{L/s}$$

压力比

$$\xi = \frac{P_3}{P_1} = \frac{0.3}{2} = 0.15$$

去 k 值为 0.85，则流量比：

$$w = \frac{k}{\sqrt{\xi}} - 1 = \frac{0.85}{\sqrt{0.15}} - 1 = 1.196$$

压力水流量：

$$Q_1 = \frac{Q_k}{w} = \frac{4.1}{1.196} = 3.43 \text{L/s}$$

喷嘴断面积：

$$F_0 = \frac{Q_1}{\mu \sqrt{20gP_1}} \times 10^3 = \frac{3.43}{0.982 \times \sqrt{20 \times 9.8 \times 2}} \times 10^3 = 176 \text{mm}^2$$

喷嘴直径：

$$d_0 = \sqrt{\frac{4F_0}{\pi}} = \sqrt{\frac{4 \times 176}{3.14}} \approx 15 \text{mm}$$

混合管的断面积与喷嘴过水断面的比：

$$m = \frac{1}{\xi} = 6.67$$

则混合管直径：

$$d_2 = d_0 \sqrt{m} = 15 \times \sqrt{6.67} = 38.74 \text{mm}$$

选 $d_2 = 40$mm；选喷嘴前工作压力水管管径 $d_1 = 70$mm，水管中的流速 $v = 0.96$m/s，$1000i = 34.5$。

喷嘴距混合管入口的距离 $z = 2d_0 = 30$mm。

喷嘴的锥顶夹角取 26°；喷嘴前端有 4mm 的圆柱形部分。

喷嘴长：

$$L_1 = \frac{d_1 - d_0}{2\text{tg}13°} = 119 \text{mm}$$

取 $L_1 = 120$mm；混合管长度取 $L_2 = 4d_2 = 160$mm；扩散管长度取 $L_3 = 150$mm。

射流泵构造如图 6-20 所示。

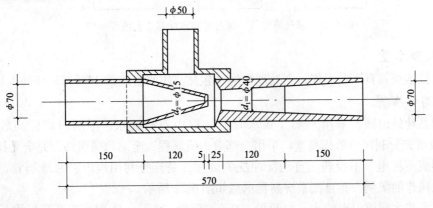

图 6-20 射流泵构造

5. 无阀滤池

滤池滤速为9m/h，则所需要过滤面积为：870/9 = 96.6m²。

采用8个池子，每两个为一组，单池面积为96.6/8 = 12.08m²。滤池平面尺寸取为 3.6×3.6 = 12.96m²。

采用天然锰砂滤料，滤料及承托层颗粒级配如表6-12所示：

反冲洗强度取为20L/s·m²，反冲洗时间为6min，期终水头损失为1.7m。

无阀滤池滤料及承托层级配表   表6-12

项目 分类	材料	粒径（mm）	厚度（mm）
滤料层	天然锰砂	0.6~1.2	800
承托层	天然锰砂	2.0~4.0	100
	天然锰砂	4.0~8.0	100
	天然锰砂	8.0~16.0	100
	卵石	16.0~32.0	100

6.3.4 曝气塔曝气一级过滤除铁除锰工艺设计

1. 原始数据

原水水质如表6-9所示。原水含铁量为3.6mg/L，含锰量为1.0mg/L。要求处理后水中铁和锰浓度符合国家饮用水标准。

日供水量　　　　　　　$Q_D = 1440 \text{m}^3/\text{d}$

2. 处理工艺流程

根据原水水质，水中含铁量和含锰量均较低，而原水pH值及碱度较高的特点，设计采用单级过滤处理流程，如图6-21所示。

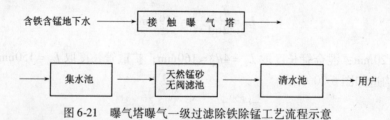

图6-21 曝气塔曝气一级过滤除铁除锰工艺流程示意

3. 处理水量

如果滤池按每日23h工作，则处理水量（包括自用水量）为1440/23 = 63m³/h。

4. 高程布置

处理站地处山区，采用平洞（集水廊道）取山石裂缝水，平洞出口标高较厂区高200m，故可充分利用地形标高差，采用全部重力流流程，全站除照明外，完全无耗电动力设备。形成不耗电、不投药、自动反冲洗的流程，是充分利用地形、因地制宜、节约能源、简化操作的实例。其自流系统高程示意如图6-22所示。

由水平集水廊道引出的水，由两根100mm管道，经2km重力流流至厂区附近山头上的水处理站。原水先经曝气塔上穿孔管喷淋至焦炭层,再流至下部集水池,然后经重力流流至无阀滤池配水箱,经天然锰砂滤层除铁除锰,再流至清水池,然后借助于小山与厂区约60m的高差,重力流至各车间与生活区。

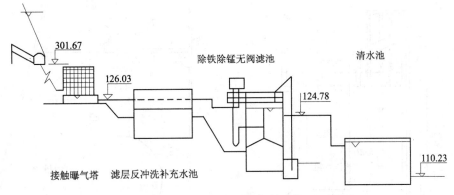

图 6-22 自流系统高程示意

5. 曝气设备

曝气设备为接触曝气塔。曝气塔平面尺寸为 8.0m×4.0m,实际淋水密度为 $2.0m^3/m^2 \cdot h$。曝气塔如图6-23所示。

穿孔管孔眼直径为 10mm,孔距为 40mm,孔眼向下成45°角两侧排列,喷淋高度约 1.4m。焦炭块径为 30~100mm,焦炭层厚度为 500mm,共设一层焦炭。集水池设在曝气塔下部,平面尺寸与上部相同,池内水深 0.6m,实际停留时间约 20min。

6. 无阀滤池

由于处理水量不大,故采用一座无阀滤池,过滤面积为 $6.3m^2$,滤速为 10m/h。滤料采用天然锰砂,粒径为 0.6~2.0mm,滤层厚度为 700mm。设计采用反冲洗强度为 $24L/s \cdot m^2$,反冲洗时间为 10min。由于锰砂相对密度较大,曾

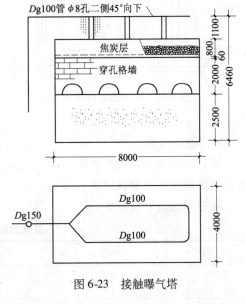

图 6-23 接触曝气塔

担心反冲洗水头不足,故无阀滤池上部水箱加高 1.2m,结果实际反冲洗强度达 $26L/s \cdot m^2$,反冲洗时间 7.5min;由于反冲洗强度偏大,滤池跑砂现象比较严重。无阀滤池构造如图 6-24 所示。

7. 处理站平面布置

由于处理站采用自流系统,故其平面布置须与高程布置统一考虑。其平面布置如图 6-25 所示。

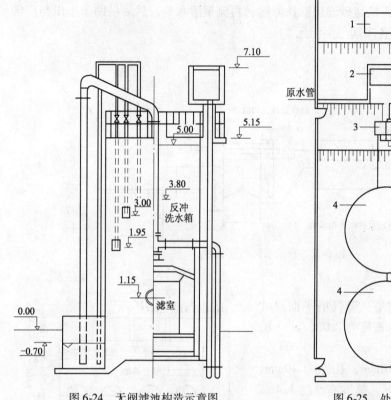
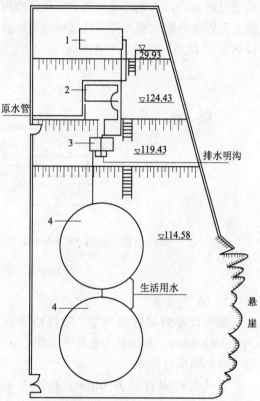

图6-24 无阀滤池构造示意图

图6-25 处理站平面布置示意
1—接触曝气塔；2—滤池反冲洗补充水池；
3—无阀滤池；4—清水池

8. 处理效果

该处理站的测定结果表明，除铁除锰装置运转正常，处理效果良好，处理后水中含铁含锰浓度均符合国家饮用水标准。

除铁除锰效果见表6-13。

处理站的除铁除锰效果　　　　　　表6-13

项目 取样点	$Fe_总$	Mn^{2+}	HCO_3^-	CO_2	pH	溶解氧	H_2S	SiO_2	t℃
原水	3.6~4.0	1.0	165.0	39~41	7.0	3.3~5.0	1.09	24	17.5
曝气后	3.6	0.9	—	6.29	7.2	7.1	0.0	24	17.5
滤后	<0.3	痕量	158.7	10~12	7.2	7.4	0.0	24	17.5

注：除水温和pH值外，其余单位均以mg/L计。

6.3.5 表面曝气双级滤池过滤除铁除锰工艺设计

1. 原始数据

某单位已建50m²水塔一座，直径为420mm的深井一口，井深103m，其水质如表6-9所示。由深井泵将原水抽送至水塔，然后送往用户。因原水含铁含锰量较高，水质甚差，故拟采用一套除铁除锰设施，使处理后的水符合饮用水标准。原水含铁量为5~9mg/L，含锰量为1.0~1.5mg/L。

日供水量为 800m³/d。

2. 处理工艺流程

原水中铁和锰均为中等含量，若采用曝气、单级过滤处理工艺流程，只能除铁而不能除锰；若采用曝气、两级过滤，处理工艺流程，对此小型设备又嫌系统庞杂。故设计采用的处理流程如图 6-26 所示。

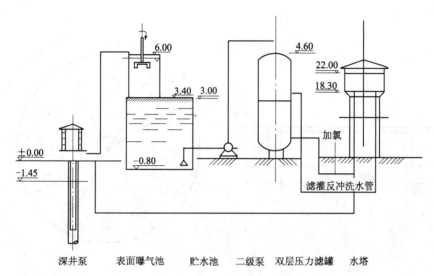

图 6-26 表面曝气双级滤池过滤除铁除锰工艺流程示意

3. 处理水量

取水厂自用水为供水量的 5%，则日处理水量为 840m³/d。若滤池按每日工作 23h 计算，则小时处理水量为 840/23 = 36m³/h = 10L/s。

4. 曝气设备

除锰要求充分曝气，以尽可能驱散水中的游离 CO_2，大幅度地提高 pH 值。故本设计采用叶轮式表面曝气装置。曝气池为矩形钢筋混凝土结构。平面尺寸为 1.6m×2.9m，深为 2.6m、曝气区为方形，平面尺寸为 1.6m×1.6m。水在曝气池中总停留时间约为 20min。其构造如图 6-27 所示。

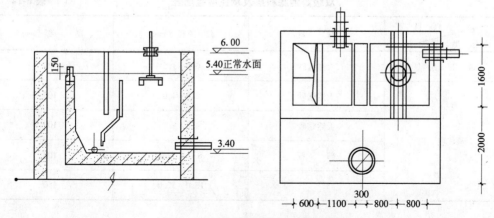

图 6-27 叶轮式表面曝气池构造示意

采用平板式叶轮，叶轮直径 $d=250\text{mm}$。叶轮直径与最大对角线及最小边长之比，分别为 1:9.2 和 1:6.4。叶轮淹没深度为 50mm，并设计成可调转速的。根据投产后产生的水花情况可适当地调节转速，叶轮有叶片 12 片，叶片规格为 $60\text{mm}\times50\text{mm}$。每个叶片后均有一个进气孔，孔径为 15mm。叶轮的线速度可在 3m/s，4m/s 和 5m/s 三档范围内调节。叶轮构造如图 6-28 所示。

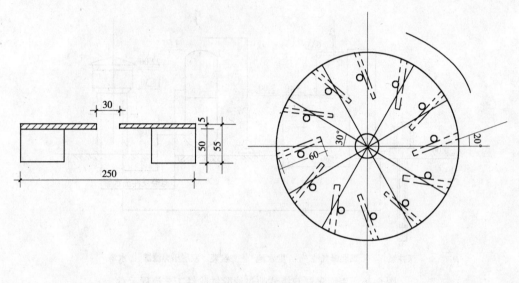

图 6-28 平板式叶轮构造

5. 双级压力滤池

若滤速采用 8m/h，则所需过滤面积为 $36/8=4.5\text{m}^2$。由于处理水量较小，故采用一座钢制圆形压力滤池。直径为 2400mm，高为 4315mm；中间用钢板隔开，将滤池分成上、下隔开的两室；上室为除铁滤室，高 1930mm；下室为除锰滤室，高为 2385mm。

上下两室皆以天然锰砂作滤料，滤料和承托层颗粒级配及厚度完全相同，如表 6-14 所示。

双级滤池滤料层及承托层级配表　　　　　表 6-14

项目分类	材料	粒径（mm）	厚度（mm）
滤料层	天然锰砂	0.6~1.5	700
承托层	天然锰砂	2.0~4.0	100
	天然锰砂	4.0~8.0	100
	卵石	8.0~16.0	100
	卵石	16.0~32.0	150

双级压力滤池构造如图 6-29 所示。

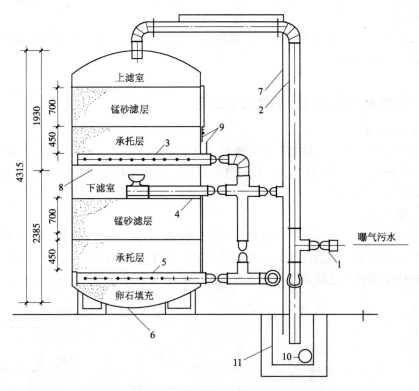

图 6-29 双级压力滤池构造图
1—总进水管；2—进水管；3—上滤室配水系统；4—下滤室进水管；
5—下滤室配水系统；6—池体；7—排气管；8—隔板；
9—压力表；10—排水管；11—排水井

6. 处理效果

该处理装置投产后连续进行观测，运行结果表明，设备除铁除锰效果良好。测定结果如表 6-15 所示。

水厂除铁除锰效果　　　　　　　表 6-15

项目 类别	$Fe_{总}$ (mg/L)	Mn^{2+} (mg/L)	HCO_3^- (mg/L)	CO_2 (mg/L)	pH	溶解氧 (mg/L)	H_2S (mg/L)	SiO_2 (mg/L)	水温 (℃)
原 水	9.0	1.5	10.65	79.55	6.8	1.2	1.79	16	8
曝气后	9.0	1.5	10.57	27.53	7.4	8.4	0.26	16	8
上滤室滤后	<0.3	0.5	10.32	28.59	7.3	8.2	未检出	16	8
下滤室滤后	0.06	未检出	10.32	28.59	7.2	7.4	未检出	16	8

实测曝气池处理水量为 $48.2 m^3/h$，水在曝气池中停留时间为15min。叶轮淹没深度为50mm，叶轮线速度为4m/s，打起的水花既能波及全池，又不溅出池外，维护条件良好。从

表10-15可见，曝气后溶解氧饱和度达71%，二氧化碳散出率为66%，pH值提高0.4~0.6，曝气效果良好。

滤池处理水量实测时为41.6m³/h，实际过滤速度为9.2m/h。过滤后铁锰含量均符合饮用水标准，处理的效果稳定。

6.3.6 表面曝气两级过滤除铁除锰工艺

1. 原始数据

某厂有深井一口，其水质如表6-9所示。原水含铁量达10~15mg/L，含锰量达6.0~9.0mg/L。拟修建一除铁除锰装置，使处理后水铁、锰含量符合国家饮用水标准。

日供水量为110m³/d。

2. 处理工艺流程

由于原水铁锰含量均较高，给处理带来很大困难，为了合理地选择适合于该水质的处理工艺流程，确定主要的设计参数，在设计前进行了近四个月的现场模型试验。根据试验结果，设计中采用的工艺流程及高程设计如图6-30所示。

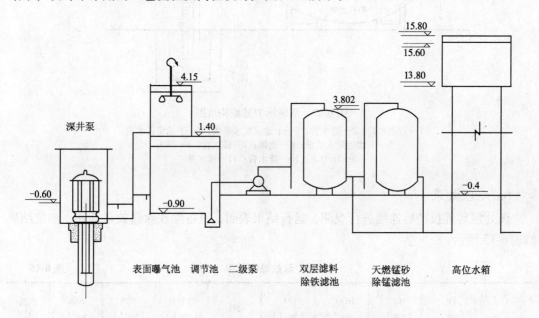

图6-30 表面曝气两级过滤除铁除锰工艺流程示意

3. 处理水量

取处理站自用水量为供水量的6%，则日处理水量为116.6m³/d。

4. 曝气设备

曝气装置按每日工作21h计，则小时处理水量为5.55m³/h。曝气型式采用叶轮式表面曝气装置。根据计算（计算过程略）采用下列设计参数。

曝气池平面尺寸为1.75m×1.75m，深1.9m，容积为5.82m³，水在池中的停留时间为63min。

选用平面式表面曝气叶轮,计算得 $d=200\text{mm}$,叶轮周边线速度为 3m/s、4m/s、5m/s 三种,其相应叶轮转速分别为 300r/min,400r/min 和 500r/min。

叶片尺寸为 $45\times45\text{mm}$,叶片数目为 12 片,叶片安装方向与叶轮径向交角为 20°。每个叶片后面设一个进气孔,共 12 个进气孔,孔径为 14mm。叶轮淹没深度为 40mm。选择配套电机型号为 JO_2-11 型,转速为 1400r/min,$N=0.6\text{kW}$。

曝气池下设钢筋混凝土结构调节池,容积采用 10m^3,尺寸为 $2.5\text{m}\times2.2\text{m}\times2.3\text{m}$。

5. 除铁滤池

在本系统中,除铁滤池为澄清滤池,主要去除水中的三价铁悬浮物。除铁滤池按每日工作 21h 计,则滤池小时处理水量为 $5.55\text{m}^3/\text{h}$,若滤速取 5m/h,则所需过滤面积为 1.11m^2。采用一座钢制圆形压力滤罐,直径 1200mm,实际过滤面积 1.13m^2。罐体高 $H=2792\text{mm}$。

由于原水含铁量较高,波动幅度又较大,有时高达 20mg/L 以上。模型试验结果表明,采用石英砂、天然锰砂和煤—石英砂双层滤料均能有效地将铁除去,但煤—石英砂双层滤料滤池工作周期较其他滤池延长一倍左右,为 24~28h,故设计采用的滤料及承托层颗粒级配如表 6-16 所示。

双层滤料滤池滤料层及承托层级配表　　　　表 6-16

项目 分类	材料	粒径 (mm)	厚度 (mm)
滤料层	无烟煤	1.5~2.0	500
	石英砂	0.6~1.43	500
承托层	粗砂	2.0~4.0	100
	卵石	4.0~8.0	100
	卵石	8.0~16.0	100
	卵石	16.0~32.0	150

利用高位水箱进行反冲洗,设计反冲洗强度为 $14\text{L/s}\cdot\text{m}^2$,反冲洗时间为 5~10min。

6. 除锰滤池

除锰滤池罐体构造与除铁滤池相同,设计参数也基本相同,即罐体直径为 1200mm,高为 2790mm。处理水量为 $5.55\text{m}^3/\text{h}$,设计滤速为 5m/h。

模型试验结果表明,采用天然锰砂、石英砂、石灰石及无烟煤等作为除锰滤料,运转三个月滤料成熟后均能有效地除锰。滤料及承托层颗粒级配如表 6-17 所示。

除锰滤池滤料层及承托层级配表　　　　表 6-17

项目 分类	材料	粒径 (mm)	厚度 (mm)
滤料层	天然锰砂	0.6~1.3	1000
承托层	天然锰砂	2.0~4.0	100
	天然锰砂	4.0~8.0	100
	卵石	8.0~16.0	100
	卵石	16.0~32.0	150

除锰滤池亦可利用高位水箱进行反冲洗,反冲洗强度为18L/s·m²,反冲洗时间为5~7min。根据试验,如工作周期为4~6d,期终水头损失约为1.8~2.0m。

7. 水处理间平面布置

由于条件限制,水处理间只能布置在一个狭窄地段上,显得过于拥挤而不便于运行操作,其平面布置如图6-31所示。

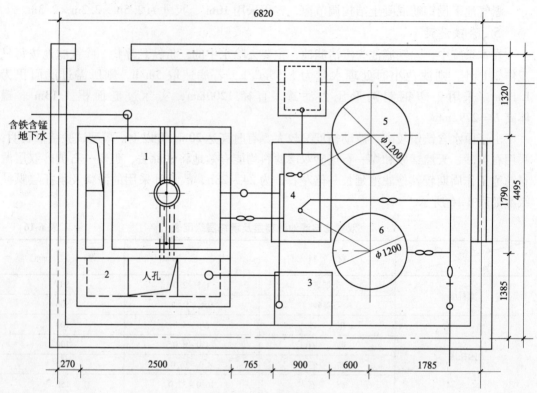

图6-31 水处理间平面布置
1—曝气池;2—调节池;3—二级泵;4—反冲洗排水井;
5—双层滤料除铁滤池;6—天然锰砂除锰滤池

6.3.7 两级曝气两级过滤除铁除锰工艺设计

1. 原始数据

水厂有若干口深井,其混合水质如表6-9所示。原水含铁量为8~10mg/L,含锰量为1.5mg/L,要求处理后达到饮用水标准。日供水量为10000m³/d。

2. 处理工艺流程

原水含铁含锰虽不算高,但碱度偏低,一般为1.4meq/L,pH值亦偏低,一般为6.2~6.4。因此,在设计前进行了两个月的现场模型试验。试验结果表明,必须进行两级过滤,先除铁而后除锰。众所周知,为了除锰必须对滤前水进行充分曝气,大幅度提高pH值。但是试验表明,如果将充分曝气装置设于两级过滤之前,则有大量三价铁穿透除铁滤池的现象发生,$Fe_总$的去除率仅50%~60%;如果节制除铁滤池前的曝气程度,如采用跌水曝气，则除铁滤池出水含铁浓度可降至0.1mg/L以下。所以本设计采用了试验推荐的两级曝气两级过滤的处理工艺流程，如图6-32所示。

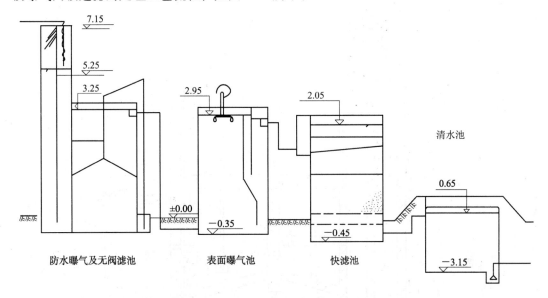

图6-32 两级曝气两级过滤除铁除锰工艺流程示意

3. 处理水量

取水厂自用水量占总供水量的5%，则日处理水量为$10000 \times 1.05 = 10500 m^3/d$。若除铁滤池和除锰滤池的池数均采用4个，并按每日工作23h计，则单池处理水量为$10500/4 \times 23 = 114 m^3/h = 31.7 L/s$。

4. 曝气设备

试验结果表明，采用一级跌水曝气，跌水高度为1.2~1.5m，堰顶单宽流量为20~50$m^3/h \cdot m$，曝气后溶解氧达5.6~6.8mg/L，二氧化碳的散除率达30%~37%，pH值可由6.3提高到6.8。曝气后水经除铁滤池过滤，滤后水含铁浓度小于0.3mg/L。所以，本设计在无阀滤池配水箱上设置一级跌水曝气装置，跌水高度为1.7m。其单宽流量采用37.4$m^3/h \cdot m$，则溢流堰长12m，其构造如图6-33所示。

改造后的配水箱底直落到地坪以下，因加大了配水箱，其容积为42.06m^3，水在配水箱中的停留时间约为5.5min。

除锰滤池前设叶轮式表面曝气池两座，每座处理水量为228m^3/h。若水在池中停留时间为30min，则每池容积为$228 \times 0.5 = 114 m^3$。曝气池平面尺寸为5m×7m，深为3.3m。采用平板式叶轮，叶轮直径$D = 700$mm，边径比约为7.1:1，叶轮边缘线速度采用4m/s、5m/s、6m/s三档，则相应转速为109r/min，136r/min和164r/min。采用叶片24个，叶片尺寸为100×100mm。叶片安装方向与叶轮径向成20°角。每个叶片后设进气孔一个，共24个进气孔，孔径为33mm。叶轮淹没深度设计成可调的，设计安装淹没深度为65mm。投产后根据叶轮搅动水花情况，可适当调整。曝气池构造如图6-34所示。

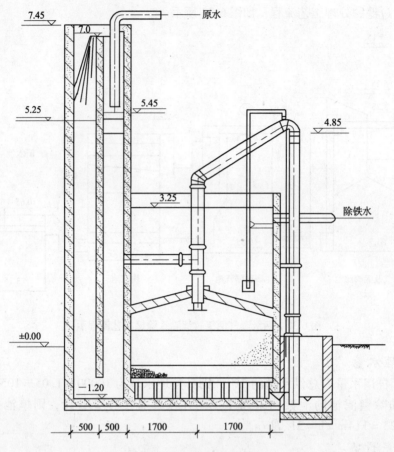

图 6-33 跌水曝气无阀滤池

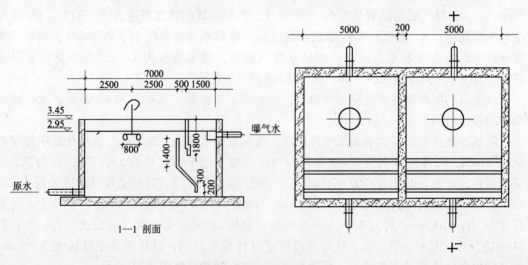

图 6-34 表面曝气池结构示意

5. 除铁滤池

除铁滤池型式选择为出水水位较高的无阀滤池。四座无阀滤池分成两组。每座无阀滤池处理水量为 $114m^3/h$。若滤池滤速采用 $10m/h$，则单池过滤面积为 $114/10 = 11.4m^2$。滤池平面尺寸取为 $3.4m \times 3.4m$。滤料层及承托层颗粒级配如表6-18所示。

除铁滤池滤料及承托层级配表　　　　　表6-18

项目 分类	材料	粒径（mm）	厚度（mm）
滤料层	石英砂	0.6~1.5	800
承托层	粗砂	2.0~4.0	100
承托层	卵石	4.0~8.0	100
承托层	卵石	8.0~16.0	100

反冲洗强度平均为 $15L/s \cdot m^2$，反冲洗时间约 $4min$，期终水头损失为 $1.7m$。

6. 除锰滤池

除锰滤池型式选用普通快滤池，共有4个滤池，单池处理水量为 $114m^3/h$，若滤速采用 $7m/h$，则单池面积为 $114/7 = 16m^2$，平面尺寸采用 $4m \times 4m$。

根据试验结果，采用天然锰砂作为除锰滤料，可缩短成熟期。滤料层及承托层颗粒级配如表6-19所示。

除锰滤池滤料层及承托层级配表　　　　　表6-19

项目 分类	材料	粒径（mm）	厚度（mm）
滤料层	天然锰砂	0.6~1.5	900
承托层	天然锰砂	2.0~4.0	100
承托层	天然锰砂	4.0~8.0	100
承托层	卵石	8.0~16.0	100
承托层	卵石	16.0~32.0	150

反冲洗强度采用 $20L/s \cdot m^2$，反冲洗流量为 $320L/s$，反冲洗时间为 $5\sim8min$。反冲洗水由冲洗水泵供给。反冲洗水泵为14SH-28A型离心泵。当流量为 $320L/s$ 时，扬程为 $12m$。

7. 清水池

考虑到城市已有的调节能力，本设计取清水池调节容积为总供水量的10%，即调节容积为 $1000m^3$。采用圆形池体，池体直径 $18.7m$，池深 $3.8m$。

6.4　除氟

6.4.1　除氟方法

长期摄入氟化物含量过高的饮水，将引起以牙齿和骨骼为主的慢性疾病，前者称为氟斑牙，后者称为氟骨病，是严重危害人类健康的地方病。

我国《生活饮用水卫生标准》（GB 5749—2006）规定，氟化物的含量不得超过 1.0mg/L。当原水氟化物含量超过标准时，就应设法进行处理。我国地下水含氟较高的地区有 27 个省、市、区，其中以陕西、甘肃、内蒙、新疆、河南、山东、山西、天津及河北最严重。

氟化物含量过高的原水往往呈偏碱性，pH 值常大于 7.5。

除氟的方法大致可分为以下几种：

1. 吸附过滤法：含氟水通过滤层，氟离子被吸附在由吸附剂组成的滤层上。当吸附剂的吸附能力降至一定极限值，出水含氟量达不到规定时，用再生剂再生，恢复吸附剂的除氟能力，以此循环以达到除氟的目的。主要的吸附剂有：活性氧化铝、骨炭、活性炭和磷酸三钙等。

2. 膜法：利用半透膜分离水中氟化物，包括电渗析及反渗透两种方法。膜法处理的特点是在除氟的同时，也去除水中的其他离子，尤其适合于含氟苦咸水的淡化。

3. 絮凝沉淀法：在含氟水中投加絮凝剂，使之生成絮体而吸附氟离子，经沉淀和过滤将其去除。主要的絮凝剂为铝盐，包括硫酸铝、氯化铝和碱式氯化铝等。电凝聚法除氟原理与絮凝沉淀法类似，在电解槽中通过铝离子的溶解生成絮凝以吸附去除氟离子。

4. 离子交换法：利用离子交换树脂的交换能力，将水中的氟离子去除。普通阴离子交换树脂对氟离子的选择性过低，螯合有铝离子的胺基磷酸树脂对氟离子有极好的吸附效果。

选择除氟方法应根据水质、规模、设备和材料来源经过技术经济比较后确定。目前常用的方法有活性氧化铝法、电渗析法和絮凝沉淀法。这三种方法的特点和比较，参见表 6-20。

除氟方法的特点和比较　　　　　　　　　　　　　　　表 6-20

方　法	处理水量	原水含盐量	出水含盐量	pH 值	水利用率
活性氧化铝法	大	无要求	不变	6.0～7.0	高
电渗析法	小	500～10000mg/L	>200mg/L	无要求	低
絮凝沉淀法	小	含量低	增高	6.5～7.5	高

当处理水量较大时，宜选用活性氧化铝法；当除氟的同时要求去除水中氟离子和硫酸根离子时，宜选用电渗析法。絮凝沉淀法适合于含氟量偏低的除氟处理，这是由于除氟所需的絮凝剂投加量远大于除浊要求的投加量，容易造成氯离子或硫酸根离子超过《生活饮用水卫生标准》的规定。

6.4.2 活性氧化铝法

活性氧化铝是一种用途很广的吸附剂。除氟应用的活性氧化铝属于低温态，由氧化铝的水化物在约 400℃下焙烧产生，其特征是具有很大的表面积。表 6-21 列举一些除氟用氧化铝产品的规格型号和主要技术指标。

活性氧化铝产品技术参数　　　　　　　　　　　　　　　表 6-21

型　号	晶　相	粒径（mm）	堆密度（g/cm³）	比表面积（m²/g）	孔容积（mL/g）	耐压强度（N/个）
WHA104	$x-\varphi$	1～2.5	≥0.72	≥320	≥0.38	35
WHA104	$x-\varphi$	0.5～1.8	≥0.72	≥320	≥0.4	10
WHA104	$x-\varphi$	扁粒	≥0.72	≥350	≥0.4	—

注：该产品为温州氧化铝厂生产。

活性氧化铝对阴离子的吸附交换顺序如下：

$$OH^- > PO_4^{2-} > F^- > SO_3^- > Fe(CN)_6^{4-} > CrO_4^{2-} > SO_4^{2-} > Fe(CN)_6^{3-} >$$
$$Cr_2O_7^{2-} > I^- > Br^- > Cl^- > NO_3^- > MnO_4^{2-} > ClO_4^- > S^{2-}$$

1. 影响活性氧化铝吸附能力的主要因素

（1）颗粒粒径：活性氧化铝的颗粒粒径对其吸附氟离子能力有明显影响，粒径越小，吸附容量越高，但粒径越小，颗粒的强度越低，将会影响其使用寿命。

（2）原水的pH值：对活性氧化铝吸附除氟能力有明显影响。当pH值大于5时，pH值越低，活性氧化铝的吸附容量越高。

（3）原水的初始氟浓度：也是影响活性氧化铝吸附容量的因素之一。初始氟浓度越高，吸附容量较大。

（4）原水的碱度：原水中重碳酸根浓度是影响活性氧化铝吸附容量的一个重要因素。重碳酸根浓度高，活性氧化铝的吸附容量将降低。

（5）氯离子和硫酸根离子：对于一般水源，氯离子和硫酸根离子浓度对活性氧化铝的除氟能力没有影响。活性氧化铝对氯离子和硫酸根离子没有明显的去除能力。

（6）砷的影响：活性氧化铝对水中的砷有吸附作用，对As^{5+}的吸附能力远大于As^{3+}。砷在活性氧化铝上的积聚将造成对氟离子吸附容量的下降，且使再生时洗脱砷离子比较困难。

2. 处理流程

活性氧化铝除氟处理工艺流程见图6-35。

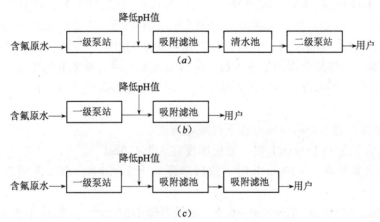

图6-35 活性氧化铝除氟工艺流程
(a) 敞开式吸附滤池方式；(b) 压力式吸附滤池方式；(c) 串联吸附滤池方式

当原水浊度大于5NTU或含砂量较高时，应在吸附滤池前设置预处理。消毒工艺应设在除氟处理工艺之后。

3. 工艺设计

（1）吸附滤池：

1）滤料：吸附滤池的滤料是作为吸附剂的活性氧化铝。其粒径不宜大于2.5mm，一般采用0.4~1.5mm。滤料应有足够的机械强度，耐压强度大于10N/个，使用中不易磨损和破碎。

2）原水 pH 值的调整：活性氧化铝每个吸附周期的吸附容量随原水 pH 值的不同而不同，可相差数倍。天然含氟量高的水，往往 pH 值较高，从而降低了吸附容量。为此，可以采取人为措施，在进入滤池前降低原水 pH 值。降低的值应通过技术经济比较确定，一般宜调整到 6.0~7.0 之间。

pH 值调整可采用投加硫酸、盐酸、醋酸等溶液或投加二氧化碳气体。投加量可根据原水碱度和 pH 值计算或通过试验来确定。

3）滤速：

① 当原水不调整 pH 值时，滤速只能达到 2~3m/h，连续运行时间 4~6h，间断运行 4~6h。

② 当原水降低 pH 值至小于 7.0 时，可采用连续运行方式，滤速为 6~10m/h。

4）流向：原水通过滤层的流向可采用自下而上或自上而下方式。当采用硫酸溶液调整 pH 值时，宜采用自上而下方式，当采用二氧化碳气体调整 pH 值时，为防止气体挥发，增加溶解量，宜采用自下而上的方式。

5）周期工作吸附容量：滤料工作吸附容量受许多因素影响，主要因素有原水含氟量、pH 值、滤池滤速、滤层厚度，终点出水含氟量及滤料自身的性能等。

① 当采用硫酸调整 pH 值至 6.0~6.5 时，吸附容量一般可为 $4~5g(F)/kg(Al_2O_3)$。

② 当采用二氧化碳调整 pH 值到 6.5~7.0 时，吸附容量一般可为 $3~4g(F)/kg(Al_2O_3)$。

③ 当原水不调整 pH 值时，吸附容量一般可为 $0.8~1.2g(F)/kg(Al_2O_3)$。

6）终点出水含氟量：当采用多个吸附滤池时，其中任一单个滤池的终点出水含氟量可考虑稍高于 1mg/L。这是由于再生后活性氧化铝滤池的出水，在较长时间内小于 1mg/L，为延长除氟周期，增加每个周期处理水量，降低制水成本，故单个滤池出水含氟量可稍高于 1mg/L。设计时应根据混合调节能力确定终点含氟量值，保证混合后出水含氟量不大于 1mg/L。

7）滤层厚度：滤池滤料厚度可按下列规定选用：

① 当原水含氟量小于 4mg/L 时，滤层厚度宜大于 1.5m。

② 当原水含氟量在 4~10mg/L 时，滤层厚度宜大于 1.8m，也可采用二个滤池串联运行。

③ 当采用硫酸调整 pH 值至 6.0~6.5，处理规模小于 $5m^3/h$、滤速小于 6m/h 时，滤层厚度可降低到 0.8~1.2m。

8）滤池高度：滤池总高度包括滤层厚度、承托层厚度、滤料反冲洗膨胀高度和保护高度。

当采用滤头布水方式时，应在吸附层下铺一层厚度为 50~150mm、粒径为 2~4mm 的石英砂作为承托层。

滤层表面至池顶高度采用 1.5~2.0m，该高度包括了滤料反冲洗膨胀高度和保护高度。

9）滤池构造：

① 滤池可采用敞开式或压力式。敞开式适用于处理规模较大的场合，管理方便，但

需设置调节构筑物和二次提升。压力式适合于处理规模较小的场合,不需设置调节构筑物和二次提升。

② 滤池结构材料应满足下列条件:

a. 符合生活饮用水水质的卫生要求。

b. 适应环境温度。

c. 适应 pH 值 2~13。

d. 易于维修和配件的更换。

10) 管径:反冲洗进出水管必须按首次反冲洗强度来选择管径。敞开式滤池反冲洗出水管可不安装阀门。

11) pH 值调整剂投加方式:浓酸应稀释至 0.5%~1% 后投加。酸液应加入到原水进水管的中心。二氧化碳气体的投加应通过微孔扩散器来完成。

12) 附属设施:滤池应配置以下附属设施:

① 进、出水取样管。

② 进水流量指示仪表。

③ 观察滤层的视窗,常设置 2 个:1 个位置在滤层表面,观察滤层高度的变化;另一个设于滤料反冲洗膨胀高度处,用以观察滤层是否膨胀到位。

(2) 再生:当滤池出水含氟量达到终点含氟量值时,滤池停止工作,滤料应进行再生处理。

1) 再生剂:再生剂宜采用氢氧化钠溶液,也可采用硫酸铝溶液。从水质考虑,氢氧化钠溶液较为适宜,因为无论是硫酸根离子还是铝离子都会对水质有影响。

氢氧化钠再生剂的溶液浓度采用 0.75%~1%。氢氧化钠消耗量可按每去除 1g 氟化物需 8~10g 固体氢氧化钠计算,再生液用量为滤料体积的 3~6 倍。

硫酸铝再生剂的溶液浓度采用 2%~3%。硫酸铝的消耗量可按每去除 1g 氟化物需 60~80g 固体硫酸铝 ($Al_2(SO_4)_3 \cdot 18H_2O$) 计算。

2) 再生操作方法:当采用氢氧化钠再生时,再生过程可分为首次冲洗、再生、二次冲洗(或淋洗)及中和四个阶段。图 6-36 为再生的工艺程序。当采用硫酸铝再生时,上述中和阶段可省略。

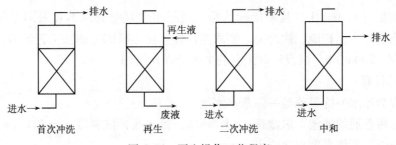

图 6-36 再生操作工艺程序

① 首次冲洗滤层膨胀率可采用 30%~50%,反冲时间可采用 10~15min,冲洗强度视滤料粒径大小。一般可采用 12~16L/($m^2 \cdot s$)。首次冲洗十分重要,其主要作用是去除吸附期间在滤料间截留的悬浮物和松动滤层,防止滤料板结。滤料板结是活性氧化铝法使用

中存在的主要问题,它将严重降低除氟能力、缩短使用寿命。因此,要确保首次反冲洗达到要求强度,反冲洗进出水管管径按此进行选择。

② 再生溶液自上而下通过滤层,当再生剂采用氢氧化钠溶液时,再生时间为1~2h,再生液流速为3~10m/h。当再生剂采用硫酸铝溶液时,再生时间可采用2~3h,流速可为1~2.5m/h。再生后滤池的再生溶液必须排空。为节省再生剂,再生初期允许使用前次再生使用过的再生剂,后期使用新配制的再生剂。滤料的再生也可采用浸泡的方式或再生剂循环的方式。

③ 二次反冲洗强度可采用$3~5L/(m^2 \cdot s)$,流向自下而上通过滤层,反冲时间为1~3h。也可用淋洗的方法,淋洗采用原水以1/2正常过滤流量,从上部淋下,淋洗时间0.5h。采用硫酸铝作再生剂,二次反冲洗或淋洗终点出水pH值应大于6.5,含氟量应小于1mg/L。

④ 中和可采用1%硫酸溶液调节进水pH值降至3左右,进水流速与正常除氟过程相同,中和时间为1~2h,直至出水pH值降至8~9为止。

⑤ 首次反冲洗、二次反冲洗、淋洗以及配制再生溶液均可利用原水。

3) 再生池有效容积按单个最大吸附滤池一次再生所需再生溶液的用量来计算,一般情况下再生溶液的用量为滤料体积的3~6倍,再生溶液循环使用取低值,一次性使用取高值。再生池需设置再生泵,再生泵应有良好的防腐性能,流量按单个滤池要求设计。

(3) 酸稀释池有效容积可按每次调节进水pH值所需酸用量进行计算。硫酸的稀释倍数按使用浓度0.5%~1%计算。酸稀释池设酸投加泵,投加泵应有良好的防腐,流量为调整原水pH值的酸溶液投加量。

(4) 二氧化碳发生器:

1) 采用以白云石等为原料的电热式二氧化碳发生器。二氧化碳投加量根据原水碱度和pH值进行计算或实际测定。发生器至少应有2台。在有二氧化碳气源的地方,也可以购气体,用钢瓶作为输送、储存的手段。

2) 投加二氧化碳调节pH值,具有安全,水质口感好等优点。

4. 设计例题

(1) 已知条件

原水含氟量为6.0mg/L,其余指标达标。因原水含氟量高,不宜采用絮凝沉淀法工艺,以免加药量过大,造成二次污染。要求用活性氧化铝吸附过滤法工艺流程,处理水量$Q' = 4800m^3/d = 200m^3/h$。试设计该工艺的主要处理构筑物。

(2) 设计计算

工艺流程为原水→除氟滤池→除氟水水池。

除氟滤池用普通快滤池,取滤速$v = 1.5m/h$,原水反冲洗强度$q_1 = 12L/(s \cdot m^2)$,冲洗时间$t = 10min$,膨胀高度以50%计。

用2%的硫酸铝溶液再生,再生液自上向下通过,滤速为1.0m/h,历时2h。

再生后用除氟水进行反冲洗(终冲洗),冲洗强度$q_2 = 12L/(s \cdot m^2)$,历时8min,再生周期取60h。

1) 计算水量(自用水量以5%计)

$$Q = 1.05Q = 1.05 \times 4800 = 5040 \text{m}^3/\text{d}$$

2）滤池面积 F（具体计算过程参见普通快滤池部分）

滤池总面积 $F=140\text{m}^2$，滤池个数采用 $N=6$ 个，成双行对称布置。每个滤池面积 $f=23.3\text{m}^2$。

3）单池平面尺寸

滤池平面尺寸 $\qquad L=B=4.8\text{m}$

4）单池反冲洗水流量

因为 $\qquad q_1=q_2$

所以 $\qquad Q_{反1}=Q_{反2}=279.6\text{L/s}$

5）冲洗排水槽尺寸及设置高度

① 断面尺寸

两槽中心距采用 2.0m，排水槽个数 2 个，槽长 4.8m，槽内流速采用 0.6m/s，槽的断面尺寸如图 6-37。

② 设置高度

槽顶位于滤层面以上的高度为 1.125m。

6）集水渠

集水渠采用矩形断面，渠宽采用 0.5m。集水渠底低于排水槽的高度 0.75m。

7）配水系统

采用大阻力配水系统。

8）再生液系统的计算

① 再生液流量 $Q_{再}$

再生液滤速 $v_{再}$ 1.0m/h，则

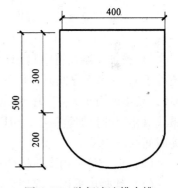

图 6-37　除氟滤池排水槽的断面尺寸

$$Q_{再}=v_{再}f=1.0 \times 23.3=23.3\text{m}^3/\text{h}$$

② 再生液池体积

每配一次药剂供使用的时间采用 $t_{再}=4\text{h}$，则再生液池体积

$$V_{再}=Q_{再}t_{再}=23.3 \times 4=93.2\text{m}^3$$

池深取 3.7m，其中超高 0.3m，平面尺寸 $5.0\text{m} \times 5.0\text{m}$。再生液池设两个，轮换使用。

③ 溶药池体积

溶药池设一个，其容积按再生池体积的 30% 计算

$$V_{溶}=0.3V_{再}=0.3 \times 93.2=27.96\text{m}^3$$

溶药池池深 2.3m，其中超高 0.5m，平面尺寸 $3.5\text{m} \times 3.5\text{m}$。

6.4.3　絮凝沉淀法

1. 工艺设计

絮凝沉淀池适用于原水含氟量小于 4mg/L，处理水量小于 $30\text{m}^3/\text{d}$ 的小型除氟工程。当原水含氟量大于 4mg/L 时，由于投药量大，水中增加的硫酸根离子和氯离子将影响处理水水质。絮凝沉淀除氟处理工艺流程见图 6-38。

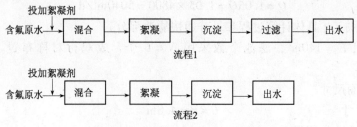

图6-38 絮凝沉淀除氟工艺流程

（1）絮凝剂与净水药剂相同，一般可采用铝盐，效果较好，如氯化铝、硫酸铝和碱式氯化铝等。

1）絮凝剂投加量与原水含氟量、温度、pH值有关，应通过试验确定，一般投加量（以Al^{3+}计）应为原水含氟量的10～15倍（质量比）。

2）温度对除氟效果有影响。在投药量相同的情况下，水温越高需要沉淀时间越长，一般适宜温度范围在7～32℃。

3）投加絮凝剂将引起pH值的变化，而pH值将影响沉淀效果。投加药剂后水中pH值处于6.5～7.5之间时，可获得较佳的沉淀效果，对于硫酸铝的最佳pH值范围为5.8～6.5；氯化铝为6.2～7.0；碱式氯化铝为6.4～7.2。烧杯试验表明，达到相同去除率时，碱式氯化铝的投加量最小，pH值变化也最小，沉淀时间最短约1h，而其他两种药剂的沉淀时间约需2h。

（2）混合可采用泵前加药混合或采用管道混合器等方式。

（3）絮凝可采用底部切线进水的旋流絮凝方式或采用机械絮凝方式。

（4）沉淀采用静止沉淀方式，沉淀时间4～8h，排泥间隔时间小于72h，沉淀放置时间过长会使水质下降。

（5）过滤可采用常规普通快滤池。

2. 计算例题

（1）已知条件

生产运行表明，某地采用碱式氯化铝絮凝沉淀除氟工艺效果良好，碱式氯化铝的投量为水中含氟量的10倍，其流程为泵前加药，水泵混合，沉淀池静止沉淀4h以上。现要在该地区新建除氟水厂，原水含氟量3.0mg/L，其余指标均达到生活饮用水水质标准。已知处理水量$Q=2400m^3/d=100m^3/h$，试设计主要处理构筑物。

（2）设计计算

原水水质较好，只需去除水中的氟即可，因此仍选用已有的絮凝沉淀工艺，不另设过滤设施。

1）投药量Q_1

投药量为原水中含氟量的10倍，则

$$Q_1 = 0.001 \times 10 \times 3.0 \times Q = 0.001 \times 10 \times 3.0 \times 2400 = 72 kg/d = 3.0 kg/h$$

2）溶液池

碱式氯化铝的浓度采用$b=10\%$，每日调制次数$n=2$，絮凝剂最大投量$u=30mg/L$，则根据溶液池体积计算公式$W_1 = uQ/(417bn)$

$$W_1 = uQ/(417bn) = 30 \times 2400/(24 \times 417 \times 10 \times 2) \approx 0.36 \text{m}^3$$

溶液池高取 0.8m，其中超高 0.3m，其平面尺寸取 0.9m×0.9m。

药液的流量为 $Q_2 = Q_1/(1000b) = 3/(1000 \times 0.1) = 0.03 \text{m}^3/\text{h}$

3）溶药池

$$W_2 = 0.2W_1 = 0.2 \times 0.36 \approx 0.072 \text{m}^3$$

溶药池高取 0.6m，其中超高 0.3m，其平面尺寸取 0.5m×0.5m。

4）沉淀池

采用静止沉淀，设 3 座沉淀池，每座沉淀池的容积 240m³，进水时间为 2h，交替运行，每座沉淀时间 4h。每池底部设 0.5m 高的污泥区和 0.3m 的超高，有效水深 3m，平面尺寸 9.0m×9.0m。

6.4.4 电渗析法

应用电渗析器除氟运行管理简单，不需化学药剂，只需调节直流电压即可。电渗析法不仅可去除水中氟离子，还能同时去除其他离子，特别是除盐效果明显。

1. 适用范围

(1) 原水要求：

1）电渗析器膜上的活性基因，对细菌、藻类、有机物、铁、锰等离子敏感，在膜上形成不可逆反应，因此进入电渗析器的原水应符合下列条件：

① 含盐量大于 500mg/L，小于 10000mg/L。

② 浊度 5NTU 以下。

③ COD_{Cr} 小于 3mg/L。

④ 铁小于 0.3mg/L。

⑤ 锰小于 0.3mg/L。

⑥ 游离余氯小于 1mg/L。

⑦ 细菌总数不宜大于 1000 个/mL。

⑧ 水温 5~40℃。

2）当原水水质超出上述范围，应进行相应预处理或改变电渗析的工艺设计。

(2) 出水水质：经处理后出水含盐量不宜小于 200mg/L，否则一些离子迁出，含盐量过低同样会影响健康。当出水中含碘量小于 10μg/L 时，应采取加碘措施，尤其在地方性甲状腺肿症多发地区，一般可加碘化钾。

2. 工艺设计

(1) 工艺流程，电渗析除氟一般可采用下列工艺流程：

含氟原水 ⟶ 预处理 ⟶ 电渗析器 ⟶ 消毒 ⟶ 清水池

(2) 主要设备：电渗析除氟的主要设备包括：电渗析器、倒极器、精密过滤器、原水箱或原水加压泵、淡水箱、酸洗槽、酸洗泵、浓水循环箱、供水泵、压力表、流量计、配电柜、硅整流器、变压器、操作控制台、大修洗膜池等。

(3) 电渗析器：

1）电渗析的淡水、浓水、极水流量可按下述要求设计：

① 淡水流量可根据处理水量确定。
② 浓水流量可略低于淡水流量,但不得低于淡水流量的 2/3。
③ 极水流量一般可为 1/3～1/4 的淡水流量。
2) 电渗析器进水水压不应大于 0.3MPa。
3) 工作电压可根据原水含盐量、含氟量及相应去除率或通过极限电流试验确定。膜对电压可按表 6-22 选用。

电渗析器的膜对电压 表 6-22

用 途	原水含盐量(溶解性总固体)(mg/L)	原水含氟量(mg/L)	不同厚度隔板的膜对电压 V/对	
			0.5～1mm	1～2mm
除氟、除盐	500～10000	1.0～12	0.3～10	0.6～2.0

4) 工作电流可根据原水含盐量、含氟量及相应去除率或通过极限电流试验确定。电流密度可按表 6-23 选用。

电渗析器的电流密度 表 6-23

原水含盐量(mg/L)	<500	500～2000	2000～10000
电流密度(mA/cm²)	0.5～1.0	1～5	5～20

5) 浓、淡水进、出连接孔流速一般可采用 0.5～1m/s。
6) 电渗析流程长度、级、段数应按脱盐率确定。脱盐率可按式(6-4)计算,该式表明除氟和脱盐是不同步的。

$$Z = \frac{100Y - C}{100 - C} \tag{6-4}$$

式中 Z——脱盐率,%;
Y——除氟率,%;
C——系数,重碳酸盐水型 C 为 -45,氯化物水型 C 为 -65,硫酸盐水型 C 为 0。

7) 离子交换膜常采用选择透过率大于 90% 的硬质聚乙烯异相膜,厚度 0.5～0.8mm,阳离子迁移数和阴离子迁移数均应大于 0.9。
8) 电极一般采用高纯石墨电极、钛涂钌电极,不得采用铅电极。

(4) 倒极器:
1) 倒极器可采用手动或气动、电动、机械等自动控制倒极方式。
2) 自动倒极装置应同时具有切换电极极性和改变浓、淡水流动方向的作用。
3) 倒极周期应根据原水水质及工作电流密度确定。一般频繁倒极周期采用 0.5～1h;定期倒极周期不应超过 4h。

(5) 原水水箱容积应按大于小时供水量的 2 倍来计算。
(6) 浓水水箱有效容积除满足浓水系统用水外,还应留有 1～2m³ 储存量。
(7) 酸洗槽:
1) 酸洗周期可根据原水硬度、含盐量确定,当除盐率下降 5% 时,应停机进行动态酸洗。
2) 采用频繁倒极方式时,周期为 1～4 周,酸洗时间为 2h。

3）酸洗液为 1.0%～1.5% 的工业盐酸，不得大于 2%。

4）酸洗槽的有效容积应略大于充满单台电渗析器的用量。

（8）变压器：变压器容量应根据原水含盐量、含氟量及倒换电极时最高冲击电流等因素确定，一般应为正常工作电流的 2 倍。

（9）电源：电渗析器必须采用可调的直流电源。

（10）操作控制台应满足整流、调整、倒极操作及电极指示等要求。

（11）其他：

1）处理站内应设排水设施，可以采用明渠或地漏。

2）电渗析系统内的阀门、管道、储水设施、泵等应采用非金属材料，常用聚乙烯或聚丙烯、混凝土等材料，不得采用钢铁材质。

参考文献

[1] 崔玉川. 净水厂设计知识. 北京：中国建筑工业出版社，1987.
[2] 黄长盾，欧阳湘. 村镇给水实用技术手册. 北京：中国建筑工业出版社，1992.
[3] 朱济成. 地下水与人类. 北京：地质出版社，1985-2.
[4] 上海市政工程设计院. 农村给水设计与建造（第二版）. 北京：中国建筑工业出版社，1983.
[5] 韩会玲等. 小城镇给排水. 北京：科学出版社，2001.
[6] 严煦世，范谨初. 给水工程（第四版）. 北京：中国建筑工业出版社，1999.
[7] 朱亮，张文妍. 净水厂设计. 北京：中国建筑工业出版社，2004.
[8] 钟淳昌. 净水厂设计. 北京：中国建筑工业出版社，1986.
[9] 张启海，原玉英. 城市与村镇给水工程. 北京：中国水利水电出版社，2005.
[10] 上海市政工程设计研究院. 给水排水设计手册第3册：城镇给水（第二版）. 北京：中国建筑工业出版社，2004.
[11] 中央爱国卫生运动委员会办公室. 中国农村给水工程给水设计手册. 北京：农村读物出版社，1988-6.
[12] 颜振元，李琪，马树升. 乡镇供水. 北京：水利电力出版社，1995-7.
[13] 徐幼元，农村自来水卫生建设. 北京：人民卫生出版社，1988-5.
[14] 袁世荃，李鸿禧. 城镇供水工程. 湖南：湖南科学技术出版社，1990-6.
[15] 鄂学礼. 饮用水深度净化与水质处理器. 北京：化学工业出版社，2004-9.
[16] 崔玉川，员建，陈宏平. 给水厂处理设施及设计计算. 北京：化学工业出版社，2003-7.
[17] 李圭白，刘超. 地下水除铁除锰（第二版）. 北京：中国建筑工业出版社，1992-12.
[18] 李昌静，卫钟鼎. 地下水水质及其污染. 北京：中国建筑工业出版社，1983-11.
[19] 汪大翚，雷乐成. 水处理新技术及工程设计. 北京：化学工业出版社，2001-9.
[20] 中华人民共和国国家发展和改革委员会. 给水与用水处理技术. 北京：化学工业出版社，2004-9.
[21] 唐受印，戴友芝. 水处理工程师手册. 北京：化学工业出版社，2000-4.
[22] 李广贺. 水资源利用与保护. 北京：中国建筑工业出版社，2002.
[23] 符九龙等. 水处理工程. 北京：中国建筑工业出版社，2000-6.
[24] 张启海. 城市给水工程. 北京：中国水利水电出版社，2003-2.
[25] 李圭白. 城市水工程概论. 北京：中国建筑工业出版社，2002.
[26] 张朝升. 给水排水工程设备基础. 北京：高等教育出版社，2004.
[27] 吴俊奇，付婉霞，曹秀芹. 给水排水工程. 北京：中国水利水电出版社，2004.
[28] 钟淳昌，戚盛豪. 简明给水设计手册. 北京：中国建筑工业出版社，2002.
[29] 姚雨霖，周康伦等. 城市给水排水. 北京：中国建筑工业出版社，1982.
[30] 姚雨霖，周康伦等. 城市给水排水（第二版）. 北京：中国建筑工业出版社，1986.
[31] 同济大学主编. 给水工程. 北京：中国建筑工业出版社，1980.
[32] 严煦世. 给水排水工程快速设计手册：第1分册（给水工程）. 北京：中国建筑工业出版社，1995.
[33] 许保玖，安鼎年. 给水处理理论与设计. 北京：中国建筑工业出版社，1992.